ONMONT 1974

SYSTÊME

DES

ANIMAUX SANS VERTÈBRES.

SYSTÊME

DES

ANIMAUX SANS VERTÈBRES,

OU

TABLEAU général des classes, des ordres et des genres de ces animaux;

Présentant leurs caractères essentiels et leur distribution, d'après la considération de leurs rapports naturels et de leur organisation, et suivant l'arrangement établi dans les galeries du Muséum d'Hist. Naturelle, parmi leurs dépouilles conservées;

Précédé du discours d'ouverture du Cours de Zoologie, donné dans le Muséum National d'Histoire Naturelle l'an 8 de la République.

PAR J. B. LAMARCK,

De l'Institut National de France, l'un des Professeurs-Administrateurs du Muséum d'Hist. Naturelle, des Sociétés d'Histoire Naturelle, des Pharmaciens et Philomatique de Paris, de celle d'Agriculture de Seine et Oise, etc.

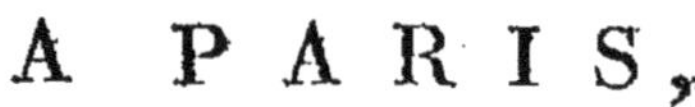

A PARIS,

Chez { L'AUTEUR, au Muséum d'Hist. Naturelle;
DETERVILLE, Libraire, rue du Battoir, n° 16, quartier de l'Odéon.

AN IX — 1801.

AVERTISSEMENT

SUR L'OBJET ET LE PLAN DE CET OUVRAGE.

En composant cet ouvrage, j'ai eu en vue d'offrir aux élèves qui suivent mes leçons au Muséum, et à ceux des écoles centrales de la République, un précis des caractères des *Animaux sans vertèbres*, et de leur présenter une distribution méthodique de ces animaux, fondée principalement sur la considération de leur organisation.

Quoiqu'extrêmement resserré, cet ouvrage, je crois, sera utile non-seulement à ceux qui se livrent à l'étude de cette grande portion du règne animal, mais encore à ceux qui étudient le même règne en entier, ou au moins à ceux qui se proposent de se former une idée exacte et générale de ces êtres intéressans.

Il est sur-tout devenu nécessaire depuis que la considération importante de l'organisation des animaux a appris que la classe des insectes et celle des vers, dans le *Systema naturæ* de Linnéus, étoient extrêmement fautives dans leur détermination, leur disposition et leurs limites. Il doit sans doute l'être encore davantage à une époque comme celle-ci, où l'étude de l'Histoire Naturelle est cultivée si généralement, et fait même partie de l'éducation nationale.

La détermination des classes, des ordres et des principaux genres des *Animaux sans vertèbres* étant une fois arrêtée, et l'étant surtout d'une manière conforme à l'ordre naturel de ces animaux, il sera dorénavant facile de développer soit dans des ouvrages destinés à ces objets, soit dans des cours particuliers, tout ce qui tient à l'histoire, aux caractères et à l'intérêt des espèces. Et il est vraisemblable qu'on s'occupera moins de ces distributions systématiques et arbitraires dans lesquelles on voit par-tout les rapprochemens les plus disparates.

Le Discours d'ouverture imprimé au commencement de cet ouvrage, pourra servir à caractériser d'une manière générale les animaux qui en sont l'objet; à donner une idée de l'étonnante graduation qui existe dans la composition de l'organisation de ces animaux; enfin à faire sentir tous les genres d'intérêt que la connoissance de ces êtres singuliers peut inspirer. J'y ai laissé entrevoir quelques vues importantes et philosophiques que la nature et les bornes de cet ouvrage ne m'ont pas permis de développer, mais que je me propose de reprendre ailleurs avec les détails nécessaires pour en faire connoître le fondement, et avec certaines explications qui empêcheront qu'on en abuse.

Malgré la concision déterminée par mon plan, je n'ai pu me refuser d'exposer en tête de chaque classe et de chaque ordre quelques développemens très-bornés, mais nécessaires pour faire connoître suffisamment les objets mentionnés sous ces divisions; et j'ai fait précéder chacune de ces classes, par un tableau général des divisions et des genres établis parmi les animaux qu'elle comprend. Ces tableaux pourront être consultés avec intérêt; parce qu'ils font connoître d'un coup-d'œil l'étendue de la classe, la nature et l'ordre de ses divisions, enfin la série des genres avec l'indication de leur numéro particulier.

Je n'ai pas employé servilement les caractères présentés dans d'autres ouvrages; car ayant à ma disposition la magnifique collection du Muséum, et une autre assez riche que j'ai formée moi-même par près de trente années de recherches, j'ai pu vérifier ceux dont j'ai fait usage et qui sont dans ce cas, et je l'ai fait autant qu'il m'a été possible.

L'usage généralement établi parmi les Lithologistes et les Oryctologistes, de terminer uniformément le nom de toutes les dépouilles des corps vivans qui sont dans l'état fossile, et dans ce cas de transformer le nom de *peigne* en *pectinite*, de *turbo* en *turbinite*, &c. m'a forcé de changer les dénominations de quelques genres parmi les mollusques testacés et les polypes coralligènes, parce qu'on avoit terminé mal-à-propos leurs noms, comme s'ils s'appliquoient à des objets connus seulement dans l'état fossile; ce qui n'étoit pas ainsi.

Pour faire connoître d'une manière certaine les genres dont je donne ici les caractères, j'ai cité sous chacun d'eux une espèce connue, ou très-rarement plusieurs, et j'y ai joint quelques synonymes que je puis certifier; cela suffit pour me faire entendre.

Enfin j'espère offrir dans quelque temps au public un *Tableau des espèces* de chacun des genres établis dans cet ouvrage. Les Naturalistes savent que cette entreprise est considérable et même très-difficultueuse. Mais le C. LATREILLE, qui a les plus grandes connoissances en entomologie, et à qui l'on devra la détermination de toutes les espèces d'insectes que renferme la riche collection du Muséum, m'a promis de se charger de la portion de travail qui concerne la classe des crustacés, celle des arachnides et celle des insectes. Le public, qui connoît déjà les talens distingués de ce Naturaliste, prévoit sûrement tout l'intérêt qu'il donnera au nouvel ouvrage dont je desire bientôt lui faire hommage.

DISCOURS D'OUVERTURE,

PRONONCÉ LE 21 FLORÉAL AN 8.

CITOYENS,

S'IL est vrai que pour étudier d'une manière profitable l'Histoire Naturelle, même lorsqu'on se propose de descendre jusque dans les moindres détails de ses parties, il soit avant tout nécessaire d'embrasser par l'imagination le vaste ensemble des productions de la nature, de s'élever assez haut par ce moyen pour dominer les masses dont cet ensemble paroît composé, pour les comparer entr'elles, enfin pour reconnoître les traits principaux qui les caractérisent; si, dis-je, ces considérations sont nécessaires, je dois commencer par vous rappeler d'une manière succincte, les grandes distinctions que la nature elle-même semble avoir établies parmi l'immense série de ses productions, la marche ou l'ordre qu'elle paroît avoir suivi en les formant, et les rapports singuliers qu'elle fait exister entre la facilité ou la difficulté de leur multiplication et leur nature particulière.

Ainsi, afin de vous donner des idées claires et utiles des objets dont je me propose de vous faire l'exposition pendant la durée de ce cours, je vais d'abord vous indiquer d'une manière rapide les principales coupes qui résultent des distinctions que la nature a tracées elle-même parmi ses nombreuses productions, ce qu'elles ont d'éminemment remarquable et qui les distingue essentiellement, enfin le rang qu'occupent dans l'ordre des rapports et dans la distribution méthodique que je me suis formée, les êtres naturels que j'entreprends de vous faire connoître.

Vous savez que toutes les productions naturelles que nous pouvons observer, ont été partagées depuis long-temps par les Naturalistes en trois règnes, sous les dénominations de *règne animal*, *règne végétal* et *règne minéral.* Par cette division, les êtres compris dans chacun de ces règnes sont mis en comparaison entr'eux et comme sur une même ligne, quoique les uns aient une origine bien différente de celle des autres.

J'ai trouvé plus convenable d'employer une autre division primaire, parce qu'elle est propre à faire mieux connoître en général tous les êtres qui en sont l'objet. Ainsi je distingue toutes les productions naturelles comprises dans les trois règnes que je viens d'énoncer, je les distingue, dis-je, en deux branches principales :

1°. En corps organisés, vivans.

2°. En corps bruts et sans vie.

Les êtres ou corps vivans, tels que les animaux et les végétaux, constituent donc la première de ces deux branches des productions de la nature. Ces êtres ont, comme tout le monde sait, la faculté de se nourrir, de se développer, de se reproduire, et sont nécessairement assujettis à la mort.

Mais ce qu'on ne sait pas aussi bien, c'est qu'ils composent eux-mêmes leur propre substance par leur résultat de l'action et des facultés de leurs organes; et ce qu'on sait encore moins, c'est que par leurs dépouilles, ces êtres donnent lieu à l'existence de toutes les matières composées brutes qu'on observe dans la nature, matières dont les diverses sortes s'y multiplient avec le temps par les altérations et les changemens qu'elles subissent plus ou moins promptement, selon les circonstances, jusqu'à leur entière destruction, c'est-à-dire jusqu'à la séparation complète des principes qui les constituoient. Dans une vaste étendue de pays, comme dans les déserts de l'Afrique, où le sol, depuis bien des siècles, se trouve à nu sans végétaux ni animaux quelconques, en vain y chercheroit-on autre chose que des matières presque purement vitreuses: le règne minéral s'y trouve réduit à bien peu de chose. Le contraire a lieu dans tout pays couvert depuis long-temps de végétaux abondans et d'animaux divers : le sol y offre à l'extérieur une terre végétale ou végéto-animale, épaisse, succulente, fertile, recouvrant çà et là des matières minérales presque de toutes les sortes, tantôt salines, bitumineuses, sulfureuses, pyriteuses, tantôt pierreuses, &c. &c. &c. J'ai développé les preuves de ces faits importans dans un ouvrage que j'ai publié sous le titre de *Mémoires de Physique et d'Histoire Naturelle.* (Voyez le 7e mémoire) &c.

Ce sont ces diverses matières brutes et sans vie, soit solides ou liquides, soit simples ou composées; ce sont, dis-je, ces diverses matières brutes qui constituent la deuxième branche des productions de la nature, qui forment la masse principale de notre globe, et qui la plupart sont connues sous le nom de minéraux.

Elles se régissent par des loix à-peu-près connues, et qui sont très-différentes de celles auxquelles les corps vivans sont assujettis. On peut dire qu'il se trouve entre les matières brutes et les corps vivans un *hiatus* immense qui ne permet pas de ranger sur une même ligne ces deux sortes de corps, et qui fait sentir que l'origine des uns est bien différente de celle des autres.

Parmi les êtres vivans, c'est-à-dire parmi ceux qui constituent la première branche des productions de la nature, les *végétaux* privés de la sensibilité, du mouvement volontaire et des organes de la digestion, sont fortement distingués des animaux qui tous sont munis de ces facultés et de ces organes. Les végétaux, comme vous le savez, sont l'objet de cette belle et importante partie de l'Histoire Naturelle qu'on nomme *Botanique*.

De même, parmi les êtres vivans, les *animaux* doués de la sensibilité, de la faculté de mouvoir volontairement leur corps ou seulement certaines de ses parties, et tous munis d'organes digestifs, appartiennent à cette grande et intéressante partie de l'Histoire Naturelle qu'on appelle *Zoologie*. Or, comme les êtres nombreux dont je dois vous entretenir, et que je me propose d'examiner avec vous pendant la durée de ce Cours, font partie de la Zoologie, il convient de nous arrêter un instant pour considérer les *animaux* en général, pour contempler l'ensemble de ces êtres admirables, enfin pour remarquer non-seulement l'excellence de leurs facultés, leur prééminence sur tous les autres êtres vivans, mais encore pour reconnoître la gradation singulière et bien étonnante qu'offre leur ensemble dans la composition ou la complication de leur organisation, dans le nombre et l'étendue de leurs facultés, en un mot dans la facilité, la promptitude et le nombre des moyens de leur multiplication.

Depuis plusieurs années je fais remarquer dans mes Leçons au Muséum, que la considération de la présence ou de l'absence d'une colonne vertébrale dans le corps des animaux, partage tout le règne animal en deux grandes coupes très-distinguées l'une de l'autre, et que l'on peut en quelque sorte considérer comme deux grandes familles du premier ordre.

Je crois être le premier qui ait établi cette distinction importante, à laquelle il paroît qu'aucun Naturaliste n'avoit pensé. Elle est maintenant adoptée par plusieurs qui l'introduisent dans leurs ouvrages, ainsi que quelques autres de mes observations, sans en indiquer la source.

Tous les animaux connus peuvent donc être distingués d'une manière remarquable.

1°. En *animaux à vertèbres.*

2°. En *animaux sans vertèbres.*

Les animaux à vertèbres ont tous en effet dans leur intérieur une colonne vertébrale presque toujours osseuse, qui affermit leur corps, fait la base du squelette dont ils sont munis, et les rend difficilement contractiles. Cette colonne vertébrale porte la tête de l'animal à son extrémité antérieure, des côtes pectorales sur les côtés, et fournit dans sa longueur un canal dans lequel le cordon pulpeux qu'on nomme *moelle épinière*, et qu'on peut regarder comme une multitude de nerfs encore réunis, se trouve renfermé.

Les animaux qui ont cette colonne vertébrale se distinguent en outre par la couleur rouge de leur sang, ou plutôt par la présence, dans les principaux vaisseaux de leur corps, d'un fluide rouge qu'on nomme *sang*, et qui est composé de trois parties distinctes intimement mêlées ensemble. Ils n'ont jamais plus de quatre pattes ; beaucoup d'entr'eux n'en ont point du tout.

On observe dans les *animaux à vertèbres*, comme dans les autres, une diminution graduelle dans la composition de l'organisation et dans le nombre de leurs facultés.

Les animaux dont il s'agit sont moins nombreux que les autres dans la nature, et tous sont compris dans les quatre premières classes du règne animal, lesquelles offrent :

1°. Les Mammaux.	Vivipares et à mamelles. Des poumons.	Le cœur a 2 ventricules et le sang chaud.	Animaux à vertèbres.
2°. Les Oiseaux...	Ovipares et sans mamell. Des poumons.		
3°. Les Reptiles. .	Ovipares sans poils ni plumes. Des poumons.	Le cœur a 1 ventricule et le sang froid.	
4°. Les Poissons...	Ovipares à nageoires. Des branchies.		

Ces animaux à vertèbres sont les plus parfaits, ont l'organisation plus compliquée, jouissent de facultés plus nombreuses, et sont en général mieux connus que les animaux sans vertèbres.

Les animaux que comprend la seconde branche du règne animal, la seconde des deux grandes familles qui composent ce règne, ceux enfin que je nomme *animaux sans vertèbres*, et que nous nous proposons d'examiner plus particulièrement, sont fortement distingués des premiers, en ce qu'en effet ils sont dépourvus de colonne vertébrale soutenant la tête et faisant la base d'un squelette articulé.

Aussi leur corps est-il mollasse, éminemment contractile ; et parmi ces animaux ceux dont le corps reçoit quelqu'affermissement, c'est presqu'uniquement à la consistance de ses tégumens ou à celle de ses enveloppes extérieures qu'ils en sont redevables. Si dans certains de ces animaux l'on trouve des parties dures dans leur intérieur, jamais ces parties ne forment la base d'un véritable squelette, et ne fournissent de gaine à une moelle épinière. On ne sauroit donc comparer convenablement ces parties dures à une colonne vertébrale, comme on a essayé de le faire.

Parmi les *animaux sans vertèbres* ceux qui ont des pattes en ont au moins six, et il y en a qui en ont beaucoup davantage.

Les *animaux sans vertèbres* n'ont pas de véritable sang, c'est-à-dire n'ont pas en propre ce fluide mixte constamment rouge, composé de trois parties distinctes, qui se forme et existe essentiellement dans les principaux vaisseaux des animaux à vertèbres. Mais, à sa place, les animaux sans vertèbres ont une sanie blanchâtre, rarement colorée en rouge, et qui paroît n'être qu'un fluide alimentaire plus ou moins modifié par l'action des organes.

C'est donc de cette seconde branche du règne animal, en un mot de cette grande famille d'*animaux sans vertèbres*, que je me propose de vous entretenir pendant la durée de ce Cours. J'essaierai de vous en présenter le tableau, l'histoire et les principaux caractères distinctifs; et vous verrez qu'ils composent une série particulière, la plus nombreuse sans doute que puisse nous offrir le règne animal.

Cette grande série, qui seule comprend plus d'espèces que toutes les autres prises ensemble dans le même règne, est en même temps la plus féconde en merveilles de tout genre, en faits d'organisation les plus singuliers et les plus curieux, en particularités piquantes et même admirables relativement à la manière de vivre, ou de se conserver, ou de se reproduire des animaux singuliers qui la composent. C'est cependant celle qui est encore la moins connue en général.

Sans doute l'étude de cette belle partie du règne animal est pleine d'attraits et d'intérêts divers. Elle offre des connoissances utiles, et dont en effet l'on peut retirer les plus grands avantages dans bien des circonstances. Malheureusement une sorte de prévention a fait négliger trop long-temps cette partie intéressante de l'Histoire Naturelle. Apparemment que la petitesse en général des animaux qui en sont l'objet, et que sur-tout le nombre prodigieux qu'on en voit dans la nature, ont donné lieu à cette espèce de mépris ou au moins d'indifférence qu'on a trop communément pour ces sortes d'animaux. On ne sauroit nier cependant que les animaux dont il s'agit méritent à tous égards de fixer l'attention des Naturalistes, et de faire, comme les autres productions de la nature, l'objet essentiel de leurs recherches.

Je dis plus, en mettant à part l'intérêt que nous avons de les connoître, soit pour nous servir de ceux ou des productions de ceux qui peuvent nous être utiles, soit pour nous garantir de ceux qui nous nuisent ou nous incommodent, ce dont je tâcherai tout-à-l'heure de vous convaincre; la science sous un autre point de vue peut encore gagner infiniment dans la connoissance de ces singuliers animaux, car ils nous montrent encore mieux que les autres cette étonnante dégradation dans la composition de l'organisation, et cette diminution progressive des facultés animales qui doit si fort intéresser le Naturaliste philosophe; enfin ils nous conduisent insensiblement au terme inconcevable de l'animalisation, c'est-à-dire à celui où sont placés les animaux les plus imparfaits, les plus simplement organisés, ceux en un mot qu'on soupçonne à peine doués de l'animalité, ceux peut-être par lesquels la nature a commencé, lorsqu'à l'aide de beaucoup de temps et des circonstances favorables, elle a formé tous les autres.

Si l'on considère la diversité des formes, des masses, des grandeurs et des caractères que la nature a donnée à ses productions, la variété des organes et des facultés dont elle a enrichi les êtres qu'elle a doués de la vie, on ne peut s'empêcher d'admirer les ressources infinies dont elle sait faire usage pour arriver à son but. Car il semble en quelque sorte que tout ce qu'il est possible d'imaginer ait effectivement lieu; que toutes les formes, toutes les facultés et tous les modes aient été épuisés dans la formation et la composition de cette immense quantité de productions naturelles qui existent. Mais si l'on examine avec attention les moyens qu'elle paroît employer pour cet objet, l'on sentira que leur puissance et leur fécondité a suffi pour produire tous les effets observés.

Il paroît, comme je l'ai déjà dit, que du *temps* et des *circonstances favorables* sont les deux principaux moyens que la nature emploie pour donner l'existence à toutes ses productions On sait que le temps n'a point de limite pour elle, et qu'en conséquence elle l'a toujours à sa disposition.

Quant aux circonstances dont elle a eu besoin et dont elle se sert encore chaque jour pour varier ses productions, on peut dire qu'elles sont en quelque sorte inépuisables.

Les principales naissent de l'influence des climats, des variations de température de l'atmosphère et de tous les milieux environnans, de la diversité des lieux, de celle des habitudes, des mouvemens, des actions, enfin de celle des moyens de vivre, de se conserver, se défendre, se multiplier, &c. &c. Or par suite de ces influences diverses, les facultés s'étendent et se fortifient par l'usage, se diversifient par les nouvelles habitudes long-temps conservées; et insensiblement la conformation, la consistance, en un mot la nature et l'état des parties ainsi que des organes, participent des suites de toutes ces influences, se conservent et se propagent par la génération.

L'oiseau que le besoin attire sur l'eau pour y trouver la proie qui le fait vivre, écarte les doigts de ses pieds lorsqu'il veut frapper l'eau et se mouvoir à sa surface. La peau qui unit ces doigts à leur base, contracte par-là l'habitude de s'étendre. Ainsi avec le temps, les larges membranes qui unissent les doigts des canards, des oies, &c. se sont formées telles que nous le voyons.

Mais celui que la manière de vivre habitue à se poser sur les arbres, a nécessairement à la fin les doigts des pieds étendus et conformés d'une autre manière. Ses ongles s'alongent, s'aiguisent et se courbent en crochet pour embrasser les rameaux sur lesquels il se repose si souvent.

De même l'on sent que l'oiseau de rivage, qui ne se plaît point à nager, et qui cependant a besoin de s'approcher des eaux pour y trouver sa proie, sera continuellement exposé à s'enfoncer dans la vase : or, voulant faire en sorte que son corps ne plonge pas dans le liquide, il fera contracter à ses pieds l'habitude de s'étendre et de s'alonger. Il en résultera pour les générations de ces oiseaux qui continueront de vivre de cette manière, que les individus se trouveront élevés comme sur des échasses, sur de longues pattes nues; c'est-à-dire dénuées de plumes jusqu'aux cuisses et souvent au-delà.

Je pourrois ici passer en revue toutes les classes, tous les ordres, tous les genres et les espèces des animaux qui existent, et faire voir que la conformation des individus et de leurs parties, que leurs organes, leurs facultés, &c. &c. sont entièrement le résultat des circonstances dans lesquelles la race de chaque espèce s'est trouvée assujettie par la nature.

Je pourrois prouver que ce n'est point la forme soit du corps, soit de ses parties, qui donne lieu aux habitudes, à la manière de vivre des animaux; mais que ce sont au contraire les habitudes, la manière de vivre et toutes les circonstances influentes qui ont avec le temps constitué la forme du corps et des parties des animaux. Avec de nouvelles formes, de nouvelles facultés ont été acquises, et peu à peu la nature est parvenue à l'état où nous la voyons actuellement.

Il convient donc de donner la plus grande attention à cette considération importante; d'autant plus que l'ordre que je viens simplement d'indiquer dans le règne animal, montrant évidemment une diminution graduée dans la composition de l'organisation ainsi que dans le nombre des facultés animales, fait pressentir la marche qu'a tenue la nature dans la formation de tous les êtres vivans.

Ainsi les *animaux à vertèbres*, et parmi eux les mammaux, présentent un *maximum* dans le nombre et dans la réunion des principales facultés de l'animalité; tandis que les *animaux sans vertèbres*, et sur-tout ceux de la dernière classe (les polypes) en offrent, comme vous le verrez, le *minimum*.

En effet, en considérant d'abord l'organisation animale la plus simple, pour s'élever ensuite graduellement jusqu'à celle qui est la plus composée, comme depuis la monade qui, pour ainsi dire, n'est qu'un *point animé*, jusqu'aux animaux à mamelles, et parmi eux jusqu'à l'homme, il y a évidemment une gradation nuancée dans la composition de l'organisation de tous les animaux et dans la nature de ses résultats, qu'on ne sauroit trop admirer et qu'on doit s'efforcer d'étudier, de déterminer et de bien connoître.

De même, parmi les végétaux, depuis les byssus pulvérulens, depuis la simple moisissure (1) jusqu'à la plante dont l'organisation est la plus composée, la plus féconde en organes de tout genre, il y a évidemment une gradation nuancée en quelque sorte analogue à celle qu'on remarque dans les animaux.

Par cette gradation nuancée dans la compli-

---

(1) Telle peut-être que le *mucor viridescens* qui semble être le *minimum* de la végétabilité.

cation de l'organisation, je n'entends point parler de l'existence d'une série linéaire, régulière dans les intervalles des espèces et des genres : une pareille série n'existe pas; mais je parle d'une série presque régulièrement graduée dans les masses principales, telles que les grandes familles; série bien assurément existante, soit parmi les animaux, soit parmi les végétaux; mais qui dans la considération des genres et sur-tout des espèces, forme en beaucoup d'endroits des ramifications latérales, dont les extrémités offrent des points véritablement isolés (1).

(1) Plusieurs Naturalistes s'étant apperçus de l'isolation plus ou moins remarquable de beaucoup d'espèces, de certains genres et même de quelques petites familles, se sont imaginé que les êtres vivans, dans l'un ou l'autre règne, s'avoisinoient ou s'éloignoient entr'eux, relativement à leurs rapports naturels, dans une disposition semblable aux différens points d'une carte de Géographie ou d'une Mappe-monde. Ils regardent les petites séries bien prononcées, qu'on a nommées *familles naturelles*, comme devant être disposées entr'elles en manière de réticulation, selon l'ordre qu'ils attribuent à la nature. Cette idée qui a paru sublime à quelques modernes qui avoient mal étudié la nature, est une erreur qui, sans doute, se dissipera dès qu'on aura des connoissances plus profondes et plus générales de l'organisation des corps vivans.

S'il existe parmi les êtres vivans une serie graduée au moins dans les masses principales, relativement à la complication ou à la simplification de l'organisation, il est évident que dans une distribution bien naturelle, soit des animaux, soit des végétaux, on doit nécessairement placer aux deux extrémités de l'ordre les êtres les plus dissemblables, les plus éloignés sous la considération des rapports, et par conséquent ceux qui forment les termes extrêmes que l'organisation, soit animale, soit végétale, peut présenter.

Toute distribution qui s'éloigne de ce principe me paroît fautive; car elle ne peut pas être conforme à la marche de la nature.

Cette considération importante nous mettra donc dans le cas de mieux connoître la nature des êtres dont nous devons nous occuper dans ce Cours; de juger plus justement de leurs rapports avec les autres êtres qui existent; enfin de déterminer plus convenablement le rang que chacun d'eux doit occuper dans la série générale des êtres vivans, et particulièrement dans celle des animaux connus.

Vous verrez que les polypes qui forment la dernière classe des animaux sans vertèbres et par conséquent de tout le règne animal, et que ceux sur-tout que comprend le dernier ordre de cette classe, n'offrent en quelque sorte que des ébauches de l'animalité; enfin vous serez convaincus que les polypes sont à l'égard des autres animaux, ce que les plantes *cryptogames* sont aux végétaux des autres classes.

Cette gradation soutenue dans la simplification ou dans la complication d'organisation des êtres vivans, est un fait incontestable sur lequel j'insiste, parce que sa connoissance jette actuellement le plus grand jour sur l'ordre naturel des êtres vivans, et en même temps soutient et guide la pensée qui les embrasse tous par l'imagination ou qui les fixe dans leur véritable point de vue, en les considérant chacun en particulier.

A cette vue extrêmement intéressante, il faut ajouter celle qui nous apprend qu'à mesure que l'organisation animale se complique, c'est-à-dire devient plus composée, à mesure, de même, les facultés animales se multiplient et deviennent plus nombreuses, ce qui en est un résultat simple et naturel. Mais aussi en se multipliant, les facultés animales perdent en quelque sorte de leur étendue, c'est-à-dire que dans les animaux qui ont le plus de facultés, celles de ces facultés qui sont communes à tous les animaux y ont bien moins d'étendue et de capacité qu'elles n'en ont dans les animaux à organisation plus simple. Voilà ce que l'observation nous apprend et ce qu'il étoit important de remarquer. Ainsi la faculté de se régénérer se rencontrant dans tous les animaux, quelle que soit la simplification ou la complication de leur organisation, leurs moyens de multiplication sont d'autant plus nombreux et plus faciles, que les animaux ont une organisation plus simple, *et vice versâ* (réciproquement).

Dans les insectes, et bien plus encore dans les vers proprement dits, et sur-tout dans les polypes, les facultés de l'animalité sont à la vérité moins nombreuses que dans les animaux des premières classes qui sont les plus parfaits; mais elles y sont bien plus étendues : car l'irritabilité y est plus grande, plus durable; la faculté de régénérer les parties plus facile, et celle de multiplier les individus bien plus considérable. Aussi la place que les animaux *sans vertèbres* tiennent dans la nature est-elle immense et de beaucoup supérieure à celle de tous les autres animaux réunis.

On ne sait quel est le terme de l'échelle animale vers l'extrémité qui comprend les animaux les plus simplement organisés. On ignore aussi nécessairement le terme de la petitesse de ces animaux : mais on peut assurer que plus on descend vers cette extrémité de l'échelle animale, plus le nombre des individus de chaque espèce est immense, parce que leur régénération est proportionnellement plus prompte et plus facile. Aussi le nombre de ces animaux est inappréciable, et n'a d'autre borne que celle que la nature y met par les temps, les lieux et les circonstances (1).

Cette facilité, cette abondance, enfin cette promptitude avec laquelle la nature produit, multiplie et propage les animaux les plus simplement organisés, se fait singulièrement remarquer dans les temps et dans tous les lieux qui y sont favorables.

La terre en effet, particulièrement vers sa surface, les eaux et même l'atmosphère dans certains temps et dans certains climats, sont peuplées en quelque sorte de molécules animées, dont l'organisation, quelque simple qu'elle soit, suffit pour leur existence. Ces animalcules se reproduisent et se multiplient, sur-tout dans les temps et les climats chauds, avec une

(1) Quel point de vue pour juger de la nature ! elle n'a sûrement pas dans ses productions procédé du plus composé au plus simple. Qu'on juge donc de ce qu'avec le temps et les circonstances elle a pu opérer.

fécondité effrayante, fécondité qui est bien plus considérable que celle des gros animaux dont l'organisation est plus compliquée. Il semble, pour ainsi dire, que la matière alors s'animalise de toutes parts, tant les résultats de cette étonnante fécondité sont rapides. Aussi sans l'immense consommation qui se fait dans la nature des animaux qui composent les derniers ordres du règne animal, ces animaux accableroient bientôt et peut-être anéantiroient par les suites de leur énorme multiplicité, les animaux plus organisés et plus parfaits qui composent les premières classes et les premiers ordres de ce règne, tant la différence dans les moyens et la facilité de se multiplier est grande entre les uns et les autres.

Mais la nature a prévenu les dangereux effets de cette faculté si étendue de produire et de multiplier. Elle les a prévenus d'une part, en bornant considérablement la durée de la vie de ces êtres si simplement organisés qui composent les dernières classes, et surtout les derniers ordres du règne animal. De l'autre part elle les a prévenus, soit en rendant ces animaux la proie les uns des autres, ce qui sans cesse en réduit le nombre, soit enfin en fixant par la diversité des climats les lieux où ils peuvent exister, et par la variété des saisons, c'est-à-dire par les influences des différens météores atmosphériques, les temps même pendant lesquels ils peuvent conserver leur existence.

Au moyen de ces sages précautions de la nature, tout reste dans l'ordre. Les individus se multiplient, se propagent, se consument de différentes manières; aucune espèce ne prédomine au point d'entraîner la ruine d'une autre, excepté peut-être dans les premières classes, où la multiplication des individus est lente et difficile; et par les suites de cet état de choses, l'on conçoit qu'en général les espèces sont conservées.

Il résulte néanmoins de cette fécondité de la nature qui s'accroît dans les êtres vivans avec la simplification de leur organisation, que les animaux sans vertèbres doivent présenter et présentent réellement la série d'animaux la plus nombreuse de celles qui existent dans la nature, quoique les animaux qui la composent soient en même temps les moins vivaces.

Ce qu'il y a encore de bien remarquable, c'est que parmi les changemens que les animaux et les végétaux opèrent sans cesse par leurs productions et leurs débris, dans l'état et la nature de la surface du globe terrestre, ce ne sont pas les plus grands animaux, les plus parfaits en organisation, qui forment les plus considérables de ces changemens.

J'ai essayé de prouver dans mes *Mémoires de Physique et d'Histoire Naturelle* (p. 342, n°. 490.), que la matière calcaire, si abondante à la surface du globe, est réellement le produit des animaux qui l'ont formée.

Mais quel doit être notre étonnement, en apprenant que la plus grande quantité de la matière calcaire qui existe, que celle enfin qui constitue ces nombreuses chaînes de montagnes calcaires et ces bancs énormes de craie qu'on observe dans toutes les contrées de la terre, n'est due qu'en très-petite partie aux animaux à coquilles, mais qu'elle est principalement le résultat de la craie formée par les polypes à polypiers, c'est-à-dire par les animaux des madrépores, des millepores, &c. qui sont presque les plus imparfaits et les plus petits des animaux?

Quoique ces animaux soient si petits, si simplement organisés, enfin si délicats et si peu vivaces, leur faculté régénérative est si étendue, que leur énorme multiplicité surpasse de beaucoup dans ses effets, ce qu'un plus grand volume et une vie plus durable dans les autres sont capables de produire.

En sorte qu'on peut dire qu'ici ce que la

nature n'obtient pas en quantité par chaque individu, elle l'obtient amplement par le nombre des animaux dont il s'agit, par l'énorme fécondité de ces mêmes animaux, par l'admirable faculté qu'ils ont de se régénérer promptement, et de multiplier en peu de temps leurs générations rapidement accumulées, enfin par la réunion des produits de ces nombreux animalcules.

C'est un fait maintenant bien constaté que les polypes coralligènes, c'est-à-dire que cette grande famille d'animaux à polypiers, tels que ceux des madrépores, des millepores, des astroïtes, des méandrites, &c. préparent en grand dans le sein de la mer, par une excrétion continuelle de leur corps et par une suite de leur nombre étonnant ainsi que de leurs générations accumulées, la plus grande partie de la matière calcaire qui existe. Les polypiers nombreux que ces animaux produisent, et dont ils augmentent perpétuellement le volume et la quantité, forment en certains endroits des îles d'une étendue considérable, comblent des baies, des golfes et les rades les plus vastes, en un mot bouchent des ports et changent entièrement l'état des côtes. Ces bancs énormes de madrépores, millepores, &c. cumulés les uns sur les autres, recouverts et ensuite entremêlés de serpules, d'huîtres, de balanites et de différens autres coquillages, forment des montagnes irrégulières et sous-marines d'une étendue presque sans borne.

La belle considération dont je viens de parler nous porte donc à examiner parmi les êtres vivans, les facultés remarquables de ceux que la nature a doués de l'animalité. Et déjà elle nous a appris, comme je l'ai dit tout-à-l'heure, qu'à mesure que dans les animaux l'organisation se simplifie, les facultés de l'animalité deviennent à la vérité moins nombreuses, mais aussi acquièrent en général bien plus d'étendue.

Les métamorphoses singulières des insectes; la régénération de la tête dans les limaçons, des pattes dans les crustacés, des branches ou rayons des astéries, de toutes les tentacules des actinies, après que ces parties ont été coupées; la multiplication de certains vers opérée par la section sur un seul individu; celle des hydres ou polypes d'eau douce, qui se fait comme par cayeux; la faculté qu'ont les polypes coralligènes ou zoophytes, en se multipliant par un bourgeonnement perpétuel qui ramifie leur polypier, de former des tiges semblables par leur aspect et leur port à celles des végétaux; enfin les divers modes de propagation et de multiplication de tous ces animaux, et sur-tout des polypes amorphes ou microscopiques, sont des phénomènes qu'on n'observe pas dans toute l'étendue du règne animal; mais dont les animaux sans vertèbres, qui sont plus simplement organisés que les autres, fournissent cependant des exemples.

Si nous nous rapprochons du terme où l'animalité semble recevoir l'existence, où se trouvent en un mot les premières et les plus simples ébauches de l'organisation, nous sentirons que dans une simplification si grande d'organisation, la génération par des organes appropriés ne peut pas encore avoir lieu. Aussi l'observation nous apprend-elle que dans les animaux dont l'organisation est très-simple, comme dans les *polypes*, on ne connoît aucun organe propre à la génération.

Ces animaux paroissent entièrement dépourvus de sexe : les plus organisés d'entr'eux se multiplient par un bourgeonnement qui en général ramifie leur corps ou le polypier qu'ils forment et qu'ils habitent. Mais les plus imparfaits de ces animaux, c'est-à-dire ceux qui ont l'organisation la plus simple et en quelque sorte la plus problématique, se multiplient par une scission particulière qui s'opère petit à petit sur la largeur ou sur la longueur du corps gélatineux de ces très-petits animaux.

Ainsi la génération, dans les animaux les moins organisés, se réduit à une séparation d'une portion du corps de l'animal qui s'en détache par une scission naturelle. Dans des animaux d'un degré supérieur, la portion du corps qui se sépare se trouve plus petite, isolée, et présente d'avance, en raccourci, un corps semblable à celui d'où il prend naissance. Ce mode conduit insensiblement à l'isolation d'un lieu particulier dans le corps de l'animal, où doit s'opérer des séparations d'espèce de bourgeons intérieurs que la nature transforme petit à petit en œufs, comme à la fin elle transforme ceux-ci en *placenta* organisés. Ce même mode donne donc origine aux organes propres à la génération, et bientôt après la distinction des sexes commence à s'établir. Voilà au moins ce que l'observation paroît attester. Je ne poursuivrai pas plus loin maintenant l'examen de ces considérations intéressantes ; je dirai seulement que les merveilles que nous offrent la plupart des animaux sans vertèbres, soit par les particularités remarquables de leur organisation, soit par leurs productions, soit encore par leurs mœurs, leurs habitudes et leurs divers modes de propagation ; que ces merveilles, dis-je, ne sont pas les seules considérations qui doivent nous porter à étudier ces singuliers animaux ; je peux faire voir que l'homme a en outre le plus grand intérêt de les connoître pour sa propre utilité.

En effet, on sait que beaucoup de mollusques, d'insectes, de vers, &c. présentent pour la médecine, les arts, le commerce et l'économie domestique, des objets d'utilité sans nombre, souvent même de la plus grande importance. Ainsi le ver à soie, la cochenille du Mexique, celle de Pologne, le kermès, l'abeille, les cynips, qui produisent les noix de galle, les cochenilles, productrices de la gomme-lacque, les sang-sues, les huîtres, les écrevisses, &c. &c. prouvent déjà que les animaux sans vertèbres fournissent aussi à nos arts et à nos besoins, comme les autres branches de l'Histoire Naturelle, et qu'ils méritent d'être étudiés et connus.

Mais on peut faire voir encore qu'outre l'utilité considérable que l'homme peut retirer d'un grand nombre de ces animaux ou de leurs productions, il a le plus grand intérêt de chercher à les bien connoître pour se mettre à l'abri du mal qu'ils font pour la plupart, et des dégâts qu'ils peuvent occasionner. Les végétaux, les animaux, l'homme même n'en sont point épargnés. Un grand nombre d'insectes divers rongent les végétaux vivans dans toutes leurs parties ; piquent, sucent et dévorent les autres animaux vivans, soit en se fixant sur leur corps, soit en s'introduisant dans leur intérieur ; détruisent les productions animales et végétales, préparées et conservées pour notre utilité ; telles que les pelleteries, les collections d'Histoire Naturelle, &c. Enfin la plupart des vers proprement dits, habitent dans le corps des animaux vivans et dans celui de l'homme même, s'y multiplient considérablement et en consomment la substance, en sorte que l'on peut dire que les maux, les torts et les dévastations que tous ces animaux opèrent, sont souvent incalculables.

On conçoit donc que plusieurs mollusques, qu'un grand nombre d'insectes, que la plupart des vers et bien d'autres animaux sans vertèbres étant en général très-malfaisans, l'homme a le plus grand intérêt de les étudier et de chercher à les connoître, afin de trouver les moyens, soit de les détruire, soit de s'en délivrer, ou du moins de se garantir des maux qu'ils lui peuvent occasionner, et de leurs ravages.

L'homme en effet peut, par son industrie, diminuer beaucoup la somme des maux que ces animaux peuvent lui causer. Or, pour cela, il est évident que c'est en étudiant bien ces sortes d'animaux, en cherchant à connoître les lieux qu'ils habitent, les époques de leurs développemens, leur manière de vivre, &c. qu'il peut espérer de réussir à empêcher et les excès de leur multiplication, au moins autour de lui, et celui des torts qu'ils peuvent causer. *V. Oliv. Journal d'Hist. Nat.* n°. 1 et 2.

Ainsi l'on sent que plusieurs considérations puissantes doivent nous porter à étudier les animaux *sans vertèbres*, et à les connoître aussi particulièrement que les autres ; et qu'elles prouvent que cette étude, d'ailleurs amusante et très-curieuse, n'est pas pour nous d'un moindre intérêt que celle des autres parties de l'Histoire Naturelle.

Le grand intérêt que présentent ces belles considérations vous étant sans doute maintenant suffisamment connu, je passe à la distribution méthodique, c'est-à-dire à la classification des animaux dont j'ai à vous entretenir.

Le célèbre Linné, et presque tous les Naturalistes jusqu'à présent ont, comme je vous l'ai déjà dit, divisé toute la série des *animaux sans vertèbres* en deux classes seulement ; savoir :

En *insectes* et en *vers*.

En sorte que tout ce qui n'étoit pas regardé

comme insecte, étoit sans exception rapporté à la classe des vers.

Ils plaçoient la classe des insectes après celle des poissons, et celle des vers après les insectes. Les vers formoient donc, d'après cette distribution, la dernière classe du règne animal.

Mais les observations anatomiques connues sur l'organisation de ces animaux, et sur-tout celles qui ont été faites depuis peu d'années, ne permettent plus de conserver cette division des animaux sans vertèbres, en *insectes* et en *vers*. Il est maintenant reconnu que beaucoup de ces animaux, comme les mollusques que Linné avoit rangés parmi les vers, sont mieux ou moins simplement organisés que les *insectes*, et qu'en conséquence ils doivent être placés avant eux, c'est-à-dire immédiatement après les poissons. Tandis que d'autres animaux sans vertèbres, d'une organisation plus simple encore que celle des insectes et même des vers, doivent être placés après eux; en sorte que ceux qui ont l'organisation la plus simple doivent réellement terminer le règne animal.

Il étoit donc nécessaire de ne plus avoir égard à la division établie par Linné, et il falloit ou réunir tous ces animaux en une seule classe, ou les partager en un certain nombre de coupes bien tranchées et distinctes.

Je me suis continuellement occupé de cette utile réforme depuis que je suis attaché à cet établissement; et quoique les progrès de mes recherches m'aient fait successivement opérer divers changemens dans les résultats de mon travail à cet égard, je crois maintenant pouvoir fixer définitivement la classification des animaux sans vertèbres, et devoir les caractériser de la manière suivante.

DÉFINITION.

Ainsi les animaux *sans vertèbres* sont ceux qui sont dépourvus de colonne vertébrale, et par conséquent de squelette articulé; qui manquent de véritable sang, n'ayant à la place qu'une sanie ordinairement blanchâtre qui semble n'être qu'une espèce de lymphe; enfin qui ont le corps mollasse et éminemment contractile. Ce sont aussi ceux, comme je l'ai déjà dit, en qui les facultés de régénérer leurs parties et de se multiplier par la génération ont le plus d'étendue. Ils composent la branche du règne animal non-seulement la plus nombreuse en espèces déjà connues, mais même celle dont le terme extrême ne sera sans doute jamais déterminé, à cause de la petitesse infinie des espèces qui avoisinent ce terme, et de la grossièreté de nos sens qui s'oppose à ce que nous puissions parvenir à les appercevoir.

Division des animaux sans vertèbres.

Je divise les animaux sans vertèbres, comme vous pouvez le voir dans le tableau ci-joint, en sept classes et en vingt ordres, dont je dois faire successivement l'exposition. Les caractères de ces classes sont empruntés de la considération de l'organisation même des animaux qu'elles comprennent, et particulièrement de celle des trois sortes d'organes les plus essentiels à la vie des animaux; savoir, 1°. des organes de la respiration, 2°. de ceux qui servent à la circulation ou au mouvement des fluides, 3°. enfin de ceux qui constituent le sentiment.

Ces considérations vraiment essentielles rapprochent les uns des autres les animaux qui ont de véritables rapports, et écartent nécessairement ceux qui n'en ont pas. Elles établissent d'ailleurs la progression la plus exacte dans la diminution de la composition de l'organisation : diminution évidemment croissante d'une extrémité à l'autre dans la série des *animaux sans vertèbres*, comme elle l'est aussi dans celle des *animaux à vertèbres*; en sorte que dans les animaux de la septième et dernière classe, les organes de la respiration, ceux de la circulation, et enfin ceux du sentiment, ne sont plus du tout perceptibles, et paroissent même ne point exister.

CLASSIFICATION.

Les sept classes que j'ai établies parmi les *animaux sans vertèbres*, sont :

1°. Les mollusques.
2°. Les crustacés.
3°. Les arachnides.
4°. Les insectes.
5°. Les vers.
6°. Les radiaires.
7°. Les polypes.

Ces sept classes ajoutées aux quatre qui partagent les *animaux à vertèbres*, forment pour la division de tout le règne animal, onze classes distinctes, bien tranchées, et toutes disposées dans un ordre relatif à la simplification progressivement croissante de l'organisation des animaux qu'elles embrassent.

La classification que je viens d'indiquer, me paroît celle qu'on doit indispensablement établir parmi les *animaux sans vertèbres*. On ne peut sans inconvénient ajouter ni retrancher une seule classe aux sept que je viens de proposer; et sur-tout on ne peut déranger l'ordre des rapports établis par la nature elle-même, clairement indiqué par l'observation de l'organisation, et que je crois parfaitement conservé dans l'ordre même des sept classes dont il s'agit.

Les *Mollusques*, quoique d'un degré plus bas que les poissons, puisqu'ils n'ont plus de colonne vertébrale et par conséquent de squelette articulé, et qu'ils manquent de véritable sang, sont néanmoins les mieux organisés des *animaux sans vertèbres*. Ils respirent par des branchies comme les poissons, et ont tous un cerveau et des nerfs, un ou plusieurs cœurs musculaires, et un systême complet de circulation.

La classe des *Crustacés*, c'est-à-dire la deuxième classe des animaux sans vertèbres, celle enfin qui comprend des animaux qu'on avoit jusqu'à présent confondus avec les insectes, parce qu'ils ont comme les insectes des pattes et des antennes articulées; cette classe, dis-je, doit suivre immédiatement celle des mollusques, et il n'est plus permis de confondre les animaux qu'elle comprend avec ceux qui méritent réellement le nom d'*insectes*.

En effet, quelque grands que soient les rapports des crustacés avec les *insectes*, ils en ont de plus grands encore avec les *arachnides*, et ils sont essentiellement distingués des uns et des autres, en ce qu'ils respirent tous par des branchies comme les mollusques, qu'ils n'ont jamais de stigmates ni de trachées aérifères, et qu'ils sont munis d'un cœur musculaire pour la circulation de leurs fluides.

Les *Arachnides*, quoique plus voisins des insectes que les crustacés, n'en doivent pas moins être distingués des insectes, et former une classe particulière; car les animaux de cette classe ne subissent point de métamorphose, et ils ont dès les premiers développemens des pattes articulées et des yeux à la tête. Néanmoins comme les *arachnides* ont avec les crustacés des rapports assez nombreux, on doit nécessairement les placer entre les crustacés et les insectes. Il n'y a point d'arbitraire à cet égard.

Après les *arachnides* vient immédiatement et nécessairement la classe des *insectes*, c'est-à-dire cette immense série d'animaux qui subissent des métamorphoses, qui ont tous, dans l'état parfait, six pattes articulées, des antennes et des yeux à la tête, des stigmates et des trachées aérifères pour la respiration.

Ces animaux infiniment curieux par les particularités relatives à leur organisation, à leurs métamorphoses et à leurs singulières habitudes, ont une organisation moins composée que celle des *mollusques* et même que celle des *crustacés*. En effet, dans les insectes on ne retrouve plus de cœur musculaire, mais seulement un vaisseau dorsal, ayant de légers étranglemens alternativement contractiles, et qui ne paroît pas se terminer en ramifications.

La respiration qui, dans les *mammaux*, les *oiseaux* et les *reptiles*, s'opère par des poumons, et qui ensuite s'effectue simplement par des branchies dans les *poissons*, les *mollusques* et les *crustacés*, ne s'exécute plus dans les *arachnides* et dans les *insectes* que par des trachées, c'est-à-dire par des vaisseaux aériens, ramifiés et distribués par toute l'étendue du corps. Ce n'est que dans les larves aquatiques des insectes qu'on retrouve encore des branchies, parce que l'usage des trachées ne peut convenir à ces animaux.

Les *Vers* constituent la cinquième classe des animaux sans vertèbres. Ils doivent sans doute suivre immédiatement les insectes sous le rapport de la composition de leur organisation, et non les précéder, et encore moins être placés après les mollusques avant les crustacés, comme l'a pensé dernièrement un savant Naturaliste.

Comme les insectes, beaucoup de vers ne respirent que par des trachées dont les ouvertures à l'extérieur forment des stigmates. Beaucoup d'autres aussi respirent par des branchies comme les larves des insectes aquatiques. Sous ce rapport et sous celui de leur systême nerveux, ils ressemblent aux insectes; car ils ont comme eux une moelle épinière noueuse. Mais les vers diffèrent essentiellement des insectes en ce qu'ils n'ont jamais de pattes articulées, et en ce qu'aucun d'eux ne subit de véritable métamorphose.

Les vers étant dépourvus de cœur musculaire ne sauroient être convenablement placés après les mollusques, avant les crustacés; cela est déjà si évident que les preuves que j'en donnerai en traitant des animaux de cette classe sont maintenant inutiles.

Enfin la forme du corps des vers, beaucoup plus simple que celle du corps des insectes, les repousse nécessairement après ceux-ci; car le corps de ces animaux paroît formé en totalité par un abdomen alongé sans distinction de corcelet. Le plus souvent on ne leur voit ni tête, ni organe de la vue, &c. &c.

Après les *vers* viennent nécessairement les *Radiaires*, qui composent la sixième classe des animaux sans vertèbres.

Quoique ces animaux soient fort singuliers, et même en général encore peu connus, ce qu'on sait de leur organisation indique évidemment la place que je leur assigne dans la série des animaux sans vertèbres. En effet, l'organe essentiel du sentiment, dont les animaux de toutes les classes précédentes sont doués, et dont on retrouve encore des traces dans les vers, ne se distingue plus chez eux. Il paroît qu'ils n'ont réellement ni moelle longitudinale ni nerfs, et ne sont plus que simplement irritables. On ne leur connoît de même ni cœur ni vaisseaux pour la circulation. Enfin l'organe de la respiration se trouve si obscurément prononcé chez eux, qu'on est réduit à le chercher dans une multitude de tubes absorbans et contractiles qu'on observe dans la plupart de ces animaux, qui introduisent l'eau dans des canaux ramifiés, et la font circuler ou au moins traverser presque tous les points dans leur intérieur.

Cependant les *radiaires* ne forment pas le dernier échelon que l'on puisse assigner dans la série que présente le règne animal. Il faut encore nécessairement les distinguer des *polypes*, qui constituent pour nous le dernier anneau de cette chaîne intéressante.

Dans les *radiaires*, que j'ai nommés ainsi parce que leurs organes sont en général disposés comme en manière de rayons, non-seulement on apperçoit encore des organes qui paroissent destinés à la respiration, mais on observe encore des viscères autres que le canal intestinal, tels que des ovaires de diverses formes, &c. Enfin la bouche, qui paroît constamment inférieure, offre le plus souvent encore des organes destinés à la manducation.

Les *Polypes* composent la septième et dernière classe des animaux sans vertèbres, et par conséquent du règne animal. Ils présentent enfin le dernier des échelons qu'on a pu remarquer dans ce règne intéressant, et c'est parmi eux que se trouve le terme inconnu de l'échelle animale, en un mot les ébauches de l'animalisation que la nature forme et multiplie avec tant de facilité dans les circonstances favorables; mais aussi qu'elle détruit si facilement et si promptement par la simple mutation des circonstances propres à leur donner l'existence.

Quoique les polypes soient de tous les animaux les moins connus, ce sont sans contredit ceux dont l'organisation est la plus simple, et ceux par conséquent qui ont le moins de facultés. On ne retrouve en eux ni organe du sentiment, ni organe de la respiration, ni organe destiné à la circulation des fluides. Tous leurs viscères se réduisent à un simple canal alimentaire qui, comme un sac plus ou moins alongé, n'a qu'une seule ouverture qui est la bouche et à-la-fois l'anus; et ce canal alimentaire est apparemment entouré de globules absorbans, contenant des fluides maintenus dans un mouvement quelconque par la succion et la transpiration.

Les animalcules qui se trouvent à la fin du dernier ordre des polypes ne sont plus que des points animés, que des corpuscules gélatineux, d'une forme simple, et contractiles dans presque tous les sens.

Tel est le précis des caractères des sept classes qu'il convient d'établir parmi les animaux sans vertèbres. Je vous en ferai successivement l'exposition ainsi que celle des genres que ces classes comprennent, en me bornant pour chaque genre aux seuls développemens que le temps nous permettra de donner.

Quoique les animaux sans vertèbres semblent d'abord annoncer moins d'intérêt que les autres, vous avez vu cependant qu'ils ne sont pas moins dignes d'exciter votre attention et votre curiosité, et même que toutes sortes de raisons doivent vous porter à les étudier et à les bien connoître. Leur étude d'ailleurs est un champ d'autant plus fertile en découvertes utiles, que nos connoissances en ce genre sont encore très-peu avancées.

Dans la distribution des animaux sans vertèbres, les organes de la respiration étant principalement employés comme caractère, il me paroît convenable de présenter ici succinctement la définition des diverses sortes d'organes qui paroissent appartenir à la respiration des animaux.

La respiration dans les animaux s'opère par quatre sortes d'organes respiratoires différens; c'est-à-dire que chaque animal en qui les organes respiratoires sont perceptibles, respire par le moyen de l'une des quatre sortes d'organes suivans; savoir:

Par des poumons.

Par des branchies.

Par des trachées aériennes.

Par des trachées aquifères.

Des poumons.

Les poumons sont un assemblage de cellules, contenu dans une cavité particulière du corps de l'animal qui en est muni, et auquel aboutissent des tuyaux plus ou moins ramifiés, qu'on nomme *bronches*. Tous ces tuyaux aboutissent dans un tuyau commun, qui porte le nom de *trachée-artère*, et qui s'ouvre dans la bouche à la base de la langue. Les cellules et les bronches se remplissent et se vident d'air, alternativement, par les suites du gonflement et de l'affaissement alternatif de la cavité du corps qui les contient.

Sur les parois des cellules et des bronches rampent les dernières ramifications des vaisseaux pulmonaires, qui y sont infiniment multipliées et repliées de toutes manières. Sans doute les parois des cellules et des bronches sont remplies de pores, les uns absorbans et les autres exhalans, qui établissent une communication entre l'air qui s'introduit dans les cellules pulmonaires et le sang qui circule dans les vaisseaux du poumon. (*Voyez* mes Mémoires de Physique et d'Histoire Naturelle, pag. 311.) Tel est l'organe respiratoire des animaux des trois premières classes.

Des branchies.

Les branchies constituent un organe respiratoire à nu, qui ne présente ni cellules, ni bronches, ni trachée-artère.

Les vaisseaux qui, dans les poumons, rampent sur les parois des cellules et des bronches pour y recevoir l'influence de l'air qui s'y introduit par la trachée-artère, rampent à nu dans les *branchies* sur des feuillets ou des franges, s'y ramifient ou s'y contournent à l'infini pour présenter une grande surface au fluide ambiant, et en recevoir l'influence.

Les animaux à branchies sont en général des animaux aquatiques, en sorte que c'est l'eau même qu'ils respirent; c'est-à-dire que pour eux, l'eau liquide se trouve être le fluide ambiant.

Toute leur respiration consiste donc en ce que leurs branchies reçoivent le contact d'une eau continuellement renouvellée. Or, il paroît que cet organe respiratoire a la faculté de séparer de l'eau l'air qu'elle tient en dissolution ou qui est constamment mélangé dans sa masse, et qu'il l'absorbe et l'introduit dans les fluides de l'animal. Il y a sans doute aussi des branchies aériennes, c'est-à-dire des branchies dont les fonctions ne s'exécutent point dans l'eau, mais dans l'air atmosphérique. Celles des limaces et des heliciers en sont un exemple. Les branchies sont l'organe respiratoire essentiel aux poissons, aux mollusques et aux crustacés.

Des trachées aériennes.

Les trachées aériennes sont en quelque sorte un poumon sans cellules et sans bronches, ainsi que sans limites particulières.

Cet organe respiratoire consiste en une multitude de vaisseaux aériens qui se ramifient presqu'à l'infini, et s'étendent dans tout l'intérieur de l'animal et de ses parties; enfin qui s'ouvrent au-dehors par des trous ou des fentes courtes qu'on nomme *stigmates*.

Dans les animaux qui ont de vrais *poumons*, l'air s'introduit dans un organe isolé : il y va porter son influence sur le sang qui vient lui-même la chercher dans cet organe.

Dans les animaux à *trachées aériennes*, l'air au contraire s'introduit dans un organe répandu par-tout : il va conséquemment lui-même par-tout chercher les fluides essentiels de l'animal pour leur communiquer son influence.

Les trachées aériennes sont l'organe respiratoire des arachnides, des insectes et de beaucoup de vers.

Des trachées aquifères.

Les trachées aquifères sont aux branchies ce que les trachées aériennes sont aux poumons.

Cet organe, qui paroît respiratoire, ne se rencontre que dans des animaux aquatiques dont l'organisation est tellement simple, qu'on ne leur connoît ni moelle longitudinale ni nerfs. Il consiste en un certain nombre de vaisseaux aquifères qui se ramifient et s'étendent dans l'intérieur de l'animal, et qui s'ouvrent au-dehors par une multitude de petits tubes extensibles et contractiles qui absorbent l'eau et en rejettent. Par ce moyen l'eau circule, pour ainsi dire, perpétuellement dans le corps de ces animaux, et porte par-tout l'influence de l'air que sans doute l'organe sait en séparer. Tel est l'organe respiratoire des *radiaires*, ou au moins de la plupart.

Les animaux en qui aucun organe respiratoire n'est perceptible, respirent vraisemblablement par l'absorption de l'air qu'ils séparent de l'eau, au moyen des pores absorbans soit de la surface externe de leurs corps, soit de celle de leur canal alimentaire; mais ils n'ont sans doute aucun organe spécial pour opérer cette séparation. Tel est le cas de tous les polypes.

FIN DU DISCOURS D'OUVERTURE.

TABLEAU GÉNÉRAL

DES

DIVISIONS ET DES GENRES

DES ANIMAUX SANS VERTÈBRES.

Les animaux *sans vertèbres* composent, comme je l'ai déjà dit, la seconde division du règne animal, et sont éminemment distingués de ceux qui appartiennent à la première division, en ce qu'ils n'ont pas de colonne vertébrale et par conséquent pas de squelette, et qu'ils sont dépourvus de véritable sang.

Ces animaux sont infiniment nombreux dans la nature. Ils présentent une série qui semble aller en se dégradant relativement à la simplification de plus en plus croissante de l'organisation de ces êtres; en sorte que ceux qui terminent la série, n'offrent réellement que l'ébauche de l'animalité. Tous ces animaux se multiplient avec une facilité, une abondance et une promptitude qui croissent avec la simplification de leur organisation.

Je partage la série de ces animaux en sept classes distinctes , auxquelles je donne les noms suivans :

1°. Les mollusques.
2°. Les crustacés.
3°. Les arachnides.
4°. Les insectes.
5°. Les vers.
6°. Les radières.
7°. Les polypes.

Voici pour chacune de ces classes, le caractère qui les distingue , et celui de chacun des genres qui peuvent y être rapportés.

CARACTÈRES GÉNÉRAUX

Des animaux sans vertèbres, et des sept classes qui partagent leur série.

	Respiration	Caractères	Classe
Animaux dépourvus de colonne vertébrale et de squelette articulé.	Respiration s'opérant uniquement par des branchies. Point de stigmates. Un cœur pour la circulation. Un cerveau dans le plus grand nombre.	Corps mollasse, non articulé, et muni d'un manteau de forme variable............	LES MOLLUSQUES. page 51.
		Corps et membres articulés, recouverts d'une peau crustacée, divisée en plusieurs pièces...............	LES CRUSTACÉS. p. 143.
	Respiration s'opérant par des stigmates et des trachées aérifères, rarement par des branchies. Point de cœur pour le mouvement des fluides. Une moelle longitudinale et des nerfs.	Corps ne subissant point de métamorphose. En tout temps des pattes articulées et des yeux à la tête.........	LES ARACHNIDES. p. 171.
		Corps subissant des métamorphoses, et ayant dans l'état parfait six pattes articulées et des yeux à la tête................	LES INSECTES. p. 185.
		Corps alongé, ne subissant point de métamorphose. Jamais de pattes articulées; rarement des yeux à la tête...............	LES VERS. p. 315.
	Respiration s'opérant par des tubes absorbans et des trachées aquifères, ou par des voies inconnues. Point de système de circulation. Point de moelle longitudinale. Rarement des nerfs perceptibles.	Corps dépourvu de tête, et ayant dans ses parties une disposition à la forme étoilée ou rayonnante. Quelques organes intérieurs autres que le canal intestinal. Bouche inférieure............	LES RADIAIRES. p. 341.
		Corps dépourvu de tête, et n'ayant d'autre organe int. apparent qu'un canal intestinal dont l'entrée sert de bouche et d'anus. Bouche supérieure......	LES POLYPES. p. 357.

TABLEAU DES MOLLUSQUES.

MOLLUSQUES CÉPHALÉS.

OLLUSQUES PHALÉS NUS.

ux qui nagent vaguement dans les eaux.

1. Sèche.
2. Calmar.
3. Poulpe.
4. Lernée.
5. Firole.
6. Clio.

ux qui rampent sur le ventre.

7. Laplisie.
8. Dolabelle.
9. Bullée.
10. Tethys.
11. Limace.
12. Sigaret.
13. Onchide.
14. Tritonie.
15. Doris.
16. Phyllidie.
17. Oscabrion.

MOLLUSQUES CÉPHALÉS CONCHILIFÈRES.

Coq. univalve, uniloculaire, non spirale, recouvrant l'animal.

18. Patelle.
19. Fissurelle.
20. Emarginule.
21. Concholepas.
22. Crépidule.
23. Calyptrée.

Coq. univalve, uniloculaire, spirivalve et engainant l'animal.

Ouverture échancrée ou canaliculée à sa base.

24. Cône.
25. Porcelaine.
26. Ovule.
27. Tarrière.
28. Olive.
29. Ancille.
30. Volute.
31. Mitre.
32. Colombelle.
33. Marginelle.
34. Cancellaire.
35. Nasse.
36. Pourpre.
37. Buccin.
38. Eburne.
39. Vis.
40. Tonne.
41. Harpe.
42. Casque.
43. Strombe.
44. Ptérocère.
45. Rostellaire.
46. Rocher.
47. Fuseau.
48. Pyrule.
49. Fasciolaire.
50. Turbinelle.
51. Pleurotome.
52. Clavatule.
53. Cérite.

Ouverture entière et sans canal à sa base.

54. Toupie.
55. Cadran.
56. Sabot.
57. Monodonte.
58. Cyclostome.
59. Scalaire.
60. Maillot.
61. Turritelle.
62. Janthine.
63. Bulle.
64. Bulime.
65. Agatine.
66. Lymnée.
67. Mélanie.
68. Pyramidelle.
69. Auricule.
70. Volvaire.
71. Ampullaire.
72. Planorbe.
73. Hélice.
74. Helicine.
75. Nérite.
76. Natice.
77. Testacelle.
78. Stomate.
79. Haliotide.
80. Vermiculaire.
81. Siliquaire.
82. Arrosoir.
83. Carinaire.
84. Argonaute.

Coq. univalve, multiloculaire, engainant ou renfermant l'animal.

85. Nautile.
86. Orbulite.
87. Ammonite.
88. Planulite.
89. Nummulite.
90. Spirule.
91. Turrilite.
92. Baculite.
93. Orthocère.
94. Hippurite.
95. Bélemnite.

MOLLUSQUES ACÉPHALÉS.

MOLLUSQUES ACÉPHALÉS NUS.

96. Ascidie.
97. Biphore.
98. Mammaire.

MOLLUSQUES ACÉPHALÉS CONCHILIFÈRES.

Coq. équivalve.

Elle est composée de deux valves égales, avec ou sans pièces plus petites et accessoires.

99. Pinne.
100. Moule.
101. Modiole.
102. Anodonte.
103. Mulette.
104. Nucule.
105. Pétoncle.
106. Arche.
107. Cucullée.
108. Trigonie.
109. Tridacne.
110. Hippope.
111. Cardite.
112. Isocarde.
113. Bucarde.
114. Crassatelle.
115. Paphie.
116. Lutraire.
117. Mactre.
118. Pétricole.
119. Donace.
120. Méretrice.
121. Vénus.
122. Vénéricarde.
123. Cyclade.
124. Lucine.
125. Telline.
126. Capse.
127. Sanguinolaire.
128. Solen.
129. Glycimère.
130. Mye.
131. Pholade.

Coq. inéquivalve.

Elle est composée de deux valves ou davantage, et dont les principales sont inégales entr'elles.

* *Valve principale tubuleuse.*

132. Taret.
133. Fistulane.

* *Deux valves inégales, opposées ou réunies en charnière.*

134. Acarde.
135. Radiolite.
136. Came.
137. Spondyle.
138. Plicatule.
139. *Gryphée. (Addit.)
139. Huître.
140. Vulselle.
141. Marteau.
142. Avicule.
143. Perne.
144. Placune.
145. Peigne.
146. Lime.
147. Houlette.
148. Pandore.
149. Corbule.
150. Anomie.
151. Cranie.
152. Térébratule.
153. Calcéole.
154. Hyale.
155. Orbicule.
156. Lingule.

* *Plus de deux valves inégales, et point en charnière.*

157. Anatife.
158. Balane.

CLASSE PREMIÈRE.

[la 5e du règne animal].

LES MOLLUSQUES.

Caract. Corps mou, non articulé, muni d'un manteau de forme variable.

Organisat. Un cerveau et des nerfs. Des branchies pour la respiration. Un cœur musculeux et un systême complet de vaisseaux rameux pour la circulation.

La classe des mollusques comprend les plus parfaits des animaux sans vertèbres, ceux qui sont les mieux organisés à tous égards ; c'est-à-dire dont l'organisation est la moins simple et approche le plus de celle des poissons.

Les animaux dont il s'agit ont un cœur musculaire et un systême complet de vaisseaux rameux qui leur procurent la circulation de leurs fluides. Une partie de ces vaisseaux forme un ou plusieurs réseaux, ou lacis, ou panaches, exposés à l'influence des fluides ambians, et constitue les *branchies* qui, comme dans les poissons, servent à la respiration de ces animaux. Les branchies des mollusques aquatiques ont, comme celles des poissons, la faculté de séparer par des pores absorbans, l'air qui se trouve mêlé à l'eau, et de s'en approprier l'influence nécessaire à l'entretien de la vie de ces animaux.

Le manteau des mollusques est la partie de leur corps la plus apparente à l'extérieur. C'est une membrane plus ou moins épaisse, musculeuse, très-sensible, qui enveloppe plus ou moins le corps de l'animal, et dont la grandeur, la forme et les attaches varient beaucoup selon les genres et même les espèces.

Les organes du mouvement progressif des mollusques consistent dans les uns, en un disque musculeux et glutineux sur lequel ils rampent par des mouvemens ondulatoires et qui leur sert de pied. Dans les autres, c'est tantôt un pied musculeux alongé qui sert de filière à l'animal lorsqu'il veut s'attacher sur des corps marins; tantôt c'est un pied cylindrique qui s'alonge ou se contracte pour opérer les mouvemens dont l'animal a besoin, et tantôt c'est un pied applati et tranchant qui sert aux uns de point d'appui pour s'avancer, et aux autres de ressort pour sauter avec force.

Les tentacules des mollusques sont, ou des espèces de cornes mobiles non articulées, contractiles, ou de simples filets, doués les uns et les autres d'un sentiment très-fin, très-délicat, et souvent d'un mouvement rapide qui s'exécute en manière de vibration.

Les mollusques qui ont des tentacules sur la tête n'en ont jamais moins que deux, et rarement plus de quatre. Ces tentacules ont en général la faculté de s'alonger ou de se raccourcir au gré de l'animal. Le plus souvent même ces tentacules sont des espèces de tuyaux creux qui peuvent se replier et rentrer en eux-mêmes par le moyen d'un muscle qui en tire l'extrémité jusques dans l'intérieur de la tête.

Les yeux dans quelques mollusques nus, comme dans les sèches, les calmars, &c. sont gros et presqu'entièrement conformés comme ceux des animaux à *vertèbres*. Mais ceux des autres mollusques qui en sont munis, sont plus imparfaits et paroissent moins propres à l'usage ordinaire de cet organe.

Dans les mollusques qui ont une tête, la bouche est tantôt courte, non saillante, marquée par une petite fente longitudinale ou transversale, et tantôt elle est prolongée en forme de trompe.

Les sexes, dans les mollusques, sont quelquefois distingués, en sorte qu'on voit des individus mâles et des individus femelles. Plus souvent néanmoins ils sont réunis, et les individus qui sont dans ce cas sont appelés *hermaphrodites*. Parmi ceux-ci on en distingue de plusieurs sortes : dans les uns l'hermaphrodisme donne à l'individu la faculté d'engendrer son semblable sans aucune espèce d'accouplement ; et dans les autres, quoique l'individu réunisse en lui les deux sortes de parties sexuelles, il ne peut se suffire à lui-même ; mais il a besoin du concours d'un autre individu avec lequel il puisse former un accouplement réciproque.

La peau des mollusques est en tout temps humide, et comme enduite d'une liqueur visqueuse et gluante qui en suinte perpétuellement.

Enfin quelques mollusques sont tout-à-fait nus à l'extérieur ; mais la plupart des autres ont la faculté de se former une enveloppe solide, pierreuse, d'une seule ou de plusieurs pièces, dans laquelle ils sont plus ou moins complètement renfermés et de laquelle ils sortent au moins en partie lorsqu'ils en ont besoin.

Cette enveloppe pierreuse et calcaire, à laquelle on a donné le nom de *coquille*, est formée par une transudation de la peau du corps de l'animal et sur-tout de son manteau. Dès avant sa naissance, l'animal en est revêtu ;

en sorte qu'il sort de son œuf avec sa coquille déjà toute formée. Elle s'accroît, non par des développemens intérieurs, ce qu'on nomme par intussusception, mais par juxtaposition, c'est-à-dire par l'apposition successive de nouvelles molécules crétacées, contenues dans les sucs visqueux qui transudent du manteau de l'animal. Cette apposition produit à mesure de nouvelles couches qui se collent sous les premières et qui les débordent un peu.

L'animal est attaché à sa coquille par un ou plusieurs muscles, qui se déplacent insensiblement à mesure qu'il grandit et qu'il augmente l'étendue de la coquille qui le contient.

Les mollusques vivent en général dans la mer : néanmoins on en trouve dans les eaux douces, et même sur la terre dans des lieux humides ou ombragés.

La division la plus naturelle des mollusques est celle qu'on peut obtenir de la considération de l'organisation même de ces animaux. Elle les partage d'une manière tranchée et cependant naturelle en deux ordres, savoir ;

1°. *En mollusques céphalés.*

2°. *En mollusques acéphalés.*

Voici l'exposé des caractères et des genres qui appartiennent au premier de ces deux ordres.

ORDRE PREMIER.

MOLLUSQUES CEPHALÉS.

Ils ont une tête mobile et distincte à l'extrémité antérieure ou supérieure du corps, et le plus souvent des yeux et des tentacules sur la tête.

Quoique les mollusques de cet ordre soient liés par des caractères communs, généraux et classiques aux *mollusques acéphalés*, ils en diffèrent considérablement néanmoins par leur conformation générale, et par plusieurs particularités remarquables de leur organisation.

Ces animaux semblent plus parfaits ou organisés plus complètement que les mollusques acéphalés; ils ont des facultés plus nombreuses, et doivent conséquemment composer le premier ordre, parce qu'ils sont réellement plus voisins des poissons sous différens rapports.

Les mollusques dont il s'agit ont tous une tête saillante et mobile à l'extrémité antérieure ou supérieure du corps. Leur tête est une espèce d'éminence arrondie, charnue, qui termine antérieurement ou supérieurement le col de l'animal. Elle contient un cerveau mobile, composé de deux parties globuleuses, séparées l'une de l'autre à-peu-près comme dans le cerveau humain.

Dans le plus grand nombre la tête est munie de deux yeux assez distincts, et porte deux ou quatre tentacules susceptibles de s'alonger ou de se raccourcir au gré de l'animal. Elles paroissent lui servir principalement à palper ou tâter les corps.

La bouche de ces mollusques est tantôt courte, sans saillie, marquée par une petite fente longitudinale ou transversale ; et tantôt elle consiste en une trompe contractile que l'animal fait saillir à volonté, et qu'on peut regarder comme un œsophage alongé qui a la faculté de sortir du corps et d'y rentrer comme dans un fourreau.

Ceux qui ont la bouche courte, l'ont fort petite et armée de deux mâchoires verticales dures, cornées, munies de petites dents. Ils sont herbivores.

Ceux dont la bouche se prolonge en une espèce de trompe, l'ont aussi armée de petites dents qui tapissent le bord circulaire de son extrémité, et s'en servent comme de tarrière pour percer même les coquillages et sucer la chair des animaux qu'ils recouvrent : ce sont des espèces carnassières.

Quelques mollusques de cet ordre nagent vaguement dans les eaux, ou marchent sur des espèces de pieds qui leur servent en même temps de tentacules. Mais la très-grande partie rampent ou se traînent sur un disque charnu, musculeux et ventral, qu'on nomme leur pied; ce qui leur a fait donner le nom de *gasteropodes* par le citoyen Cuvier.

Les mollusques céphalés comprennent plusieurs familles très-distinctes, parmi lesquelles on remarque celle des *céphalopodes*, qui ne contient qu'un petit nombre de genres, et celle des *gasteropodes*, qui en renferme un très-grand nombre.

Quelques genres de cet ordre offrent des animaux tout-à-fait nus à l'extérieur; mais dans le plus grand nombre des genres, les animaux qui les composent sont plus ou moins complètement renfermés dans une coquille bien apparente.

Ainsi pour faciliter l'étude de ces mollusques, on peut en former deux sections auxquelles seront rapportés

1°. Ceux qui sont nus à l'extérieur.

2°. Ceux qui sont enfermés plus ou moins dans une coquille apparente.

Par ces distinctions, la série des genres de chaque section et sous-division peut être disposée de manière que l'ordre des rapports naturels soit par-tout ou presque par-tout conservé.

PREMIÈRE SECTION.

Mollusques céphalés nus à l'extérieur.

Obs. A la vérité plusieurs d'entr'eux contiennent dans leur intérieur un ou plusieurs corps solides, soit cornés, soit crétacés; mais ils ne sont jamais renfermés dans une coquille apparente à l'extérieur, n'y tenant que par un ou plusieurs muscles en forme de ligament.

PREMIÈRE SOUS-DIVISION.

Ceux qui nagent vaguement dans les eaux.

Ier GENRE.

SÈCHE. *Sepia.*

Corps charnu, déprimé, contenu dans un sac ailé dans toute sa longueur, et renfermant vers le dos un os libre, crétacé et spongieux.

Bouche terminale, entourée de dix bras garnis de ventouses, et dont deux sont pédonculés et plus longs que les autres. *Mém. de la Soc. d'Hist. Nat. de Paris, pag.* 4.

* *Sepia officinal.* L. Encycl. t. 76, f. 5, 6, 7.

IIe GENRE.

CALMAR. *Loligo.*

Corps charnu, alongé, contenu dans un sac ailé inférieurement, et renfermant vers le dos une lame mince, transparente et cornée.

Bouche terminale, entourée de dix bras garnis de ventouses, et dont deux sont plus longs que les autres. *Mém. de la Soc. d'Hist. Nat. de Paris*, *p.* 10.

* *Loligo vulgaris.* n. *Loligo.* List. Anatom. t. 9, f. 1. Pennant, Zool. Brit. t. 27, n°. 3.

IIIe GENRE.

POULPE. *Octopus.*

Corps charnu, obtus inférieurement, et contenu dans un sac dépourvu d'ailes. Osselet dorsal nul ou fort petit.

Bouche terminale, entourée de huit bras égaux, munis de ventouses sessiles et sans griffes. *Mém. de la Soc. d'Hist. Nat. de Paris*, *p.* 17.

* *Octopus vulgaris.* n. *Sepia octopus.* L. Encyclop. t. 76, f. 1, 2.

IVe GENRE.

LERNÉE. *Lernœa.*

Corps oblong, cylindracé, renflé au milieu ou vers sa base. Bouche en trompe rétractile. Deux ou trois bras tentaculiformes à l'extrémité antérieure du corps. Deux paquets d'ovaires ou d'intestins pendans à son extrémité postérieure.

* *Lernæa branchialis.* Mull. Zool. Dan. 3. p. 65, t. 118, f. 4. Elle s'attache aux branchies des morues.

Ve GENRE.

FIROLE. *Pterotrachea.*

Corps libre, oblong, gélatineux, muni d'une nageoire mobile et gélatineuse, soit sous l'abdomen, soit à la queue.

Deux yeux apparens sur la tête.

* *Pterotrachea coronata.* Forsk. Encyclop. t. 88, f. 1.

VIe GENRE.

CLIO. *Clio.*

Corps contenu dans un sac oblong, turbiné, muni supérieurement de deux ailes *branchiales*, membraneuses, opposées l'une à l'autre.

Tête saillante entre les ailes, séparée du corps par un étranglement, et formée de deux tubercules entre lesquels est la bouche. Deux tentacules courts insérés sous la tête.

* *Clio borealis.* Pall. Spic. Zool. 10, p. 28, t. 1, f. 18, 19. Encyclop. t. 75, f. 3, 4. Cuv. Bullet. des Sc. n°. 31.

DEUXIEME SOUS-DIVISION.

Ceux qui se traînent ou rampent sur le ventre.

[A] *Les Limaciers.*

VIIe GENRE.

LAPLISIE. *Laplisia.*

Corps rampant, oblong, convexe, bordé de chaque côté d'une large membrane qui se recourbe sur le dos. La tête garnie de quatre tentacules. Le dos pourvu d'un écusson recouvrant les branchies et contenant une pièce cornée. L'anus au-dessus de l'extrémité du dos.

* *Laplisia depilans.* L. Boadsch. Mar. 3, t. 1, 2, 3, Encyclop. t. 83, f. 1, 2.

VIIIe GENRE.

DOLABELLE. *Dolabella.*

Corps rampant... contenant intérieurement (dans son dos ou dans un écusson dorsal) une pièce testacée, planiuscule, un peu convexe en dehors, taillée en coin oblique, élargie et amincie vers sa base, à sommet épaissi, calleux et obscurément en spirale.

* *Dolabella callosa.* n. Rumph. Mus. t. 40, fig. 12.

IXe GENRE.

Bullée. *Bullæa.*

Corps rampant, ovale-oblong, convexe, bordé de membranes qui l'enveloppent. Tête nue, sans tentacules. Partie postérieure du corps pourvue d'un écusson large, embrassant, recouvrant les branchies, et contenant un corps conchyliforme.

* *Bullæa planciana.* n. *Amygdala marina.* planc. 2, p. 103, t. XI, fig. D, E. Elle contient dans son écusson le *Bulla aperta*, Lin. *Voy.* planc. t. XI, fig. F, G. et trois osselets autour de l'estomac. *Voyez* planc. t. XI, fig. I, H.

Nota. Trois osselets analogues à ceux de la Bullée plancienne, mais plus grands, ont donné lieu par erreur à l'établissement d'un genre de testacé multivalve, nommé *giœnia* par Brugnière, et *tricla* par Retzius. Le citoyen Draparnaud (*Voyez* le Bulletin des Sciences, n°. 39.) ayant trouvé de pareils osselets autour de l'estomac d'une bullée qui porte d'ailleurs la coquille connue sous le nom d'oublie, *bulla lignaria*, L. nous a fait connoître l'erreur introduite par M. Gioëni, Naturaliste sicilien.

Xe GENRE.

Téthis. *Tethis.*

Corps oblong, charnu, rampant, bordé d'un manteau qui s'épanouit antérieurement et s'étend au-dessus de la tête en un voile large, arrondi et frangé.

Bouche s'alongeant en trompe, et située sous le voile

qui couvre la tête. Deux ouvertures au côté droit du cou, pour la génération et la respiration.

* *Tethis fimbria.* L. Boadsch. Mar. 54. t. 45, f. 1, 2. Encyclop. t. 81, fig. 3, 4. Vulg. la grande Tethis.

XIe GENRE.

LIMACE. *Limax.*

Corps oblong, rampant, ayant le dos pourvu d'un écusson coriace, contenant un osselet libre. Tête munie de quatre tentacules, dont les deux plus longs portent chacun un œil à leur extrémité. Une ouverture au côté droit du cou, donnant issue aux parties de la génération et aux excrémens.

* *Limax rufus.* L. List. Conch. t. 101, f. 103. A.

[B] *Les Phyllidiens.*

XIIe GENRE.

SIGARET. *Sigaretus.*

Corps rampant, ovale, convexe, couvert d'un manteau lisse, intérieurement conchylifère, et qui le déborde tout autour. Bords du manteau vasculeux en dessous.

Tête applatie, située sous la partie antérieure du manteau et munie de deux tentacules courts. *Voyez le Bulletin des Sciences*, n°. 31.

Coq. univalve, déprimée, subauriforme, à spire courte et peu élevée. L'ouverture entière très-évasée, plus longue que large.

* *Sigaretus haliotoideus.* n. *Helix haliotoidea.* L. Sigaret Adans. Seneg. t. 2, f. 2. Mart. Conch. 1, t. 16, f. 151, 154.

XIIIe GENRE.

ONCHIDE. *Onchidium.*

Corps oblong, rampant. Tête munie de deux appendices auriformes et de deux tentacules. Manteau débordant également de tous côtés.

Bouche antérieure. Anus à l'extrémité postérieure et en dessous.

* *Onchidium typhœ.* On la trouve sur une espèce de typha du Bengale. *Voyez* les actes de la Soc. Linnéenne de Londres, vol. 5, p. 132.

XIVe GENRE.

TRITONIE. *Tritonia.*

Corps oblong, rampant, pointu postérieurement, convexe en dessus, applati ou canaliculé en dessous, ayant la bouche à une extrémité environnée de quelques tentacules.

Branchies saillantes, disposées le long du dos en écailles, ou en tubercules, ou en panaches vasculeux.

* *Tritonia clavigera.* n. *Doris clavigera.* Mull. Zool. Dan. 1, t. 17, f. 1, 3. Encyclop. t. 82, fig. 7-9.

XVe GENRE.

Doris. *Doris.*

Corps oblong, rampant, applati, bordé tout autour d'une membrane qui s'étend jusqu'au-dessus de la tête.
Bouche en dessous vers une extrémité. Anus au bas du dos, découpé, frangé ou cilié sur les bords par les branchies qui l'entourent.

* *Doris argo.* L. Boadsch. Mar. t. 5, f. 4, 5. Encycl. t. 82, f. 18, 19. Pennant, Brit. Zool. 4, t. 22.

XVIe GENRE.

Phyllidie. *Phyllidia.*

Corps ovale-oblong, rampant, convexe en dessus et couvert d'un écusson ou manteau coriace variqueux, tuberculeux, qui le déborde par-tout.
Branchies disposées en feuillets membraneux, placés à la file les uns des autres autour du corps, sous le rebord du manteau.

* *Phyllidia varicosa.* n. *Ph. Clypeo dorsali subnigro, varicibus interruptis subnodosis luteis.* N. *Voyez* le Bulletin des Sciences, n°. 51.

XVIIe GENRE.

Oscabrion. *Chiton.*

Corps ovale-oblong, rampant, convexe en dessus et couvert d'un manteau qui déborde de tous côtés et qui est garni dans son milieu d'une suite longitudinale de pièces testacées imbriquées, transverses, enchâssées dans son épaisseur et plus ou moins apparentes au-dehors.

Les branchies placées sous le rebord du manteau tout autour du corps, forment une suite de petits feuillets vasculeux rangés à la file les uns des autres.

* *Chiton gigas*. Chemn. 8, t. 96, f. 819. Encyclop. t. 161, f. 5. L'oscabrion du Cap.

DEUXIÈME SECTION.

Mollusques céphalés, extérieurement conchylifères.

Observ. Les mollusques céphalés, extérieurement conchylifères, sont ceux qui sont constamment recouverts par une véritable coquille, ou qui se trouvent contenus plus ou moins complètement dans une coquille bien apparente à l'extérieur. Dans l'un ou l'autre cas l'animal est attaché à sa coquille par un ou plusieurs muscles.

Pour tous les mollusques extérieurement conchylifères, j'emprunte les caractères des divisions et des genres, uniquement de la considération de la coquille et non de celle de l'animal. Il en résulte une méthode propre à faciliter l'étude de la conchyliologie.

En conséquence, comme les mollusques céphalés extérieurement conchylifères ont tous leur coquille d'une seule pièce, les caractères des divisions et des genres sont exprimés de la manière suivante.

PREMIÈRE SOUS-DIVISION.

Coquille recouvrante.

Coquille univalve non spirale, recouvrant simplement l'animal.

Obs. Les mollusques de cette sous-division appartiennent à la famille des phyllidies, ou s'en rapprochent par leurs rapports; car ils ont les branchies placées à nu tout autour du corps sous le rebord du manteau. Ils sont comme ombragés par leur coquille qui, sans former de véritable spire, est convexe en dessus, concave en dessous, et ne fait que les recouvrir.

Voici les genres qui composent cette sous-division.

XVIIIe GENRE.

PATELLE. *Patella.*

Coq. univalve, non spirale, ovale ou suborbiculaire, en bouclier ou en bonnet, concave et simple en dessous, entière à son sommet et sans fissure à son bord.

PATELLIER : Gasteropode à tête tronquée obliquement, munie de deux tentacules pointues. Les yeux à la base extérieure des tentacules. Les branchies placées autour du corps sous le rebord du manteau.

* *Patella testudinaria.* L. Argenv. t. 2, fig. P. List. t. 551, f. 9. Vulg. l'écaille de tortue.

XIXe GENRE.

Fissurelle. *Fissurella.*

Coq. en bouclier, sans spire quelconque, concave en dessous, et percée au sommet d'un trou ovale ou oblong.

Fissurellier : Gasteropode ayant la tête, les yeux et les tentacules comme le patellier, ayant en outre le disque ventral frangé et la frange du bord du manteau composée de filets rameux. (Le *Dasan*. Adans. Seneg. p. 36.)

* *Fissurella radiata*. n. Patella. Mart. Conch. 1, t. 11, f. 90. Lepas de Magellan. Davila Cat. 1, t. 3, fig. C. Fav. t. 3, f. A, 4.

XXe GENRE.

Emarginule. *Emarginula.*

Coq. en bouclier conique, à sommet incliné, concave en dessous et à bord postérieur fendu ou échancré.

Emarginulier.....

* *Emarginula conica*. n. Patella fissura. L. Mart. Conch. 1, t. 12, f. 109, 110. Dacosta. Brit. Zool. t. 1, f. 4. Vulg. l'entaille.

XXIe GENRE.

Concholepas. *Concholepas.*

Coq. univalve, ovale, convexe en dessus, à sommet obliquement incliné sur le bord gauche. La cavité intérieure simple. Deux dents et un sinus à la base du bord droit.

CONCHOLEPADIER : Gasteropode... portant un opercule corné.

* *Concholepas peruviana.* n. *Concholepas.* Favanne, t. 4, fig. H, 2. Chemn. 10, p. 320. vign. fig. A, B. *Buccinum concholepas.* Brug. Dict. n°. 10.

XXIIe GENRE.

CRÉPIDULE. *Crepidula.*

Coq. ovale ou oblongue, convexe en dessus, à sommet incliné sur le bord. La cavité interrompue partiellement par un diaphragme simple.

CRÉPIDULIER : (Voyez *le Sulin.* Adans. Seneg. p. 40.)

* *Crepidula porcellana.* n. Patella. Mart. Conch. 1, t. 13, fig. 127 – 130. List. t. 545, f. 34. Vulg. la sandale.

XXIIIe GENRE.

CALYPTRÉE. *Calyptræa.*

Coq. conoïde, à sommet vertical, entier et en pointe. La cavité intérieure munie d'une languette en cornet, tantôt isolée, et tantôt s'épanouissant d'un côté en une lame décurrente en spirale.

CALYPTRIER.....

* *Calyptræa equestris.* n. *Patella equestris.* L. Mart. Conch. 1, t. 13, fig. 117, 118. Rumph.

Mus. t. 40. fig. P, Q. Argenv. t. 2, fig. K. Vulg. le bonnet de Neptune.

DEUXIÈME SOUS-DIVISION.

Coq. univalve, uniloculaire, spirivalve, engainant ou contenant l'animal.

[A] Ouverture échancrée ou canaliculée à sa base.

XXIVe GENRE.

CÔNE. *Conus.*

Coq. turbinée (en cône renversé), roulée sur elle-même. Ouverture longitudinale étroite, non dentée, versante à sa base.

CONILIER : Gasteropode à tête munie de deux tentacules qui portent les yeux près de leur pointe. Manteau étroit. Un tube au-dessus de la tête pour la respiration. Le pied muni d'un opercule petit, arrondi et corné.

* *Conus marmoreus.* L. List. t. 787, f. 39. Gualt. t. 22. fig. D. Mart. Conch. 2, t. 62, f. 685, 686. Encyclop. t. 317, f. 5.

XXVe GENRE.

PORCELAINE. *Cypræa.*

Coq. ovale, convexe, à bords roulés en dedans. Ouverture longitudinale, étroite, dentée des deux côtés.

CYPRINIER : Gasteropode à tête munie de deux tentacules qui portent les yeux à leur base extérieure. Manteau formant deux grandes ailes que l'animal replie à volonté sur le dos de sa coquille, la recouvrant en entier. Point d'opercule.

* *Cyprœa exanthema.* L. *C. Zebra ejusd.* List. t. 699, f. 46. Martini Conch. 1, t. 28, f. 289. et t. 29, f. 298 - 300. Encyclop. t. 349, fig. A, B, C, D, E. Vulg. le faux Argus.

XXVIe GENRE.

OVULE. *Ovula.*

Coq. bombée, plus ou moins alongée en pointe aux deux bouts, à bords roulés en dedans. Ouverture longitudinale, non dentée sur le bord gauche.

OVULIER.....

* *Ovula oviformis.* n. *Bulla ovum.* L. List. Conch. t. 711, f. 65. Argenv. t. 18, fig. A. Rumph. Mus. t. 38, fig. Q. Mart. Conch. 1, t. 22, f. 205, 206. Encyclop. t. 358, f. 1.

XXVIIe GENRE.

TARRIÈRE. *Terebellum.*

Coq. subcylindrique, pointue au sommet. Ouverture longitudinale, étroite supérieurement, échancrée à sa base. Columelle tronquée.

TÉREBELLIER.....

* *Terebellum sabulatum.* n. *Bulla terebellum.* Lin. List. t. 736, f. 30, 31. Mart. Conch. 2, t. 51, fig. 568, 569. Encycl. t. 360, f. 1.

XXVIIIe GENRE.

Olive. *Oliva.*

Coq. subcylindrique, échancrée à sa base. Les tours de spire séparés par un canal. Columelle striée obliquement.

Olivetier : Gasteropode à tête munie de deux tentacules longues, aigues. Les yeux situés vers le milieu des tentacules. Un tube au-dessus de la tête pour la respiration. Point d'opercule.

* *Oliva porphyria*. n. *Voluta porphyria*. Lin. Argenv. t. 13, fig. K. Gualt. t. 24, fig. P. Mart. Conch. 2, t. 46, f. 485, 486, et t. 47, f. 498. Encyclop. t. 361, f. 4, A, B. Vulg. l'olive de Panama.

XXIXe GENRE.

Ancille. *Ancilla.*

Coq. oblongue, à spire courte, non canaliculée. Base de l'ouverture à peine échancrée, versante. Un renflement ou un bourrelet oblique et calleux au bas de la columelle.

Ancillier.....

* *Ancilla cinnamomea*. n. Voluta. Mart. Conch. 2, t. 65, f. 731.

XXXe GENRE.

Volute. *Voluta.*

Coq. ovale, plus ou moins ventrue, à sommet obtus ou en mamelon, à base échancrée et sans canal. Columelle chargée de plis, dont les inférieurs sont les plus gros ou les plus longs.

Volutier : Gasteropode à tête munie de deux tentacules pointues : les yeux à leur base extérieure. Bouche en trompe alongée, cylindrique et rétractile, garnie de petites dents crochues. Un tube pour la respiration, saillant obliquement derrière la tête. Pied fort ample. Point d'operculé.

* *Voluta musica*. Lin. Argenv. t. 14, fig. F. List. Conch. t. 805, f. 14. Gualt. t. 28, fig. X, Z, Z. Mart. Conch. 3, t. 96, fig. 927-929. Encyclop. t. 380. Vulg. la musique.

XXXIe GENRE.

Mitre. *Mitra.*

Coq. turriculée ou subfusiforme, à spire pointue au sommet, à base échancrée et sans canal. Columelle chargée de plis dont les inférieurs sont les plus petits.

Mitrier.....

* *Mitra episcopalis*. n. *Voluta episcopalis*. Lin. Argenv. t. 9, fig. C. Gualt. t. 55. fig. G. Mart. 4. t. 147, f. 1360, A, B. Encyclop. t. 369, f. 2.

XXXIIe GENRE.

Colombelle. *Columbella.*

Coq. ovale à spire courte, à base de l'ouverture plus ou moins échancrée et sans canal. Un renflement à la partie interne du bord droit. Des plis ou des dents à la columelle.

Colombellier : Gasteropode à tête munie de deux tentacules, portant les yeux au-dessous de leur partie moyenne. Manteau formant un tube au-dessus de la tête pour la respiration. Le pied muni d'un petit opercule fort mince.

* *Columbella mercatoria.* n. *Voluta mercatoria.* Lin. List. Conch. t. 824, f. 43. Mart. Conch. 2, t. 44, fig. 452 à 458.

XXXIIIe GENRE.

Marginelle. *Marginella.*

Coq. ovale-oblongue, lisse, à spire courte et à bord droit rebordé en dehors. Base de l'ouverture plus ou moins échancrée. Des plis à la columelle.

Marginellier : Gasteropode à deux tentacules pointues, portant les yeux près de leur base extérieure. Bouche en trompe rétractile. Un tube se prolongeant au-dessus de la tête pour la respiration. Le disque ventral dépassant postérieurement la coquille. Point d'opercule.

* *Marginella glabella.* n. *Voluta glabella.* Lin. Porcelaine. Adans. Seneg. t. 4, f. 1. List.

Conch. t. 818, f. 29 et 31. Mart. Conch. 2, t. 42, f. 429.

XXXIVe GENRE.

Cancellaire. *Cancellaria.*

Coq. ovale ou subturriculée, à bord droit sillonné intérieurement. Base de l'ouverture presqu'entière et un peu en canal. Quelques plis comprimés ou tranchans sur la columelle.

Cancellier.....

* *Cancellaria reticulata.* n. *Voluta cancellata.* Lin. List. Conch. t. 830, f. 52. Martin. Conch. 3, 121, f. 1107, 1108 et 1109.

XXXVe GENRE.

Nasse. *Nassa.*

Coq. ovale. Ouverture se terminant inférieurement par une échancrure oblique qui remonte postérieurement. Bord gauche calleux, formant sur la columelle qu'il recouvre, une base ou un pli transverse dans sa partie supérieure, et ayant sa base obliquement tronquée.

Nassier : Gasteropode à disque ventral élargi et tronqué antérieurement, et se prolongeant au-delà de la tête. (List. t. 975, f. 30.) Deux tentacules pointues, portant les yeux dans leur partie moyenne. Un tube audessus de la tête, formé par le manteau.

* *Nassa arcularia.* n. *Buccinum arcularia.* Lin. List. Conch. t. 970, f. 24, 25. Mart. Conch. 2, t. 41, f. 409 à 412.

XXXVIe GENRE.

POURPRE. *Purpura.*

Coq. ovale, le plus souvent tuberculeuse ou épineuse. Ouverture se terminant inférieurement en un canal très-court, oblique, échancré à l'extrémité. Columelle nue, applatie sur-tout inférieurement, et finissant en pointe à sa base.

POURPRIER : Gasteropode à disque ventral elliptique, plus court que la coquille. Deux tentacules pointues, portant les yeux dans leur partie moyenne extérieure. (Adans. Seneg. t. 7. f. 1.) Manteau formant, pour la respiration, un tube qui passe obliquement au-dessus de la tête. Un opercule cartilagineux et semi-lunaire.

* *Purpura persica.* n. *Buccinum persicum.* Lin. List. Conch. t. 987, f. 46. Argenv. t. 17, fig. E. Mart. Conch. 3, t. 69, f. 760.

XXXVIIe GENRE.

BUCCIN. *Buccinum.*

Coq. ovale ou alongée. Ouverture oblongue, échancrée inférieurement et sans canal. Echancrure découverte antérieurement. Columelle pleine, sans applatissement à sa base.

BUCCINIER : Gasteropode à pied elliptique, plus court que la coquille. Deux tentacules coniques, portant les yeux à leur base extérieure. Manteau formant, pour la respiration, un tube qui passe par l'échancrure de la base de la coquille et se prolonge au-dessus de la tête de l'animal. Un opercule cartilagineux.

* *Buccinum undatum.* Lin. List. Conch. t. 962, fig. 14. Mart. Conch. 4, t. 126, f. 1206 à 1209.

XXXVIIIe GENRE.

EBURNE. *Eburna.*

Coq. ovale ou alongée, lisse, à bord droit très-entier. Ouverture oblongue, échancrée inférieurement. Columelle ombiliquée, subcanaliculée à sa base.

EBURNIER.....

* *Eburna flavida.* n. *Buccinum glabratum.* Lin. List. t. 974, f. 9. Gualt. t. 43, fig. T. Mart. Conch. 4, t. 122, f. 1117. Vulg. l'ivoire.

XXXIXe GENRE.

VIS. *Terebra.*

Coq. turriculée. Ouverture échancrée inférieurement, et au moins deux fois plus courte que la coquille. Base de la columelle torse ou oblique.

VISSIER : Gasteropode rampant sur un disque ventral beaucoup plus court que la coquille. Deux tentacules pointues, portant les yeux à leur base extérieure. Manteau formant un tube qui sort par l'échancrure de la coquille et se dirige obliquement au-dessus de la tête de l'animal. Point d'opercule.

* *Terebra maculata.* n. *Buccinum maculatum.* Lin. Gualt. t. 56, fig. I. Argenv. t. 11, fig. A. Mart. Conch. 4, t. 153, f. 1440.

XLe GENRE.

TONNE. *Dolium.*

Coq. ventrue, subglobuleuse, cerclée transversalement, à bord droit denté ou crénelé dans toute sa longueur. Ouverture oblongue, très-ample, échancrée inférieurement.

TONNIER.....

* *Dolium galea.* n. *Buccinum galea.* Lin. List. Conch. t. 898, f. 18. Gualt. t. 42, fig. A. A. Mart. Conch. 3, t. 116, f. 1070.

XLIe GENRE.

HARPE. *Harpa.*

Coq. ovale ou bombée, munie de côtes longitudinales parallèles et tranchantes. Ouverture oblongue, ample, échancrée inférieurement et sans canal. Columelle lisse, à base terminée en pointe.

HARPIER.....

* *Harpa ventricosa.* n. List. Conch. t. 992, f. 55. Mart. Conch. 3, t. 119, f. 1090.

XLIIe GENRE.

CASQUE. *Cassis.*

Coq. bombée. Ouverture plus longue que large, terminée à sa base par un canal court, recourbé vers le dos de la coquille. Un bourrelet au bord droit. Columelle plissée inférieurement.

CASSIDIER : Gasteropode à tête munie de deux tentacules qui portent les yeux à leur base extérieure. Manteau formant, pour la respiration, un tube qui sort par l'échancrure canaliculée de la coquille. Un opercule cartilagineux attaché au pied de l'animal.

* *Cassis cornuta.* n. *Buccinum cornutum.* Lin. coq. jeune. List. Conch. t. 1006, f. 70. Gualt. t. 40, fig. D. Mart. Conch. 2, t. 33, f. 348, 349. Vulg. le casque tricoté. Coq. vieille. List. Conch. t. 1008, f. 71, B. *Cassis labiata.* Chemn. vol. XI, t. 184 et 185.

XLIIIe GENRE.

STROMBE. *Strombus.*

Coq. ventrue, terminée à sa base par un canal court, échancré ou tronqué. Bord droit, se dilatant avec l'âge en aile simple, entière ou à un seul lobe, et ayant inférieurement un sinus distinct de l'échancrure de sa base.

STROMBIER.....

* *Strombus pugilis.* Lin. List. Conch. t. 863, f. 18. Gualt. t. 32, fig. B. Argenv. t. 15, fig. A. Mart. Conch. 3, t. 81, f. 830, 831.

XLIVe GENRE.

PTEROCÈRE. *Pterocera.*

Coq. ventrue, terminée inférieurement par un canal alongé. Bord droit, se dilatant avec l'âge en aile digitée, et ayant un sinus vers sa base.

PTEROCERIER.....

* *Pterocera lambis.* n. *Strombus lambis.* L. Rumph. Mus. t. 35, fig. E, F, H. Gualt. t. 35, fig. C, et t. 36, fig. A, B. Mart. Conch. 3, t. 86, f. 855, et t. 87, f. 857, 858.

XLVe GENRE.

ROSTELLAIRE. *Rostellaria.*

Coq. fusiforme, terminée inférieurement par un canal en bec pointu. Bord droit entier ou denté, plus ou moins dilaté en aile avec l'âge, et ayant un sinus contigu au canal.

ROSTELLIER.....

* *Rostellaria subulata.* n. List. Conch. t. 854, f. 11, et t. 916, f. 9. Argenv. t. 10, fig. D. Mart. Conch. 4, t. 159, f. 1500 à 1502.

XLVIe GENRE.

ROCHER. *Murex.*

Coq. ovale ou oblongue, canaliculée à sa base, et ayant constamment à l'extérieur des bourrelets longitudinaux, persistans, le plus souvent tuberculeux, épineux ou frangés.

MURICIER : Gasteropode rampant sur un disque ventral muni d'un petit opercule corné. Tête à deux tentacules pointues, ayant les yeux situés à leur base extérieure. Bouche en trompe rétractile. Manteau terminé antérieurement par un prolongement tubuleux.

* *Murex haustellum.* Lin. List. Conch.

t. 903, f. 23. Argenv. t. 16, fig. B. Mart. Conch. 3, t. 115, f. 1066. Vulg. la bécasse.

XLVIIe GENRE.

Fuseau. *Fusus.*

Coq. subfusiforme, canaliculée à sa base, ventrue dans sa partie moyenne ou inférieurement, ayant la spire alongée et dépourvue de bourrelets persistans à l'extérieur. Columelle lisse; bord droit sans échancrure.

Fuselier.....

* *Fusus longicauda.* n. Rumph. Mus. t. 29, fig. F. List. Conch. t. 918, f. 11, A. Gualt. t. 52, fig. L. Mart. Conch. 4, t. 144, f. 1342.

XLVIIIe GENRE.

Pyrule. *Pyrula.*

Coq. subpyriforme, canaliculée à sa base, ventrue dans sa partie supérieure, à spire courte et sans bourrelets constans à l'extérieur. Columelle lisse; bord droit sans échancrure.

Pyrulier.....

* *Pyrula ficus.* n. *Bulla ficus.* L. Gualt. t. 26, fig. I, M. Argenv. t. 17, fig. O. Martin. Conch. 3, t. 66, f. 733 à 735. Vulg. la figue.

XLIXe GENRE.

Fasciolaire. *Fasciolaria.*

Coq. subfusiforme, canaliculée à sa base, sans bourrelets persistans, et ayant sur la columelle deux ou trois plis très-obliques.

Fasciolier.....

* *Fasciolaria tulipa.* n. *Murex tulipa.* L. List. Conch. t. 910, f. 1, et 911, f. 2. Gualt. t. 46, fig. A. Mart. Conch. 4, t. 136, f. 1286, 1287, et t. 137.

Le GENRE.

Turbinelle. *Turbinellus.*

Coq. turbinée ou subfusiforme, canaliculée à sa base, et ayant sur la columelle trois à cinq plis comprimés et transverses.

Turbinellier : Gasteropode à tête munie de deux tentacules obtuses et en massue, ayant les yeux à leur base extérieure et saillans. Manteau terminé par un prolongement plié en tube. Un petit opercule corné et suborbiculaire attaché au pied de l'animal.

* *Turbinellus pyrum.* n. *Voluta pyrum.* L. List. Conch. t. 815, f. 25. Gualt. t. 46, fig. C. Mart. Conch. 3, t. 95, f. 917, 918. Chemn. 9, t. 104, f. 884, 885, et vol. XI, t. 176, f. 1697, 1698.

LIe GENRE.

Pleurotome. *Pleurotoma.*

Coq. fusiforme, ayant l'ouverture terminée inférieurement par un canal alongé. Une entaille ou une échancrure au bord droit près de son sommet.

Pleurotomier : Gasteropode rampant sur un disque alongé, et élevé au-dessus de ce disque sur un pédicule court, épais et cylindrique. Tête à deux tentacules pointues, ayant les yeux à leur base extérieure. Manteau débordant sur les côtés, et terminé antérieurement par un prolongement plié en tube. Un petit opercule corné, attaché au pied ou disque de l'animal. (Argenv. Zoomorph. t. 4, fig. B.)

* *Pleurotoma babylonica.* n. *Murex babylonius.* Lin. List. Conch. t. 917, f. 11. Argenv. t. IX, fig. M. Mart. Conch. 4, t. 143, f. 1331, 1332.

LIIe GENRE.

Clavatule. *Clavatula.*

Coq. subturriculée, scabre, ayant l'ouverture terminée inférieurement par un canal court ou par une échancrure. Un sinus au bord droit près de son sommet.

Clavatulier.....

* *Clavatula coronata.* n. Chemn. XI, t. 190, f. 1831, 1832.

LIIe GENRE.

Cérite. *Cerithium.*

Coq. turriculée : l'ouverture oblique, terminée à sa base par un canal court, tronqué ou recourbé. Une gouttière à l'extrémité supérieure du bord droit.

Céritier : Gasteropode rampant sur un disque suborbiculaire, petit, bordé du côté de la tête par un sillon; tête tronquée en-dessous, bordée d'un bourrelet frangé, et munie de deux tentacules aigues, ayant les yeux près de leur base externe. Un petit opercule orbiculaire et corné attaché au pied de l'animal.

* *Cerithium nodulosum.* Br. no. 8. List. Conch. t. 1025, f. 87. Gualt. t. 57, fig. G. Mart. Conch. 4, t. 156, fig. 1473, 1474.

[B] Ouverture entière et sans canal à sa base.

Obs. Dans les genres de cette division, le manteau de l'animal ne forme aucun prolongement tubuleux pour la respiration.

LIVe GENRE.

Toupie. *Trochus.*

Coq. conique. L'ouverture presque quadrangulaire, déprimée transversalement. Axe oblique sur le plan de la base.

Trochier : Gasteropode à disque ventral bordé ou frangé dans son contour, et muni d'un petit opercule orbiculaire, mince et corné, qui se plie en rentrant dans l'ouverture de la coquille. Deux tentacules émoussées à leur sommet, portant les yeux à leur base extérieure.

* *Trochus niloticus.* Lin. Rumph. Mus. t. 21, fig. A. Gualt. t. 59, fig. B, C. Favanne, t. 12, fig. B, 1. Chemn. 5, t. 167, f. 1605, et t. 168, f. 1614. Vulg. le cul de lampe.

LVe GENRE.

CADRAN. *Solarium.*

Coq. en cône déprimé, ayant dans sa base un ombilic ouvert, crénelé sur le bord interne des tours de spire. Ouverture presque quadrangulaire.

CADRANIER. . . . .

* *Solarium perspectivum.* n. *Trochus perspectivus.* L. List. Conch. t. 636, f. 24. Argenv. t. 8, fig. M. Chemn. 5, t. 172, f. 1691 à 1694.

LVIe GENRE.

SABOT. *Turbo.*

Coq. conoïde ou turriculée : l'ouverture arrondie, entière, et sans dents à la columelle. Les deux bords désunis dans leur partie supérieure.

SABOTIER : Gasteropode rampant sur un disque ventral obtus aux deux bouts et plus court que la coquille. Deux tentacules ayant les yeux à leur base extérieure. Un opercule semi-lunaire, mince et corné, attaché au pied de l'animal.

* *Turbo marmoratus.* L. List. Conch. t. 587,

f. 46. Gualt. t. 64, fig. A. Favanne, t. 8, fig. K, 1. Chemn. 5, t. 179, f. 1775, 1776. Vulg. le burgau.

LVIIe GENRE.

MONODONTE. *Monodonta.*

Coq. ovale ou conoïde. L'ouverture arrondie, entière; mais munie d'une dent formée par la base saillante et tronquée ou raccourcie de la columelle. Les deux bords désunis supérieurement.

MONODONTIER : Gasteropode rampant sur un disque ventral elliptique, court, cilié, et accompagné latéralement de quelques filets extensibles, pareillement ciliés. Deux tentacules longues, aiguës, couvertes de filets piliformes, et ayant à leur base extérieure les yeux élevés sur des pédicules courts. Un opercule orbiculaire, mince et corné, attaché au pied de l'animal. (Osilin. Adans.)

Monodonta labio. n. *Trochus labio.* L. Retan. Adans. Seneg. t. 12, f. 2. *Trochus.* Born. Mus. t. 12, f. 7, 8. Chemn. 5, t. 166, f. 1979.

LVIIIe GENRE.

CYCLOSTOME. *Cyclostoma.*

Coq. subdiscoïde ou conique, sans côtes longitudinales, et dont le dernier tour est beaucoup plus grand que les autres. Ouverture ronde ou presque ronde : les deux bords réunis circulairement.

CYCLOSTOMIER.....

* *Cyclostoma delphinus.* n. *Turbo delphi-*

nus. L. Argenv. t. 6, fig. H. Gualt. t. 68, fig. C. Chemn. Conch. 5, t. 175, f. 1733 à 1735.

LIXe GENRE.

Scalaire. *Scalaria*.

Coq. subturriculée, garnie de côtes longitudinales, élevées, tranchantes, décurrentes un peu obliquement dans toute la longueur de la spire. Ouverture arrondie : les deux bords réunis circulairement et réfléchis.

Scalairier : Gasteropode à tête munie de deux tentacules qui se terminent chacune par un filet, et qui soutiennent les yeux à la naissance du filet, c'est-à-dire à-peu-près dans leur partie moyenne. Une trompe rétractile en forme de languette. Un petit opercule en spirale discoïde. (Planch. Conch. t. 5, f. 7, 8.)

* *Scalaria conica*. n. *Turbo scalaris*. Lin. Rumph. Mus. t. 49, fig. A. Argenv. t. 11, fig. V. Martin. Conch. 4, t. 152, f. 1426, 1427, et t. 153, f. 1432, 1433. Vulg. le scalata.

LXe GENRE.

Maillot. *Pupa*.

Coq. cylindracée, à spire alongée, et dont le dernier tour n'est pas plus grand que le pénultième. Ouverture irrégulière, arrondie ou ovale : les deux bords réunis circulairement.

Maillotier.....

* *Pupa uva*. n. *Turbo uva*. L. Petiv. Gaz. t. 27, f. 2. Gualt. Test. t. 58, fig. D. Born. Mus. p. 340, vign. fig. E.

LXIe GENRE.

TURRITELLE. *Turritella.*

Coq. turriculée. L'ouverture arrondie, et ayant les deux bords désunis supérieurement. Bord droit muni d'un sinus.

TURRITELLIER. . . . .

* *Turritella terebra.* n. *Turbo terebra.* L. Gualt. t. 58, fig. A. Argenv. t. 11, fig. D. Mart. Conch. 4, t. 151, f. 1415, 1416.

LXIIe GENRE.

JANTHINE. *Janthina.*

Coq. subglobuleuse, diaphane. L'ouverture triangulaire. Un sinus anguleux au bord droit.

JANTHINIER : Gasteropode nageant, ayant quatre tentacules subulées et une espèce de trompe. Au lieu d'un disque ventral, il a à la partie antérieure de son corps une masse membraneuse, transparente, qu'il enfle à son gré, et transforme en un amas de vésicules bulleuses qui l'aide à nager.

* *Janthina fragilis.* n. *Helix janthina.* L. List. Conch. t. 572, f. 24. Brown. Jam. t. 39, f. 2. Chemn. 5, t. 166, f. 1577 et 1578.

LXIIIe GENRE.

Bulle. *Bulla.*

Coq. bombée, à spire non-saillante et à bord droit tranchant. Ouverture aussi longue que la coquille. Point d'ombilic inférieurement.

Bullier..... (*Voyez* le genre Bullée, n°. 9.)

* *Bulla ampulla.* L. List. Conch. 713, f. 69. Gualt. t. 12, fig. E. Martin. Conch. 1, t. 21, f. 188, 189, 190. Vulg. la muscade.

LXIVe GENRE.

Bulime. *Bulimus.*

Coq. ovale ou oblongue, ayant le dernier tour de la spire plus grand que le pénultième. Ouverture entière, plus longue que large. Columelle lisse, sans troncature et sans évasement de sa base.

Bulimier : Gasteropode à quatre tentacules, dont les deux plus grandes sont terminées par les yeux. Bouche courte avec deux mâchoires. Point d'opercule.

* *Bulimus hœmastomus.* n. Scopol. Delic. 1, t. 25, f. 1, 2. Litt. B. Helix Born. Mus. t. 15, f. 21, 22. Mart. Conch. 9, t. 119, f. 1022, 1023. Vulg. la fausse oreille de Midas.

LXVe GENRE.

Agathine. *Achatina.*

Coq. ovale ou oblongue. L'ouverture entière, plus longue que large. Columelle lisse, tronquée à sa base.

Agathinier : Gasteropode à quatre tentacules.......
(*Voyez* Bulimus Zebra. Brug. Dict. n°. 100.)

* *Achatina variegata*. n. *Bulla achatina*. L. Column. aq. C. 8, t. 16. List. Conch. t. 579, f. 34. Gualt. t. 45, fig. B. Chemn. 9, t. 118, f. 1012, 1013. Vulg. la perdrix.

LXVIe GENRE.

Lymnée. *Lymnæa*.

Coq. oblongue, subturriculée. L'ouverture entière, plus longue que large. Partie inférieure du bord droit, remontant en rentrant dans l'ouverture, et formant sur la columelle un pli très-oblique.

Lymnier : Gasteropode (fluviatile) à tête munie de deux tentacules applaties. Les yeux à la base intérieure des tentacules.

* *Lymnæa stagnalis*. n. *Helix stagnalis*. L. List. Conch t. 123, f. 21. Pennant Brit. Zool. 4, t. 86, f. 136. Chemn. 9, t. 135, f. 1237, 1238. Le grand buccin. Geoffr. coq. p. 73.

LXVIIe GENRE.

Mélanie. *Melania*.

Coq. turriculée. L'ouverture entière, plus longue que large, évasée à la base de la columelle. Aucun pli sur la columelle.

Mélanier.....

* *Melania amarula*. n. *Helix amarula*. Lin.

Rumph. Mus. t. 33, fig. F. F. Born. Mus. t. 16, f. 21. Chemn. 9, t. 134, f. 1218, 1219.

LXVIIIe GENRE.

PYRAMIDELLE. *Pyramidella.*

Coq. turriculée. L'ouverture entière, demi-ovale. Columelle saillante, munie de trois plis transverses et perforée à sa base.

PYRAMIDELLIER.....

* *Pyramidella dolabrata.* n. *Trochus dolabratus.* Lin. Argenv. t. 11, fig. L. Martin. Conch. 5, t. 167, f. 1603, 1604.

LXIXe GENRE.

AURICULE. *Auricula.*

Coq. ovale ou oblongue, à spire saillante. L'ouverture entière, plus longue que large, rétrécie supérieurement. Un ou plusieurs plis sur la columelle, indépendans de la décurrence du bord droit sur la base du bord gauche.

AURICULIER.....

* *Auricula midœ.* n. *Voluta auris midœ.* L. List. Conch. t. 1058, f. 6. Rumph. Mus. t. 33, fig. H. H. Argenv. t. 10, fig. G. Favanne, t. 65, f. H, 2. Martin. Conch. 2, t. 43, f. 436-438. Vulg. l'oreille de Midas.

LXXe GENRE.

VOLVAIRE. *Volvaria.*

Coq. cylindrique, roulée sur elle-même, sans spire saillante. Ouverture étroite, aussi longue que la coquille. Un ou plusieurs plis sur la base de la columelle.

VOLVAIRIER.....

* *Volvaria bulloïdes.* n. Elle a l'aspect de la bulle cylindrique, et trois plis au bas de la columelle, *An bulla*...Pennant. *Brit. Zool.* 4, t. 70, fig. 85, et Dacosta Conch. Brit. t. 2, f. 7.

LXXIe GENRE.

AMPULLAIRE. *Ampullaria.*

Coq. globuleuse, ventrue, ombiliquée à sa base, sans callosité au bord gauche. Ouverture entière, plus longue que large.

AMPULLAIRIER : Gasteropode fluviatile, muni d'un opercule corné.

* *Ampullaria rugosa.* n. List. Conch. t. 125, f. 25. Favanne Conch. t. 61, fig. D, 10. Martin. 9, t. 128, f. 1136. Vulg. l'idole.

LXXIIe GENRE.

PLANORBE. *Planorbis.*

Coq. discoïde, à spire non saillante, applatie ou enfoncée. L'ouverture entière, plus longue que large, échancrée latéralement par la saillie convexe de l'avant-dernier tour.

PLANORBIER : Gasteropode fluviatile, ayant deux tentacules cylindriques-subulées, et les yeux à la base interne des tentacules.

* *Planorbis cornu arietis.* n. *Helix cornu arietis.* L. List. Conch. t. 136, f. 40. Chemn. Conch. IX, t. 112, fig. 952, 953.

LXXIIIe GENRE.

HÉLICE. *Helix.*

Coq. globuleuse ou orbiculaire, à spire convexe ou conoïde. Ouverture entière, plus large que longue, échancrée supérieurement par la saillie convexe de l'avant-dernier tour.

HÉLICIER : Gasteropode à tête munie de quatre tentacules inégales : les yeux au sommet des deux plus grandes. Bouche courte, à deux mâchoires. Point de tube pour la respiration. Point d'opercule adhérent au pied.

* *Helix pomatia.* Lin. List. Conch. t. 48, f. 46. Argenv. Conch. t. 28, f. 1. Vulg. l'hélice ou le limaçon des vignes. On le mange.

LXXIVe GENRE.

HÉLICINE. *Helicina.*

Coq. subglobuleuse, non ombiliquée. Ouverture entière, demi-ovale. Columelle calleuse, comprimée inférieurement. Un opercule.

HÉLICINIER.....

* *Helicina neritella.* n. List. Conch. t. 61, f. 59.

LXXVe GENRE.

Nérite. *Nerita.*

Coq. semi-globuleuse, applatie en-dessous, non ombiliquée. Ouverture entière, demi-ronde. Columelle subtransverse, tranchante, souvent dentée.

Néritier : Gasteropode à tête retuse, munie de chaque côté de deux tentacules pointues. Les yeux à la base extérieure des tentacules, élevés chacun sur un mamelon. Pied large, plus court que la coquille. Un opercule taillé en demi-lune.

* *Nerita exuvia.* Lin. Favanne, t. xi. Litt. M. Chemn. Conch. 5, t. 191, f. 1972, 1973. Variet. orient. Chemn. Conch. 5, t. 190, f. 1944, 1945. Vulg. la grive.

LXXVIe GENRE.

Natice. *Natica.*

Coq. subglobuleuse, ombiliquée, à bord gauche calleux vers l'ombilic. Ouverture entière, demi-ronde. La columelle oblique, non dentée.

Naticier : Gasteropode à tête cylindrique, échancrée par un sillon, portant deux tentacules longues et pointues. Les yeux sessiles à la base ext. des tentacules. Pied plus court que la coquille. Un opercule en demi-lune.

* *Natica canrena.* n. *Nerita canrena.* Lin. *Nerita.* List. Conch. t. 560, f. 4. Gualt. t. 67, fig. V et X. Argenv. t. 7, fig. A. Chemn. Conch. 5, t. 186, f. 1860 et 1861.

LXXVIIe GENRE.

TESTACELLE. *Testacella.*

Coq. univalve, en cône oblique, à sommet un peu en spirale. Ouverture ovale, à bord gauche roulé en dedans.

TESTACELLIER : Gasteropode alongé, à tête munie de quatre tentacules inégales, et portant près de son extrémité postérieure une coquille trop petite pour le contenir en entier. (*Voyez* Favanne, pl. 76. *Limaces à coquilles.*)

* *Testacella haliotoides.* n. *ex D.* Mauger, *ex ins. Teneriffæ.*

LXXVIIIe GENRE.

STOMATE. *Stomatia.*

Coq ovale, auriforme, à spire prominent. Ouverture ample, entière, plus longue que large. Disque imperforé.

STOMATIER.....

* *Stomatia phymotis.* Helbl. *Haliotis imperforata.* Chemn. Conch. 10, t. 166, f. 1600, 1601.

LXXIXe GENRE.

HALIOTIDE. *Haliotis.*

Coq. applatie, auriforme, à spire très-basse, presque latérale. Ouverture très-ample, plus longue que large, entière. Disque percé de trous disposés sur une ligne parallèle au bord gauche.

HALIOTIDIER : Gasteropode à tête conique, tronquée, munie de quatre tentacules, dont deux plus grandes et pointues, deux plus courtes portant les yeux à leur extrémité. Le pied fort ample. Tout le bord du manteau garni de filets nombreux. (*Ormier*. Adans. Seneg. t. 2, f. 1.)

* *Haliotis vulgaris*. n. *Haliotis tuberculata*. Lin. List. Conch. t. 611, f. 2. Argenv. Conch. t. 3, fig. A, F. Martini Conch. 1, t. 16, fig. 147 à 149. Vulg. l'oreille de mer.

LXXXe GENRE.

VERMICULAIRE. *Vermicularia.*

Coq. tubuleuse, contournée en spirale à son origine, et entière dans toute sa longueur. Ouverture simple et orbiculaire.

VERMICULIER : mollusque céphalé vermiforme, à tête tronquée, munie de deux tentacules qui portent les yeux à leur base extérieure. Pied cylindrique inséré au-dessous de la tête, portant latéralement deux filets, et à son extrémité un opercule mince et orbiculaire. (*Vermet*. Adans. Seneg. t. 11, fig. 1.)

* *Vermicularia lumbricalis*. n. *Serpula lumbricalis*. Lin. List. Conch. t. 548, f. 1. Gualt. t. 10, fig. q. V. Argenv. t. 4, fig. I.

LXXXIe GENRE.

SILIQUAIRE. *Siliquaria.*

Coq. tubuleuse, contournée en spirale à son origine, irrégulière et divisée latéralement, sur toute sa longueur, par une fente étroite.

SILIQUAIRIER.....

* *Siliquaria anguina.* n. Davila Catal. vol. 1. pl. 4. fig. E.

LXXXIIe GENRE.

ARROSOIR. *Penicillus.*

Coq. tubuleuse, adhérente, rétrécie et un peu en spirale à son origine, dilatée en massue vers l'autre extrémité. Disque terminal convexe, garni de petits tubes perforés.

PÉNICILLIER..... (Est-ce un mollusque ?)

* *Penicillus javanus.* n. *Serpula penis.* Lin. Argenv. t. 3, fig. G. List. Conch. t. 548, f. 3. Martini Conch. 1, t. 1, f. 7. Favanne, t. 5, fig. B.

LXXXIIIe GENRE.

CARINAIRE. *Carinaria.*

Coq. univalve, très-mince, en cône applati sur les côtés, à sommet en spirale involute et très-petite, et à dos garni d'une carêne dentée. Ouverture entière, ovale-oblongue, rétrécie vers l'angle de la carêne.

CARINAIRIER.....

* *Carinaria vitrea. Patella cristata.* Lin. Syst. Nat. n°. 768. *Argonauta vitrea.* Gmel. Syst. Nat. Argenv. Appendix. t. 1, fig. B. Favanne, t. 7, fig. C, 2. Martini Conch. 1, t. 18, f. 163.

LXXXIVe GENRE.

ARGONAUTE. *Argonauta.*

Coq. univalve, très-mince, involute, naviculaire, à spire rentrant dans l'ouverture. Carêne dorsale, double et tuberculeuse.

ARGONAUTIER.....

* *Argonauta sulcata.* n. List. t. 556, f. 7. Rumph. Mus. t. 18, fig. A. Argenv. t. 5, fig. A. Favanne, t. 7, fig. A, 2. Martini Conch. 1, t. 17, f. 157. *La nautile papyracée* commune.

Obs. L'animal qui forme cette coquille ne peut être un poulpe (*octopus*). *Voyez* Mém. de la Soc. d'Hist. Nat. de Paris, p. 23.

TROISIÈME SOUS-DIVISION.

Coquille univalve, multiloculaire, engaînant ou renfermant l'animal.

LXXXVe GENRE.

NAUTILE. *Nautilus.*

Coq. en spirale, subdiscoïde, dont le dernier tour enveloppe les autres, et dont les parois sont simples.

Loges nombreuses, formées par des cloisons transverses, simples, et dont le disque est perforé par un tube.

NAUTILIER : Mollusque céphalé, ayant postérieurement un appendice filiforme. (*Rumph.* Mus. t. 17, fig. B.)

* *Nautilus Pompilius.* Lin. Rumph. Mus. t. 17, fig. A, C. Gault. t. 17 et 18. Argenv. t. 5, fig. E, F. Martini Conch. 1, t. 18, f. 164, et t. 19, f. 165 et 166. Vulg. le nautile chambré.

LXXXVIe GENRE.

ORBULITE. *Orbulites.*

Coq. en spirale, subdiscoïde, dont le dernier tour enveloppe les autres, et dont les parois internes sont articulées par des sutures sinueuses. Cloisons transverses lobées dans leur contour et percées par un tube marginal.

NAUTILITIER.....

* *Orbulites lœvis.* n. *Ammonis cornu lœve... Lang.* t. 23, n°. 2-3-4. Bourguet, tr. des Pétrific. t. 48, n°. 311.

LXXXVIIe GENRE.

AMMONITE. *Ammonites.*

Coq. en spirale discoïde, à tours contigus et tous apparens, à parois internes articulées par des sutures sinueuses. Cloisons transverses lobées et découpées dans leur contour, et percées par un tube marginal.

AMMONITIER.....

* *Ammonites bisulcata.* Brug. n°. 13. List. Conch. Angl. t. 6, n°. 3, et Synops. t. 1041, f. 21, *Ammonis cornu... Lang.* t. 24, n°. 1. Bourguet, Pétrif. t. 41, n°. 270.

LXXXVIIIe GENRE.

PLANULITE. *Planulites.*

Coq. en spirale discoïde, à tours contigus et tous apparens, et ayant les parois simples. Cloisons transverses entières.

PLANORBITIER.....

* *Planulites sulcata.* n. Corne-d'ammon à raies ondoyantes? Bourg. Pétrif. t. 46, f. 290.

LXXXIXe GENRE.

NUMMULITE. *Nummulites.*

Coq. lenticulaire, discoïde, à parois simples, recouvrant tous les tours. Loges nombreuses, formées par des cloisons transverses; imperforées.

CAMÉRINIER.....

* *Nummulites lævigata.* Br. Pierre lenticulaire. *Bourg.* Pétrif. t. 50, f. 321. Amas de pierres lenticulaires, *ibid.* f. 324. Hélicite. *Guett.* Mém. 3, p. 431, t. 13, f. 1-10. Knorr. Foss. 11, t. A. VII, n°. 1-12. Pierres numismales. *D'Argenv.* Oryct. pl. 8, f. 10. *Camerina.* Br.

XC^e GENRE.

SPIRULE. *Spirula.*

Coq. partiellement ou complètement en spirale discoïde, à tours séparés; le dernier sur-tout s'alongeant en ligne droite. Cloisons transverses, simples, dont le disque est percé par un tube. Ouverture orbiculaire.

SPIRULIER.....

* *Spirula fragilis.* n. Argenv. pl. 5, fig. G. Rumph. Mus. t. 20, f. 1. Martini Conch. 1, t. 20, f. 184, 185. *Nautilus spirula.* Lin. *Vulg.* le cornet de postillon.

Nota. Les lituites appartiennent à ce genre.

XCI^e GENRE.

TURRILITE. *Turrilites.*

Coq. en spirale turbinée, à tours contigus et tous apparens et à parois internes articulées par des sutures sinueuses. Cloisons transverses lobées et découpées dans leur contour, percées dans leur disque. Ouverture arrondie.

TURRILITIER.....

* *Turrilites costata.* n. Corne-d'ammon turbinée, n°. 1. D. MONTFORT. *Monogr.* Journal de Phys. thermid. an 7, p. 1, t. 1, f. 1. *Turbinites... Lang.* t. 32, f. 6 et 7. Bourg. Pétrif. t. 34, f. 230, 231. Chemn. Conch. IX, t. 114, f. 980. a. b.

XCIIe GENRE.

Baculite. *Baculites.*

Coq. droite, cylindracée, un peu conique, à parois internes articulées par des sutures sinueuses. Cloisons transverses imperforées, lobées et découpées dans leur contour.

Baculitier.....

* *Baculites vertebralis.* n. Faujas Foss. de Mastreicht, t. 21, f. 2 et 3. Bourg. Pétrif. t. 49, f. 313 à 316?

Obs. Il paroît que les *spondylolites* ou fausses vertèbres qui forment par leur empilement cette colonne articulée et pierreuse, ne sont que les moules intérieurs qui se sont formés dans les loges de cette coquille et qui subsistent dans l'état où on les voit, après la destruction de la coquille dont il s'agit.

XCIIIe GENRE.

Orthocère. *Orthocera.*

Coq. droite ou arquée, un peu conique; loges distinctes formées par des cloisons transverses simples, perforées par un tube, soit central, soit latéral.

Orthocérier.....

* *Orthocera raphanoides.* n. Ortheceras... Gualt. Test. t. 19, fig. L. M. Plancus, t. 1, f. VI. *Nautilus raphanus.* Lin.

XCIV^e GENRE.

Hippurite. *Hippurites.*

Coq. conique, droite ou arquée, munie intérieurement de cloisons transverses et de deux arêtes longitudinales, latérales, obtuses et convergentes. La dernière loge fermée par un opercule.

Hippuritier.....

* *Hippurites bioculata.* n. *Orthoceratites...* Picot de la Peyrouse, monograph. t. 3, f. 2, t. 6, f. 4, t. 7, f. 1 et 4.

XCV^e GENRE.

Belemnite. *Belemnites.*

Coq. droite, en cône alongé, pointue, pleine au sommet, et munie d'une gouttière latérale. Une seule loge apparente et conique; les anciennes ayant été successivement effacées par la contiguité et l'empilement des cloisons.

Belemnitier.....

* *Belemnites paxillosa.* n. Belemnites..... Breyn. Dissert. de Polythalam, p. 41, t. 1, n°. 1-14. Klein *de tubulis marinis*, t. 8, f. 2-13.

Obs. Ce seroit ici le lieu de placer, comme genre particulier, sous le nom de furcelle (*furcella*), ce singulier tube testacée multiloculaire, qu'on a nommé *serpula polythalamia*, si l'on pouvoit seulement déterminer la classe de l'animal qui l'a formé. Mais on ignore si cette dépouille appartient à un *mollusque* ou à un *ver*. Peut-être se rapproche-t-elle, ainsi que l'arrosoir (le 82e genre), des fistulanes et des tarets, dont ils ne sont éloignés l'un et l'autre que parce qu'on ne connoît que leur valve tubuleuse.

ORDRE SECOND.

MOLLUSQUES ACÉPHALÉS.

Ils n'ont point de tête distincte, et tous sont dépourvus d'yeux, d'organe auditif et d'organes de mastication. Ils produisent sans accouplement.

Tous les mollusques acéphalés sont fortement distingués par leur conformation et leur organisation des mollusques céphalés qui composent le premier ordre.

En effet, outre que ces mollusques n'ont point de tête distincte, et qu'ils sont tous dépourvus d'yeux, leur manteau a communément beaucoup plus d'ampleur; car il est tantôt formé de deux grands lobes libres par-devant, mais qui se réunissent et tiennent à l'animal par le dos, le recouvrant en entier, comme dans les huîtres, les moules, les peignes, &c. et tantôt au lieu d'être ouvert par devant, il est fermé en tuyau et ouvert seulement aux deux extrémités, comme dans les pholades, les tarets, les biphores, ou quelquefois à une seule, comme dans les ascidies, les mammaires.

La partie du corps de ces mollusques où se trouve leur bouche n'est nullement saillante. Elle est enveloppée par le manteau de manière qu'elle est immobile et incapable de se montrer au-dehors : en sorte qu'on ne peut pas convenablement lui donner le nom de tête.

La bouche des mollusques acéphalés est incomparablement plus grande que celle des mollusques qui ont une tête saillante et distincte. Elle est placée à-peu-près au milieu du corps ou quelquefois à une de ses extrémités, et n'offre ni dents, ni mâchoires cornées. On y distingue en général quatre espèces de lèvres qui bordent une ouverture qui aboutit à l'estomac par un œsophage fort court. Ces lèvres s'agitent continuellement lorsque l'animal ouvre sa coquille, et obligent par ce mouvement l'eau de passer dans l'ouverture qui lui sert de bouche.

Aucun des mollusques dont il s'agit ne rampe sur un disque charnu et ventral comme dans le plus grand nombre des mollusques céphalés.

Dans les espèces conchylifères les branchies sont grandes, placées entre les lobes du manteau et le ventre de l'animal, et attachées deux à deux vers le dos de la coquille dont elles égalent à-peu-près la longueur. Elles ressemblent à quatre feuillets membraneux, très-minces, taillés en demi-lune, et formés par un tissu de petits vaisseaux repliés et disposés comme des tuyaux d'orgues fort serrés.

Il n'y a d'autres tentacules dans les mollusques acéphalés que les filets courts qu'on trouve souvent soit à l'anus de ces animaux, soit sur les bords du manteau où ils forment des franges, comme dans l'huître, la moule, &c. Dans certaines circonstances ces filets ont la faculté de se mouvoir en manière de vibration avec une rapidité qui fatigue l'œil de l'observateur. Ils sont doués d'une sensibilité exquise.

Tous les mollusques acéphalés paroissent être hermaphrodites. Or, comme ils produisent sans accouplement, sans doute ils se suffisent à eux-mêmes, ou bien ils sont fécondés par la voie des fluides environnans qui servent de véhicule aux matières propres à les féconder.

Quelques mollusques acéphalés sont tout-à-fait nus ; mais la plupart de ces animaux sont revêtus d'une enveloppe solide et testacée qui n'est jamais univalve, mais qui est toujours formée de deux pièces ou davantage, articulées ensemble.

Je divise les mollusques de cet ordre en deux sections : savoir,

1°. En mollusques acéphalés nus.

2°. En mollusques acéphalés conchylifères.

Les uns et les autres sont des animaux plus imparfaits et qui ont moins de facultés que les mollusques céphalés qui composent le premier ordre de cette classe.

PREMIÈRE SECTION.

Mollusques acéphalés nus.

Les animaux de cette section n'ont aucun corps solide et testacé, soit à l'intérieur, soit à l'extérieur du corps. On ne leur connoît aucune sorte de tentacule. Leur manteau enveloppe tout le corps et se trouve toujours fermé antérieurement : mais tantôt il est ouvert aux deux bouts (les biphores), et tantôt il ne l'est seulement que dans sa partie supérieure où il présente quelquefois une seule et plus souvent deux ouvertures.

Les mollusques acéphalés nus sont très-peu nombreux dans la nature, comparativement aux mollusques acéphalés conchylifères ; et même on n'en connoît encore qu'un petit nombre de genres. Les uns sont constamment fixés sur différens corps marins, et les autres sont libres et nagent dans les eaux. Voici les genres connus qui appartiennent à cette section.

XCVI^e GENRE.

ASCIDIE. *Ascidia.*

Manteau fermé en forme de sac ovale ou cylindrique, irrégulier, fixé à sa base, contenant le corps de l'animal et terminé par deux ouvertures inégales, dont l'une est moins élevée que l'autre.

* *Ascidia sulcata.* Coqueb. Bullet. des Sc. n°. 1. Plancus. App. 2, p. 109, t. 7. Vulg. le Vichet. On en mange l'intérieur.

XCVII^e GENRE.

BIPHORE. *Salpa.*

Corps libre, oblong, creux, gélatineux, constitué par le manteau qui est fermé par-devant, ouvert aux deux bouts, et qui enveloppe le corps de l'animal.

* *Salpa maxima.* Forsk. Descr. Anim. p. 112, ic. t. 35, A. a. Encycl. t. 74, f. 2.

XCVIII^e GENRE.

MAMMAIRE. *Mammaria.*

Corps libre, nu, globuleux ou ovale, terminé en-dessus par une seule ouverture.

* *Mammaria mamilla.*

DEUXIÈME SECTION.

Mollusques acéphalés conchylifères.

Les animaux de cette section sont en tout temps revêtus d'une enveloppe solide, crêtacée, composée de deux pièces ou davantage, auxquelles on donne le nom de *valves*. Quoique cette enveloppe solide et pierreuse soit composée de plusieurs valves articulées ensemble, on lui donne le nom de *coquille*, comme on le fait lorsqu'elle est d'une seule pièce et que l'animal y est aussi attaché par un ou plusieurs muscles tendineux vers leur insertion, qu'il déplace insensiblement à mesure qu'il grandit et fait prendre de l'accroissement à sa coquille.

Les mollusques acéphalés conchylifères sont beaucoup plus nombreux dans la nature que les acéphalés nus. Aussi en connoît-on un grand nombre de genres très-distincts entr'eux par la diversité des animaux même qui les constituent essentiellement, mais dont les caractères propres sont établis uniquement sur la considération de la coquille, afin de faciliter par-là l'étude de la conchyliologie.

Dans la coquille des *acéphalés conchylifères*, il n'y a point d'ouverture, ou ce qu'on appelle improprement *bouche de la coquille*, qui soit fixe et déterminable. C'est pourquoi les caractères principaux sont empruntés de la considération du nombre des valves et des particularités qui appartiennent à leur articulation ou à ce qu'on nomme la *charnière* de la coquille.

Ainsi d'après la considération de la coquille, je partage les acéphalés conchylifères en deux sous-divisions : savoir,

1°. En ceux qui ont leur coquille *équivalve*. La coquille a deux valves principales, égales, régulières, articulées en charnière, avec ou sans pièces accessoires.

2°. En ceux qui ont leur coquille *inéquivalve*. Les valves principales de la coquille sont inégales, soit articulées en charnière, soit autrement réunies.

PREMIÈRE SOUS-DIVISION.

Coquille équivalve.

Elle est composée de deux valves égales, avec ou sans pièces accessoires.

La coquille de ces mollusques est composée ou de deux pièces seulement ou de deux pièces principales articulées en charnière, avec ou sans pièces accessoires. Ces deux pièces soit uniques, soit principales, sont égales entr'elles; c'est-à-dire se ressemblent dans leurs dimensions et dans leur forme.

Les animaux renfermés dans ces coquilles font sortir, quand il leur plaît, un pied musculeux, conformé tantôt en langue, tantôt en une lame mince, plus ou moins alongée, et tantôt en un cylindre qui se contracte ou s'alonge selon la volonté de l'animal. Cet organe que l'animal fait ainsi sortir de sa coquille, lui sert pour opérer les mouvemens dont il a besoin, ou lui tient lieu de filière lorsqu'il veut s'attacher à quelques corps marins.

Voici les genres connus qui appartiennent à cette sous-division.

XCIX^e^ GENRE.

PINNE. *Pinna.*

Coq. longitudinale, cunéiforme, pointue à sa base, bâillante en son bord supérieur, et se fixant par un byssus. Charnière sans dent. Ligament latéral, fort long.

PINNIER : Acéphale... ne produisant aucun tube saillant. Il se fixe au-dehors par un byssus soyeux.

**Pinna rudis.* L. List. Conch. t. 373, n°. 214. Chemn. 8, p. 218, t. 88, f. 773. Vulg. le Jambonneau rouge.

Cᵉ GENRE.

MOULE. *Mytilus.*

Coq. longitudinale, à crochets terminaux, droits, saillans et en pointe, et se fixant par un byssus. Une seule impression musculaire. Charnière le plus souvent édentée.

MYTILIER : Acéphale... sans tube saillant, faisant sortir un pied étroit et linguiforme lorsqu'il veut filer ou déplacer sa coquille.

* *Mytilus edulis.* L. List. Conch. t. 364, f. 200. Pennant Zool. Brit. 4, t. 63, f. 73. Chemn. 8, p. 169, t. 84, f. 751. La moule commune.

CIᵉ GENRE.

MODIOLE. *Modiola.*

Coq. subtransverse, à côté postérieur extrêmement court et à crochets abaissés sur le côté court de la coquille. Une seule impression musculaire. Charnière simple, sans dent.

MODIOLIER.....

* *Modiola papuana.* n. Argenv. t. 22, fig. C. Encycl. t. 219, fig. 1. Chemn. 8, t. 85, f. 757. Vulg. la moule des Papous.

CII^e GENRE.

Anodonte. *Anodonta.*

Coq. transverse, ayant trois impressions musculaires. Charnière simple, sans aucune dent.

Anodontier : Acéphale fluviatile, ne faisant saillir aucun tube, et ayant un pied musculaire qu'il fait sortir en lame transversale.

* *Anodonta anatina.* n. Argenv. pl. 27, n°. 10. fig. *media inferior. Mytilus anatinus.* L. Pennant Zool. Brit. 4, t. 68, f. 79. Encycl. pl. 202, f. 1.

CIII^e GENRE.

Mulette. *Unio.*

Coq. transverse, ayant trois impressions musculaires. Une dent cardinale, irrégulière, calleuse, se prolongeant d'un côté sous le corcelet et s'articulant avec celle de la valve opposée.

Mulettier : Acéphale fluviatile, ne faisant saillir aucun tube, et ayant un pied musculeux qu'il fait sortir en lame transversale.

* *Unio littoralis.* n. Encyclop. pl. 248, f. 2. Schrot. Flus. Conch. t. 2, f. 3. *Testa subquadrata a mya pictorum distinctissima.*

CIVe GENRE.

NUCULE. *Nucula.*

oq. presque triangulaire ou oblongue, inéquilatérale. Charnière en ligne brisée, garnie de dents nombreuses, transverses et parallèles. Une dent cardinale oblique et hors de rang. Les crochets contigus et tournés en arrière.

'UCULIER.....

* *Nucula margaritacea.* n. Petiv. Gaz. t. 17, f. 9. Gualt. t. 88, fig. R. Chemn. 7, t. 58, f. 574. a. b. Encycl. t. 311, f. 3. *Arca nucleus.* L.

Obs. La nucule nacrée se trouve fossile à Courtagnon.

CVe GENRE.

PÉTONCLE. *Pectunculus.*

Coq. orbiculaire, subéquilatérale. Charnière en ligne courbe, garnie de dents nombreuses, seriales, obliques, articulées ou intrantes. Ligament exterieur.

PÉTONCULIER.....

* *Pectunculus subauritus.* n. List. t. 259, f. 73. Argenv. t. 24, fig. B. Chemn. 7, t. 58, f. 568, 569. Pétoncle, faussement appelé *peigne sans oreilles.*

CVIe GENRE.

ARCHE. *Arca.*

Coq. transverse, inéquilatérale, à crochets écartés. Charnière en ligne droite simple aux extrémites et garnie de dents nombreuses, sériales, transverses, parallèles et intrantes. Ligament extérieur.

ARCHIER.....

* *Arca noe*. L. List. t. 368, f. 208. Argenv. t. 23, fig. G. Gualt. Test. t. 87, fig. H, I.

CVIIe GENRE.

CUCULLÉE. *Cucullæa*.

Coq. bombée, subtransverse, inéquilatérale, à crochets écartés. Charnière en ligne droite, ayant des dents nombreuses, sériales, transverses, intrantes, et à ses extrémités deux ou trois côtes parallèles. Ligament extérieur.

CUCULLIER.....

* *Cucullæa auriculifera*. n. *Arca cucullata*. Chemn. 7, p. 174, t. 53, f. 526-528. Encyclop. t. 304. Vulg. le coqueluchon de moine.

* *Cucullæa crassatina*. n. Coq. fossile des environs de Beauvais. *Voyez* Knorr. Foss. p. 11, t. 25, f. 1, 2.

CVIIIe GENRE.

TRIGONIE. *Trigonia*.

Coq. inéquilatérale, subtrigone. Charnière à deux grosses dents plates, divergentes, et sillonnées transversalement. (*Voyez* Naturf. 15e livraison, t. 4.)

TRIGONIER.....

* *Trigonia nodulosa.* n. Knorr. Foss. p. 11, t. 17, f. 8. Encyclop. t. 237, f. 4.

CIXe GENRE.

TRIDACNE. *Tridacna.*

Coq. inéquilatérale, subtransverse. Charnière à deux dents comprimées et intrantes. Lunule bâillante.

TRIDACNIER.....

* *Tridacna gigas.* n. Rumph. Mus. t. 43, fig. B. Gualt. Test. t. 92, fig. A. Chemn. 7, p. 122, t. 49, f. 495. Encyclop. t. 235, f. 1. Vulg. la grande faîtière ou le bénitier. C'est la plus grande et la plus pesante des coq. Il y a des individus qui pèsent plus de 400 liv. Ses côtes ont des écailles serrées.

CXe GENRE.

HIPPOPE. *Hippopus.*

Coq. inéquilatérale, subtransverse. Charnière à deux dents comprimées et intrantes. Lunule pleine.

HIPPOPIER.....

* *Hippopus maculatus.* n. List. t. 349, f. 187. et t. 350, f. 188. Rumph. Mus. t. 43, fig. C. Argenv. t. 23, fig. H. Chemn. 7, t. 50, 498, 499. Encycl. t. 236, f. 2. Vulg. le chou ou la feuille de chou.

CXI^e GENRE.

CARDITE. *Cardita.*

Coq. inéquilatérale. Charnière à deux dents inégales, dont une courte, située sous les crochets, et une longitudinale, se prolongeant sous le corcelet.

CARDITIER.....

* *Cardita variegata.* Br. List. t. 347, f. 84. Favanne, t. 50, fig. L. Chemn. 7, t. 50, f. 500, 501. *Chama.* L.

CXII^e GENRE.

ISOCARDE. *Isocardia.*

Coq. cordiforme, à crochets écartés, unilatéraux, roulés et divergens. Deux dents cardinales applaties et intrantes; une dent latérale isolée, située sous le corcelet.

ISOCARDIER.....

* *Isocardia globosa.* n. List. t. 275, f. 111. Gualt. Test. t. 71, fig. E. Chemn. 7, t. 48, f. 483. *Chama cor.* Lin. Encycl. t. 232. Vulg. le cœur de bœuf, le bonnet de fou.

* *Isocardia molkiana.* Chemn. 7, t. 48, f. 484-487. Encycl. t. 233, f. 1.

CXIIIe GENRE.

Bucarde. *Cardium.*

Coq. subcordiforme, à valves dentées ou plissées en leur bord. Charnière à quatre dents, dont deux cardinales rapprochées et obliques sur chaque valve, s'articulant en croix avec leurs correspondantes. Dents latérales écartées et intrantes.

Bucardier : Acéphale faisant saillir à l'un des côtés de sa coquille deux tubes inégaux à orifices ciliés, et à l'autre côté un pied musculeux en lame courbe ou séeuriforme.

* *Cardium costatum.* L. List. t. 327, f. 164. Rumph. Mus. t. 48, n°. 6. Gualt. t. 72, fig. D. Chemn. 6, t. 15, f. 151, 152. Encycl. t. 292, f. 1. et t. 293. f. 1. Vulg. la conque exotique.

CXIVe GENRE.

Crassatelle. *Crassatella.*

Coq. inéquilatérale, subtransverse, à valves closes, munie d'une lunule et d'un corcelet enfoncés, et ayant le ligament intérieur. Fossette du ligament placée sous les crochets au-dessus des dents de la charnière.

Crassatellier.....

* *Crassatella gibba.* n. Chemn. Conch. 7, Supp. t. 69, litt. A, B, C, D. *Mactra.* Encycl. pl. 259, f. 3, a. b.

* *Crassatella sulcata.* n. Fossile des env. de Beauvais.

CXVe GENRE.

Paphie. *Paphia.*

Coq. subtransverse, inéquilatérale, à valves closes et ayant le ligament intérieur. Fossette du ligament située sous les crochets, entre les dents de la charnière ou à côté d'elles.

Paphier.....

* *Paphia undulata.* n. *Venus divaricata.* Martini Conch. 6, p. 318, t. 30, f. 317, 318. Encycl. t. 259, f. 2.

* *Paphia glabrata.* n. Mactra. Encycl. pl. 257, f. 3.

CXVIe GENRE.

Lutraire. *Lutraria.*

Coq. transverse, inéquilatérale, bâillante aux extrémités. Deux dents cardinales, obliques et divergentes, accompagnant une large fossette pour le ligament. Dents latérales nulles.

Lutrairier.....

* *Lutraria solenoides.* n. Gualt. Test. t. 90, fig. A Inferior. Da costa Brit. Conch. t. 17, f. 4. *An mactra lutraria.* L.

* *Lutraria elliptica.* n. List. Conch. t. 415, f. 259. Martini Conch. 6, t. 24, f. 240, 241. Encycl. pl. 258, f. 3. *A præced. distinctissima.*

CXVIIe GENRE.

MACTRE. *Mactra.*

Coq. transverse, inéquilatérale, un peu bâillante. Dent cardinale, pliée en gouttière, s'articulant sur celle de la valve opposée, et accompagnant une fossette qui reçoit le ligament. Une ou deux dents latérales comprimées et intrantes.

MACTRIER : Acéphale faisant sortir par un côté de sa coquille deux tubes qu'il forme avec son manteau, et par l'autre côté un pied musculeux.

* *Mactra stultorum.* Lin. Gualt. Test. t. 71, fig. C. Da costa Brit. Conch. t. 12, f. 3. Mart. Conch. 6, t. 23, f. 224 - 226. Encycl. t. 256, f. 3.

CXVIIIe GENRE.

PÉTRICOLE. *Petricola.*

Coq. transverse, inéquilatérale, un peu bâillante aux deux bouts, et ayant deux impressions musculaires. Deux dents cardinales sur une valve et une dent cardinale bifide sur l'autre. Ligament extérieur.

PÉTRICOLIER.....

* *Petricola sulcata.* n. *Venus lithophaga.* Retz. *In Act. Acad. Taurin.* vol. 3, p. 11.

* *Petricola costata.* n. *Venus lapicida.* Chemn. Conch. 10, p. 356, t. 172, f. 1664, 1665. *An donax irus.* Lin.

* *Petricola striata.* n.

CXIXe GENRE.

Donace. *Donax.*

Coq. transverse, inéquilatérale, à ligament extérieur. Deux dents cardinales sur la valve gauche, et une ou deux dents latérales écartées sur chaque valve.

Donacier : Acéphale ayant deux tubes courts qu'il fait sortir hors de sa coquille, et un pied en lame sécuriforme.

* *Donax rugosa.* L. Pamet. Adans. Seneg. t. 18, f. 1. List. Conch. t. 375, f. 216. Chemn. 6, t. 25, f. 250. et vign. p. 242.

CXXe GENRE.

Méretrice. *Meretrix.*

Coq. subtransverse ou orbiculaire. Trois dents cardinales rapprochées, et une dent isolée, située sous la lunule.

Méretricier : Acéphale faisant saillir de sa coquille deux tubes courts, et un pied musculeux sécuriforme.

* *Meretrix labiosa.* n. Argenv. t. 21, fig. F. Chemn. 6, t. 33, f. 347, 348. Encyclop. pl. 268, f. 5, a. b. *Venus meretrix.* Lin. Vulg. la gourgundine.

CXXIe GENRE.

Vénus. *Venus.*

Coq. suborbiculaire ou transverse. Trois dents cardinales rapprochées, dont les latérales sont plus ou moins divergentes.

VÉNUSIER : Acéphale faisant saillir deux tubes inégaux, et un pied en lame sécuriforme.

* *Venus verrucosa*. L. List. Conch. t. 284, f. 122. Gualt. t. 75, fig. H. Born. Mus. t. 4, f. 7. Chemn. 6, t. 29, f. 299, 300.

CXXII^e GENRE.

VÉNÉRICARDE. *Venericardia*.

Coq. suborbiculaire, inéquilatérale, munie de côtes longitudinales à l'extérieur. Deux dents cardinales épaisses, obliques non-divergentes.

VÉNÉRICARDIER.....

* *Venericardia imbricata*. n. List. Conch. t. 497, f. 52. Chemn. 6, p. 315, t. 30, f. 314, 315. Coq. fossile de Courtagnon et de Grignon.

* *Venericardia planicosta*. n. Knorr. foss. part. 2, t. 23, f. 5. *Testa crassissima, costis planis*. Fossile des env. de Paris. On le trouve aussi en Piémont et aux env. de Florence.

CXXIII^e GENRE.

CYCLADE. *Cyclas*.

Coq. suborbiculaire ou un peu transverse, sans pli sur le côté antérieur. Ligament extérieur et bombé. Deux ou trois dents cardinales. Dents latérales alongées, lamelliformes et intrantes.

CYCLADIER : Acéphale fluviatile, faisant saillir deux tubes d'un côté, et de l'autre un pied linguiforme.

* *Cyclas cornea.* n. List. Conch. t. 159, f. 14. Pennant, Brit. Zool. 4, t. 49, f. 36. Chemn. 6, t. 13, f. 133. La came des ruisseaux. Geoffr.

* *Cyclas euphratica.* n. Venus... Chemn. 6, t. 30, f. 320. Encycl. t. 301, f. 2.

CXXIV^e GENRE.

Lucine. *Lucina.*

Coq. suborbiculaire ou transverse, n'ayant point de pli irrégulier sur le côté antérieur. Dents cardinales variables. Deux dents laterales écartées.

Lucinier.....

* *Lucina jamaïcensis.* n. List. Conch. t. 300, f. 407. Gualt. Test. t. 88, f. B. Chemn. 7, t. 39, f. 408, 409. Vulg. la came safranée.

CXXV^e GENRE.

Telline. *Tellina.*

Coq. orbiculaire ou transverse, ayant un pli irrégulier sur le côté antérieur. Une ou deux dents cardinales. Dents latérales écartées.

Tellinier : Acéphale ayant un pied court, et dont le manteau forme postérieurement un double tuyau qui s'alonge hors de la coquille.

* *Tellina radiata.* L. Gualt. Test. t. 89, fig. I. Argenv. t. 22, fig. A. Chemn. 6, t. 11, f. 100 et 102. Vulg. le soleil levant.

CXXVIe GENRE.

CAPSE. *Capsa.*

Coq. transverse. Deux dents cardinales sur une valve, une dent bifide et intrante sur la valve opposée.

CAPSIER.....

* *Capsa rugosa.* n. List. Conch. t. 425, f. 273. Gualt. Test. t. 86, fig. B, C. Chemn. 6, p. 93, t. 9, f. 79-82. *Venus deflorata.* L. Encycl. t. 231, f. 3. Var. Encycl. t. 231 f. 4.

CXXVIIe GENRE.

SANGUINOLAIRE. *Sanguinolaria.*

Coq. transverse, à bord supérieur arqué, un peu bâillante aux extrémités. Deux dents cardinales rapprochées et articulées sur chaque valve.

SANGUINOLAIRIER.....

* *Sanguinolaria rosea.* n. List. Conch. t. 397, f. 236. Chemn. 6. t. 7, f. 56. *Solen sanguinolentus.* Gmel. Encyclop. t. 227, f. 1.

CXXVIIIe GENRE.

SOLEN. *Solen.*

Coq. transverse, à bords supérieur et inférieur presque droits, à crochets non-saillans et bâillante aux deux extrémités. Deux ou trois dents à la charnière, fournies par les deux valves. Ligament extérieur.

SOLENIER : Acéphale à manteau fermé par-devant, ayant un pied musculeux, subcylindrique, qu'il fait sortir par une extrémité de sa coquille, et faisant saillir par l'autre extrémité un tube court qui contient deux tuyaux. (*Argenv. Zoomorph.* pl. 6, fig. G. H.)

* *Solen vagina*. L. List. Conch. t. 410. Rumph. Mus. t. 45, fig. M. Argenv. t. 24, fig. K, M, M. Chemn. 6, p. 36, vign. 2. et t. 4, f. 26 et 28. Vulg. le manche de couteau.

CXXIX^e GENRE.

GLYCIMÈRE. *Glycimeris.*

Coq. transverse, bâillante aux deux extrémités. Charnière calleuse, sans dent. Nymphes protubérantes. Ligament extérieur.

GLYCIMERIER.....

* *Glycimeris incrassata*. n. *Mya siliqua*. Chemn. Conch. vol. XI, p. 192, t. 198, f. 1934. Cyrtodaire. Daudin. Bullet. des Sc. n°. 22.

CXXX^e GENRE.

MYE. *Mya.*

Coq. transverse, bâillante aux deux bouts, et dont le ligament est intérieur. Valve gauche munie d'une dent cardinale, comprimée, arrondie, perpendiculaire à la valve, donnant attache au ligament.

MYER : Acéphale marin, ayant le manteau fermé par-devant, et faisant sortir par une extrémité de sa coquille un pied court, suborbiculaire, et par l'autre extrémité un tube double, très-grand, qu'il forme avec son manteau.

* *Mya truncata.* L. List. Conch. t. 428, f. 269. Petiv. Gaz. t. 79, f. 12. Chemn. 6, t. 1, f. 1, 2. Encycl. t. 229, f. 2.

CXXXI^e GENRE.

PHOLADE. *Pholas.*

Coq. transverse, bâillante, et composée de deux grandes valves principales, avec plusieurs petites pièces accessoires placées sur le ligament ou à la charnière.

PHOLADIER : Acéphale à manteau fermé par-devant, faisant sortir à l'un des bouts de sa coquille un tuyau double ou deux tuyaux réunis, et à l'autre bout un pied large, court, à base applatie.

**Pholas costata.* L. List. Conch. 434, f. 277. Gualt. Test. t. 105, fig. G. Chemn. 8, t. 101, f. 863. Encycl. t. 169, f. 1, 2.

DEUXIÈME SOUS-DIVISION.

Coquille inéquivalve.

Ses valves principales sont inégales entr'elles.

Dans les coquillages de toute cette sous-division les valves de la coquille sont réellement inégales, quoique d'une manière plus ou moins apparente, selon les espèces. Tantôt ces valves sont au nombre de deux seulement, et articulées en charnière, et tantôt elles sont en plus grand nombre. Quelquefois la pièce principale est en forme de tube régulier ou irrégulier.

La plupart des mollusques de cette division n'ont pas de pieds; et parmi eux, il en est qui ont deux espèces de bras ciliés qui se retirent en se roulant en spirale, ou des tentacules inégales, nombreuses, articulées qui se roulent aussi en spirale. Voici les genres connus qui appartiennent à cette sous-division.

[A] *Valve principale tubuleuse.*

CXXXII^{e} GENRE.

TARET. *Teredo.*

Coq. tubulée, cylindrique, ouverte aux deux bouts: l'orifice inférieur muni de deux valves en losange, et le supérieur, de deux opercules spatulés.

TARETIER: Acéphale vermiforme, à manteau fermé par-devant et tubuleux, faisant sortir à l'extrémité supérieure, 1°. deux tubes courts (un œsophage et une trachée déjectionnaire) inégaux, dont l'un est cilié et l'autre nu; 2°. deux petits muscles donnant attache aux opercules qui bouchent l'ouverture supérieure de la coquille lorsque l'animal y rentre ses deux tubes. Sa partie inférieure présente un pied musculeux très-court, et quelquefois deux bras en palette articulée.

* *Teredo vulgaris*. n. *Teredo navalis*. Lin. Sellius Tered. t. 1. Adans. Seneg. p. 264, t. 19, fig. 1. Guettard, mém. 3, pl. 69, f. 4, 5. Encycl. pl. 167, f. 1-3.

**TEREDO BIPALMULATA*. n. Ce taret, qui vit aussi dans l'intérieur des bois plongés sous les eaux marines, est plus grand que le taret commun. Il est remarquable par deux bras ou palettes articulées, subpinnées, situées à son extrémité inférieure. On en voit un individu dans la Collection anatomique du Muséum, qui est devenue si intéressante par les belles dissections et préparations du citoyen Cuvier.

CXXXIIIe GENRE.

FISTULANE. *Fistulana.*

Coq. tubulée, en massue, ouverte à son extrémité grêle, et contenant dans sa cavité deux valves non adhérentes.

FISTULANIER.....

* *Fistulana clava*. n. Encycl. pl. 167, f. 17-22.

* *Fistulana cornicula*. n. Favanne, pl. 5, fig. N.

* *Fistulana gregata*. n. Guettard, mém. 3, t. 70, f. 6-9. *Teredo clava*. Gmel. Schroet. Einl. in Conch. 2, p. 574, t. 6, f. 20. Encycl. pl. 167, f. 6-16.

* *Fistulana lagenula*. n. Encyclop. pl. 167, f. 23.

[B] Deux valves ou simplement opposées, ou articulées en charnière.

CXXXIV^e GENRE.

ACARDE. *Acardo.*

Coq. composée de deux valves applaties, presqu'égales, n'ayant ni charnière, ni ligament. Une impression musculaire au centre des valves.

ACARDIER.....

* *Acardo crustalarius.* br. Encycl. pl. 173, f. 1-3.

* *Acardo umbella.* n. *Lepas umbella sinensis.* Davila cat. pl. 2, fig. A. Martini Conch. 1, t. 6, f. 44. *Umbella chinensis.* Chemn. 10, p. 341, t. 169, f. 1645, 1646. La patelle, dite parasol chinois, semble par la forme particulière de son centre inférieur, n'être qu'une valve séparée de quelqu'espèce d'acarde.

CXXXV^e GENRE.

RADIOLITE. *Radiolites.*

Coq. irrégulière, inéquivalve, striée à l'extérieur. Valve inférieure turbinée : la supérieure convexe ou conique. Point de charnière ni de ligament.

RADIOLITIER.....

* *Radiolites angeiodes.* n. Ostracite. Picot de la Peyrouse. Descript. d'orthocératites, &c. t. 12 et 13. Encyclop. pl. 172, f. 1-6.

CXXXVIe GENRE.

Came. *Chama.*

Coq. adhérente, inéquivalve, à crochets inégaux, et ayant deux impressions musculaires dans chaque valve. Charnière composée d'une seule dent épaisse et oblique.

CAMIER : Acéphale à manteau ouvert, ne faisant saillir aucun tube hors de sa coquille, mais seulement un pied musculeux en forme de hache.

* *Chama lazarus.* Lin. Argenv. t. 20, fig. F. Rumph. Mus. t. 48, f. 3. Born. Mus. t. 5, f. 12-14. Chemn. 7, t. 51, f. 507-509. Vulg. le gâteau feuilleté des Indes.

* *Chama imbricata.* n. *Chama.* Brown. Jam. t. 40, f. 9. Chemn. 7, t. 52, f. 514, 515. Favanne, t. 45, fig. A. 1, 2. Vulg. le gâteau feuilleté commun, ou d'Amérique.

CXXXVIIe GENRE.

Spondyle. *Spondylus.*

Coq. inéquivalve, auriculée, hérissée ou rude, et à crochets inégaux, dont l'inférieur plus avancé offre une facette plane, triangulaire, partagée par un sillon. Charnière composée de deux fortes dents crochues et d'une fossette intermédiaire qui donne attache au ligament. Une seule impression musculaire.

SPONDYLIER : ...

* *Spondylus gæderopus.* List. Conch. t. 206, f. 40. Gualt. Test. t. 99, fig. F. Chemn. 7, t. 44,

f. 459. Encycl. t. 190, f. 1. Vulg. l'huître épineuse commune, ou le pied d'âne.

CXXXVIII^e GENRE.

PLICATULE. *Plicatula.*

Coq. inéquivalve, inauriculée, à crochets inégaux sans facette, et ayant les bords plissés. Charnière composée de deux fortes dents sur chaque valve, et d'une fossette intermédiaire qui reçoit le ligament. Une seule impression musculaire, en saillie dans chaque valve.

PLICATULIER.....

* *Plicatula gibbosa.* n. List. Conch. t. 210, f. 44. Petiv. Gaz. t. 24, f. 12. Chemn. 7, t. 47, f. 479-482. Encyclop. t. 194, f. 3. *Spondylus plicatus.* L.

* *Plicatula depressa.* n.

CXXXIX^e GENRE.

HUÎTRE. *Ostrea.*

Coq. adhérente, inéquivalve. Charnière sans dents. Une fossette cardinale oblongue, sillonnée en travers, donnant attache au ligament. Une seule impression musculaire dans chaque valve.

HUÎTRIER : Acéphale n'ayant ni tube ni pied musculeux, et dont les bords du manteau sont dentés ou frangés.

Nota. Les unes ont les bords des valves simples et unis. Les autres ont les bords des valves plissés ou en crêtes.

* *Ostrea edulis.* L. Argenv. Zoom. t. 5, f. A

Bast. op. subs. 2, f. 1, 2 et 8, 9. Chemn. Conch. 8, t. 74, f. 682. Encycl. t. 184, f. 7-8. L'huître commune.

CXLe GENRE.

VULSELLE. *Vulsella.*

Coq. libre, longitudinale, subéquivalve. Charnière calleuse, déprimée, sans dents, en saillie égale sur chaque valve, et offrant pour le ligament une fossette arrondie-conique, terminée en bec arqué très-court.

VULSELLIER : Acéphale se fixant par un byssus cardinal.

* *Vulsella lingulata.* n. Rumph. Mus. t. 46, fig. A. Chemn. 6, t. 2, f. 10, 11. Encyclop. pl. 178, f. 4. *Mya vulsella.* Lin.

CXLIe GENRE.

MARTEAU. *Malleus.*

Coq. libre, un peu bâillante près de ses crochets, se fixant par un byssus, et ayant ses valves de même grandeur. Charnière sans dent, un peu calleuse, et munie pour le ligament d'une fossette conique, posée obliquement sur le bord de chaque valve, et séparée de l'ouverture qui donne passage au byssus.

MALLIER.....

* *Malleus vulgaris.* n. Argenv. t. 19, fig. A. List. t. 219, f. 54. Gualt. Test. t. 96, fig. D, E. Chemn. 8, t. 70, f. 655, 656. Encycl. pl. 177, f. 12.

CXLII^e GENRE.

Avicule. *Avicula.*

Coq. libre, un peu bâillante vers ses crochets, se fixant par un byssus, et ayant ses valves d'inégale grandeur. Charnière sans dent, un peu calleuse. Fossette du ligament oblongue, marginale et parallèle au bord qui la soutient.

Aviculier.....

* *Avicula communis.* n. Bonan. Récréat. cl. 2, f. 58. Gualt. Test. t. 94, fig. B. Chemn. 8, t. 81, f. 722. *Mytilus hirundo.* Lin.

CXLIII^e GENRE.

Perne. *Perna.*

Coq. libre, applatie, se fixant par un byssus. Charnière composée de plusieurs dents linéaires, parallèles, tronquées, non articulées, et rangées sur une ligne droite, transverse ou oblique. Les interstices des dents donnent attache au ligament sur chaque valve.

Pernier.....

* *Perna ephipium.* n. List. Conch. t. 227, f. 62. Chemn. 7, t. 58, f. 576, 577. Encyclop. pl. 176, f. 2. *Ostrea ephipium.* Lin.

* *Perna maxillata.* n. Knorr. *Petrif.* vol. 2, t. 64. Fossile trouvé dans la Virginie par le citoyen Beauvois. On le trouve aussi en Italie.

CXLIVe GENRE.

PLACUNE. *Placuna.*

Coq. libre, applatie, à valves de même grandeur. Charnière intérieure offrant sur une valve, deux dents longitudinales ou côtes tranchantes, rapprochées par leur extrémité inférieure, et divergentes ensuite en forme de V ; et sur l'autre valve, deux impressions qui correspondent aux côtes cardinales, et donnent attache au ligament.

PLACUNIER.....

* *Placuna placenta.* n. List. Conch. t. 225, f. 60. et t. 226, f. 61. Chemn. 8, t. 79, f. 716. Encycl. pl. 173, f. 1, 2, 3. *Anomia placenta.* Lin. Vulg. la vitre chinoise.

CXLVe GENRE.

PEIGNE. *Pecten.*

Coq. auriculée, inéquivalve, à crochets contigus. Charnière sans dent. Ligament intérieur, fixé dans une fossette triangulaire et cardinale.

PECTINIER : Acéphale à manteau ouvert, cilié ou frangé sur les bords, et ne faisant saillir ni tube ni pied musculeux.

* *Pecten maximus.* n. List. Conch. t. 163, f. 1. et t. 167, f. 4. Pennant Zool. Brit. 4, t. 69, f. 61. Chemn. 7, t. 60, f. 585. Encycl. pl. 209, f. 1. *Ostrea maxima.* L. Vulg. la grande pélerine.

CXLVIe GENRE.

LIME. *Lima.*

Coq. inéquilatérale, auriculée, un peu bâillante d'un côté entre les valves. Charnière sans dent; ligament extérieur; crochets écartés.

LIMIER : Acephale à manteau ouvert, et muni d'un pied dont il se sert pour filer.

* *Lima squamosa.* n. Argenv. t. 24, fig. E. Chemn. 7, t. 68, f. 651. Favanne, t. 54, fig. N. 1. Encycl. pl. 206, f. 4. *Ostrea lima.* Lin.

CXLVIIe GENRE.

HOULETTE. *Pedum.*

Coq. inéquivalve, auriculée, bâillante par la valve inférieure, et ayant les crochets écartés. Charnière sans dent. Ligament extérieur, attaché dans une gouttière longue et étroite. Valve inférieure échancrée.

HOULETTIER.....

* *Pedum spondyloides.* n. Favanne, t. 80, fig. K. Chemn. Conch. 8, t. 72, f. 669, 670. Encycl. pl. 178, f. 1-4.

CXLVIIIe GENRE.

PANDORE. *Pandora.*

Coq. régulière, inéquivalve et inéquilatérale. Deux dents cardinales oblongues, inégales et divergentes à la valve supérieure; deux fossettes oblongues à l'autre valve. Ligament intérieur. Deux impressions musculaires.

PANDORIER....

* *Pandora margaritacea*. n. *Tellina inæquivalvis*. Lin. Brunnich. Naturf. 3, p. 313, t. 7, f. 25-28. Chemn. 6, t. 11, f. 106, a. b. c. d. Encycl. pl. 250, f. 1, a. b. c.

CXLIX^e GENRE.

CORBULE. *Corbula*.

Coq. inéquivalve, subtransverse, libre, régulière. Une dent cardinale conique, courbe ou relevée sur chaque valve. Ligament intérieur. Deux impressions musculaires.

CORBULIER....

* *Corbula sulcata*. n. Encyclop. t. 230, f. 1, a. b. c.

* *Corbula lævigata*. n.

* *Corbula margaritacea*. n. Encycl. t. 230, f. 6.

* *Corbula gallica*. n. Encycl. t. 230, f. 5. Fossile de Grignon.

* *Corbula striata*. n. *Solen ficus*. Brander, foss. hant. n°. 103. Fossile de Grignon.

CL^e GENRE.

ANOMIE. *Anomia*.

Coq. inéquivalve, irrégulière, operculée, adhérente par son opercule. Valve inférieure ayant à son crochet un trou ou une échancrure qui se ferme par un petit opercule osseux, fixé sur des corps étrangers et auquel s'attache le ligament.

ANOMIER.....

* *Anomia ephipium.* Lin. List. t. 204, f. 38. Argenv. t. 19, fig. C. Da costa Conch. Brit. t. XI, f. 3. Chemn. 8, t. 76, f. 692, 693. Encycl. pl. 170, f. 6, 7. Vulg. la pelure d'oignon.

CLI^e GENRE.

CRANIE. *Crania.*

Coq. composée de deux valves inégales, dont l'inférieure, presque plane et suborbiculaire, est percée en sa face interne de trois trous obliques et inégaux. La supérieure, très-convexe, est munie intérieurement de deux callosités saillantes.

CRANIER.....

* *Crania personata.* n. *Anomia craniolaris.* Lin. Retz. Naturf. 2, t. 1, f. 2, 3. Chemn. 8, t. 76, f. 687. Murray *Fundam. Test.* t. 2, f. 21. Encycl. pl. 171, f. 1, 2.

CLII^e GENRE.

TÉRÉBRATULE. *Terebratula.*

Coq. régulière, fixée par un ligament ou un tube court, et composée de deux valves inégales, dont la plus grande a son crochet avancé presqu'en bec et percé d'un trou par où passe le ligament. Charnière à deux dents.

Deux branches grêles, fourchues et osseuses, tenant à

la valve non percée, paroissent servir de soutien à l'animal.

TÉRÉBRATULIER : Acéphale sans pied et sans prolongement tubuleux du manteau ; mais ayant deux bras alongés, ciliés d'un côté dans toute leur longueur, et qui sont retirés et roulés en spirale lorsque l'animal n'en fait point usage.

* *Terebratula vitrea.* n. Argenv. Append. t. 3, fig. E. Naturf. 3, t. 5, f. 6. Chemn. 8, t. 78, f. 707-709. *Anomia terebratula.* Lin. Encycl. pl. 239, f. 1. Vulg. la poulette.

CLIIIe GENRE.

CALCÉOLE. *Calceola.*

Coq. inéquivalve, turbinée, applatie sur le dos ; la plus grande valve en demi-sandale, ayant à la charnière deux ou trois petites dents. La plus petite valve plane, semi-orbiculaire, en forme d'opercule.

CALCÉOLIER.....

**Calceola sandalina.* n. *Anomia sandalium.* Lin. Mant. Alt. p. 547. *Conchita anomia juliacensis.* Hupsch. Mus. Knorr. Pétrif. 3. Suppl. t. 206, f. 5, 6.

CLIVe GENRE.

HYALE. *Hyalæa.*

Coq. inéquivalve, bombée, transparente, bâillante sous son crochet avancé, tricuspidée à sa base, et ayant ses valves connées.

Hyalier : Acéphale faisant sortir hors de sa coquille deux bras applatis, cunéiformes, trilobés, opposés l'un à l'autre, et au moyen desquels il nage dans la mer.

* *Hyalæa cornea.* n. *Anomia tridentata.* Forsk. Descr. An. p. 124. et ic. t. 40, fig. b. Gmel. p. 3348. Chemn. 8, p. 65, vign. a. b. c. d. e. f. g.

CLVe GENRE.

Orbicule. *Orbicula.*

Coq. orbiculaire, applatie, fixée et composée de deux valves, dont l'inférieure très-mince adhère au corps, qui la soutiennent. Charnière inconnue.

Orbiculier : Acéphale sans pied et sans prolongemens tubuleux; mais muni de deux bras alongés, frangés, qui s'étendent au gré de l'animal, et qui rentrent dans la coquille en se roulant en spirale.

* *Orbicula norwegica.* n. *Patella anomala.* Mull. Zool. Dan. 1, p. 14, t. 5. Prodr. 2870.

CLVIe GENRE.

Lingule. *Lingula.*

Coq. longitudinale, applatie, composée de deux valves presqu'égales, tronquées antérieurement. Charnière sans dent. Bases ou crochets des valves pointus, et réunis à un tube tendineux qui sert de ligament à la coquille et se fixe aux corps marins.

Lingulier : Acéphale muni de deux bras fort longs, ciliés dans toute leur longueur, extensibles au gré de l'animal, et qui rentrent dans la coquille en se roulant en spirale. Les deux lobes du manteau bordés de filets.

* *Lingula anatina*. n. *Patella unguis*. Lin. Seba Mus. 3, t. 16, n°. 4. *Pinna unguis*. Chemn. Conch. 10, t. 172, f. 1675, 1676. Naturf. 22, t. 3, fig. A. E. Encycl. pl. 250, f. 1, a. b. c. Cuvier, Bullet. des Sc. n°. 52. Vulg. le bec de cane.

[C] Plus de deux valves inégales, non articulées en charnière.

CLVII^e GENRE.

ANATIFE. *Anatifa.*

Coq. cunéiforme, composée de plusieurs valves (cinq ou davantage) inégales, réunies à l'extrémité d'un tube tendineux, fixé par sa base. Ouverture sans opercule.

ANATIFIER : Acéphale ayant la partie supérieure de son corps munie d'environ vingt-cinq tentacules longs, inégaux, comprimés, crustacés, ciliés, et qui se contractent en se roulant en spirale. Entre ces tentacules est un tube court, et dans la partie inférieure et antérieure du corps se trouve une autre ouverture.

* *Anatifa lævis*. Brug. n°. 2. Plancus, t. 5, fig. XI. Gualt. Test. t. 106, fig. D. Argenv. t. 26, fig. E. Da costa Brit. Conch. t. 17, f. 3. Chemn. 8, t. 100, f. 853-855. *Lepas anatifera*. Lin. Vulg. la conque anatifère.

CLVIII^e GENRE.

BALANE. *Balanus.*

Coq. conique, tronquée supérieurement, fixée par sa base sans tube tendineux, et composée de six valves articulées par les côtés et par leur bord inférieur. L'ouverture fermée par un opercule quadrivalve.

BALANIER : Acéphale ayant le corps terminé supérieurement par dix paires de tentacules inégales, articulées, ciliées, crustacées, et qui se roulent en spirale en se contractant. Entre les tentacules les plus courts est un tube alongé et contractile ; et dans la partie inférieure du corps on voit une autre ouverture. List. Anatom. t. 20, f. 1.

* *Balanus tintinnabulum.* Brug. n°. 5. *Lepas tintinnabulum.* Lin. Argenv. pl. 26, fig. A. Rumph. Mus. t. 41, fig. A. Favanne, t. 59, fig. A, 2. Chemn. Conch. 8, t. 97, f. 828-831. Vulg. le gland de mer tulipe.

TABLEAU DES CRUSTACÉS.

CRUSTACÉS PÉDIOCLES.		CRUSTACÉS SESSILIOCLES.
* *Corps court, ayant une queue nue, sans feuillets, sans appendices latéraux, et appliquée sous l'abdomen.*	* *Corps oblong, ayant une queue alongée, garnie d'appendices ou de feuillets, ou de crochets.*	* *Corps couvert de pièces crustacées nombreuses.*
1. Crabe.	13. Albunée.	25. Crevette.
2. Calappe.	14. Hippe.	26. Aselle.
3. Ocypode.	15. Ranine.	27. Chevrolle.
4. Grapse.	16. Scyllare.	28. Cyame.
5. Doripe.	17. Ecrevisse.	29. Ligie.
6. Portune.	18. Pagure.	30. Cloporte.
7. Podophtalme.	19. Galathée.	31. Forbicine.
8. Matute.	20. Palinure.	32. Cyclope.
9. Porcellane.	21. Crangon.	* *Corps couvert par un bouclier crustacé d'une seule ou de deux pièces.*
10. Leucosie.	22. Palemon.	33. Polyphème.
11. Maïa.	23. Squille.	34. Limule.
12. Arctopsis.	24. Branchiopode.	35. Daphnie.
		36. Amymone.
		37. Céphalocle.

CLASSE SECONDE.

[la 6e du règne animal.]

LES CRUSTACÉS.

Caract. Le corps et les membres articulés. Peau crustacée que l'animal quitte et renouvelle à certaines époques.

Organ. Un cerveau et des nerfs. Des branchies pour la respiration. Un cœur musculaire et des vaisseaux pour la circulation.

Ils engendrent plusieurs fois pendant leur vie.

Les crustacés viennent nécessairement et immédiatement après les mollusques; car après eux ce sont les mieux ou les plus complètement organisés de tous les animaux sans vertèbres. Ils ont, comme les mollusques, des branchies pour la respiration, et un cœur musculaire pour la circulation de leurs fluides; mais leur corps et leurs membres sont articulés comme dans les arachides et dans les insectes.

La considération des articulations du corps et des membres des crustacés les a jusqu'à ce jour fait regarder par tous les Naturalistes comme de véritables insectes, et j'ai moi-même long-temps suivi l'opinion commune à cet égard. Mais comme il est reconnu que l'organisation est de toutes les considérations la plus essentielle pour guider dans une distribution méthodique et naturelle des animaux, ainsi que pour déterminer parmi eux les véritables rapports, il en résulte que les *crustacés* respirant uniquement par des branchies, à la manière des mollusques, et ayant comme eux un cœur musculaire, doivent être placés immédiatement après eux, avant les aracnides et les insectes qui n'ont pas une semblable organisation.

Outre la considération du cœur des crustacés, des branchies dont ils sont munis pour leur respiration, et de leur défaut de stigmates, car ils n'ont point de trachées, ils ont encore la faculté de s'accoupler et d'engendrer plusieurs fois pendant la durée de leur vie, ce qu'ils ont de commun avec les mollusques et même avec les aracnides, mais ce qui les distingue fortement des insectes qui ne jouissent nullement de cet avantage.

D'une autre part, les animaux qui terminent la classe des mollusques, savoir les deux derniers genres d'acéphalés multivalves, tels que les *balanites* et les *anatifs*, ont des tentacules articulés, et semblent véritablement former le passage des *mollusques* aux *crustacés* d'une manière remarquable.

Un autre rapport qui rapproche encore les crustacés des mollusques peut être emprunté de la considération des yeux. En effet on sait que dans beaucoup de mollusques les yeux sont élevés sur des pédicules mobiles, et qu'ils sont situés soit à l'extrémité de ces pédicules, soit au-dessous de cette extrémité. On retrouve exactement la même chose dans beaucoup de *crustacés*, avec cette différence que dans ceux-ci les pédicules ayant une peau dure et crustacée, ne peuvent pas être aussi contractiles. Ils le sont effectivement un peu moins. Cependant les ayant observés pendant la vie de l'animal, je les ai vu se retirer subitement au moindre attouchement qu'ils recevoient, rentrer en partie et se cacher ou se resserrer dans la fossette même où ils sont placés. J'ai cru même m'appercevoir que ces yeux ne voient guère plus que ceux que soutiennent les tentacules des limaces et des gastéropodes univalves.

Les crustacés ont leurs parties molles, couvertes à l'extérieur d'une croûte dure, presqu'osseuse, en partie crêtacée et en partie cornée dans les uns; mais paroissant simplement cornée dans d'autres. Cette peau crustacée des animaux dont il s'agit, est en général composée de plusieurs pièces. Elle est d'abord flexible et cornée lorsqu'elle est formée nouvellement; mais elle se durcit graduellement, et se change en une croûte qui devient à la fin plus ou moins pierreuse, selon les espèces.

De l'induration et la solidification toujours croissante de cette peau des *crustacés*, il s'ensuit qu'à mesure que l'animal se développe et grandit, sa peau solidifiée ne peut se prêter et s'accommoder au nouveau volume qu'a opéré l'accroissement. L'animal est donc forcé de s'en dépouiller totalement, à diverses époques de sa vie, pour en reformer une autre plus convenable aux nouvelles dimensions de son corps et de ses parties saillantes.

La plupart des *crustacés* vivent dans les eaux soit douces et fluviatiles ou stagnantes, soit salées ou marines.

Ces animaux ont tous des pattes articulées, que l'on confond quelquefois avec leurs palpes. Ils ont aussi plusieurs paires de mâchoires; des antennes articulées, simples ou rameuses, et dans presque tous ces animaux la tête n'est pas distinguée du corselet. Leurs parties sexuelles sont doubles.

Je divise les *crustacés* en deux ordres, d'après la considération des yeux de ces animaux; les uns ayant les yeux pédiculés et mobiles, tandis que les autres les ont fixes et sessiles.

En conséquence, aux animaux du premier ordre, j'ai donné le nom de *crustacés pédiocles*, parce qu'ils ont les yeux pédiculés et mobiles; et, par opposition, j'ai donné le nom de *crustacés sessiliocles* aux animaux du second ordre, parce qu'ils ont les yeux fixes et sessiles.

ORDRE PREMIER.

CRUSTACÉS PÉDIOCLES.

Ils ont deux yeux distincts élevés sur des pédicules mobiles.

Les crustacés pédiocles, qu'on nomme aussi caparassés ou cuirassés (*loricati*), et que d'autres appellent *malacostracés*, sont en général les plus grands et les plus connus des crustacés. Ces animaux sont remarquables et bien distingués de ceux de l'ordre second, en ce que leurs yeux toujours distincts, c'est-à-dire séparés, sont élevés sur des pédicules mobiles et ne sont jamais composés ou à réseau. Leur tête en général n'est point recouverte par un bouclier crustacé qui la déborde. Ils attachent leurs œufs sous leur queue, mais ils les portent alors toujours à nu; au lieu que dans les crustacés de l'ordre second, les femelles portent leurs œufs soit sous le ventre, soit sous la queue, soit attachés au derrière; mais toujours enfermés dans une pellicule qui forme une espèce de sac. Enfin les crustacés pédiocles ont presque tous les branchies à l'intérieur, car il n'y a même que le dernier genre de cet ordre qui ait les branchies découvertes. Aussi ce genre fait-il la transition naturelle des crustacés du premier ordre à ceux du second, qui tous paroissent avoir leurs branchies à l'extérieur.

Je divise l'ordre des crustacés pédiocles en deux sections et en quelques autres sous-divisions, de la manière suivante.

PREMIÈRE SECTION.

Corps court, ayant une queue nue, sans feuillets, sans crochets, sans appendices latéraux, et appliquée contre le dessous de l'abdomen.

[*Cancri Brachyuri.*]

[A] Corps arrondi ou obtus antérieurement.

Ier GENRE.

Crabe. *Cancer.*

Quatre antennes courtes, inégales: les deux intérieures coudées ou pliées, à dernier article bifide; les deux extérieures sétacées. Corps court, plus large antérieurement ou dans sa partie moyenne que postérieurement. Dix pattes onguiculées : les deux antérieures terminées en pinces.

* *Cancer pagurus*. L. Pennant, Zool. Brit. 4, t. 5, f. 7. Herbst. Cancr. p. 165, n°. 71, t. 9, f. 59. Vulg. le tourteau.

IIe GENRE.

CALAPPE. *Calappa*.

Quatre antennes comme celles des crabes. Corps court, plus large postérieurement, et ayant ses bords latéraux postérieurs, très-dilatés, tranchans et saillans en demi-voûte.

Dix pattes onguiculées, se retirant dans le repos sous les cavités des côtés du corps : les deux antérieures terminées en pinces, et ayant les mains comprimées et en crêtes.

* *Calappa granulata*. Fabr. Catesb. Car. 2, t. 36. Herbst. Cancr. p. 200, t. XII, f. 75, 76. Vulg. la migrane.

IIIe GENRE.

OCYPODE. *Ocypoda*.

Quatre antennes très-courtes et inégales. Pédicules des yeux alongés, insérés chacun dans l'angle latéral du chaperon, et occupant le reste de la longueur du bord antérieur. Corps presque carré, à chaperon étroit rabattu en devant.

Dix pattes onguiculées : les deux antérieures terminées en pinces.

* *Ocypoda ceratophthalma*. Fabr. *Cancer cursor*. Lin. Pallas spicil. Zool. 9, t. 5, f. 7. Herbst. 1, p. 74, t. 1, f. 8, 9.

* *Ocypoda heterochelos*. n. *Cancer vocans*. Lin. Seba Mus. 3, t. 18, f. 8. Herbst. Cancr. 1, p. 83, t. 1, f. 11.

Var Minor. Petiv. Gaz. t. 78, f. 5. Herbst. Cancr. 1, t. 1, f. 10.

* *Ocypoda rhomboïdes*. n. *C. rhomboïdes*. Lin. Herbst. t. 1, f. 12.

* *Ocypoda bispinosa*. n. *C. Angulatus*. Herbst. t. 1, f. 13.

IVe GENRE.

GRAPSE. *Grapsus*.

Quatre antennes courtes, articulées, cachées sous le chaperon. Les yeux aux angles du chaperon et à pédicules courts. Corps déprimé, presque quarré, à chaperon transversal, rabattu en devant.

Dix pattes onguiculées : les deux antérieures terminées en pinces.

* *Grapsus pictus*. n. *Cancer grapsus*. Lin. Petiv. Gaz. t. 75, f. 11. Catesb. Car. 2, t. 36, f. 1. Herbst. Cancr. 2, p. 115, n°. 33. *Etiam cancer tenuicrustatus*. Herbst. Cancr. 2, p. 113, t. 53, 54. Seba Mus. 3, t. 18, f. 5, 6.

* *Grapsus depressus*. n. Herbst. t. 3, f. 35, a. b.

Ve GENRE.

DORIPE. *Doripe.*

Quatre antennes : les intérieures palpiformes ; les extérieures sétacées. Corps déprimé, cordiforme, plus large postérieurement, rétréci, mais tronqué dans sa partie antérieure.

Dix pattes onguiculées : les deux antérieures terminées en pinces ; les quatre postérieures dorsales et prenantes.

* *Doripe nodulosa.* n. *Cancer frascone.* Herbst. Cancr. 2, p. 192, t. XI, f. 70. *Cancer nodulosus.* Oliv. Dict. n°. 74.

Nota. Les C. d'Herbst. t. XI, f. 67, 68, 69, sont des doripes.

VIe GENRE.

PORTUNE. *Portunus.*

Quatre antennes inégales, petites, articulées : les extérieures sétacées et plus longues.

Corps large, court, déprimé, denté sur les bords, et rétréci postérieurement.

Dix pattes, dont les deux postérieures sont terminées par une lame applatie et ovale.

* *Portunus depurator.* Fab. Ent. Suppl. p. 365. Rumph. Mus. t. 6, fig. P. *Cancer sexdentatus.* Herbst. p. 153, n°. 60, t. 7, f. 52, et t. 8, f. 53.

Nota. Les crabes d'Herbst. pl. 7, fig. 48, 49, 50, 52. Pl. 8, f. 56 et 57. Pl. 38, f. 1 et 3. Pl. 39 et pl. 40, f. 1, sont des espèces de ce genre.

VIIe GENRE.

PODOPHTALME. *Podophtalmus.*

Quatre antennes articulées, inégales; les extérieures sétacées plus petites. Pédicules des yeux très-rapprochés à leur insertion et aussi longs que le bord antérieur. Corps large, court, déprimé, anguleux et pointu latéralement.

Dix pattes : les deux antérieures terminées en pinces; les deux postérieures terminées par une lame ovale.

* *Podophtalmus spinosus.* n. *Ex Musæo Paris.*

Obs. Les pédicules des yeux sont grêles, et ont chacun plus d'un pouce et demi (plus de quatre centimètres) de longueur.

VIIIe GENRE.

MATUTE. *Matuta.*

Quatre antennes : deux intérieures quadriarticulées, à dernier article bifide, deux extérieures plus courtes et peu apparentes.

Corps court, déprimé, plus large antérieurement ou dans sa partie moyenne.

Dix pattes : les deux antérieures terminées en pinces; toutes les autres terminées par une lame plate et ovale.

* *Matuta victor*. Fabr. Ent. Suppl. p. 369. Seba Mus. 3, t. 20, f. 10, 11. Rumph. Mus. t. 7, fig. S. Herbst. Cancr. p. 140, n°. 49, t. 6, f. 44.

[B] Corps suborbiculaire.

IXe GENRE.

PORCELLANE. *Porcellana*.

Quatre antennes inégales : les deux extérieures très-longues, sétacées, multiarticulées, et insérées derrière les yeux. Corps suborbiculaire, à queue repliée en dessous.

Dix pattes onguiculées : les deux antérieures terminées en pinces ; les deux postérieures très-petites.

* *Porcellana platycheles*. n. *Cancer platycheles*. Oliv. n°. 19. Pennant, Zool. Brit. 4, t. 6, f. 12. Herbst. Cancr. p. 102, n°. 25, t. 2, f. 26.

Nota. Les C. d'Olivier, n°. 25 et n°. 26, paroissent appartenir à ce genre.

Xe GENRE.

LEUCOSIE. *Leucosia*.

Deux ou quatre antennes, petites, quadriarticulées, insérées entre les yeux.

Corps suborbiculaire, plus ou moins convexe, quelquefois renflé, à queue nue, repliée en dessous.

Dix pattes, toutes onguiculées; les deux antérieures terminées en pinces.

* *Leucosia craniolaris*. Fab. Ent. Suppl. 350. Rumph. Mus. t. 10, fig. A, B. Seba Mus. 3, t. 19, f. 4, 10. Herbst. t. 2, f. 17.

Nota. Je distingue comme sections du même genre, les leucosies à corps renflé ou globuleux, des leucosies à corps presque déprimé.

[C] Corps rétréci et avancé en pointe antérieurement.

XIe GENRE.

Maia. *Maja*.

Quatre antennes : les intérieures palpiformes ; les extérieures sétacées.

Corps ovale-conique, plus large postérieurement, rétréci en pointe dans sa partie antérieure.

Dix pattes toutes onguiculées : les deux antérieures terminées en pinces.

§. Ceux dont les pattes antérieures ont des bras courts ou médiocres (*Inachus* Fabr.).

* *Maja eriocheles*. C. *Eriocheles* Olivier, n°. 105. Seba Mus. 3, t. 22, f. 1. Herbst. Cancr. p. 219, t. 15, f. 87.

§. Ceux dont les pattes antérieures ont des bras très-grands (*Partenope* Fabr.).

* *Maja longimana*. C. Rumph. Mus. t. 8, f. 2. Seba Mus. 3, t. 20, f. 12. Herbst. t. 19, f. 105.

XIIe GENRE.

ARCTOPSIS. *Arctopsis.*

Six antennes droites, très-longues, simples, garnies de poils verticillés.

Corps ovale-conique, pointu antérieurement.

Dix pattes onguiculées : les deux antérieures terminées en pinces.

* *Arctopsis lanata.* n. *Ex Musæo nostro.*

SECONDE SECTION.

Corps oblong, ayant une queue alongée, garnie d'appendices, ou de feuillets ou de crochets.

[*CANCRI MACROURI.*]

XIIIe GENRE.

ALBUNÉE. *Albunea.*

Quatre antennes inégales, ciliées ; les intérieures très-longues, sétacées, simples.

Corps oblong ; queue presque nue.

Dix pattes, dont les deux antérieures sont terminées en pinces.

**Albunea dentata.* Fabr. C. Pennant, Zool. Brit. 4, t. 5, f. 15. Herbst. Cancr. t. 12, f. 72.

* *Albunea personata.* n. Herbst. Cancr. t. 12, f. 71.

* *Albunea dorsipes.* Fabr. Herbst. Cancr. t. 22, f. 2.

XIVe GENRE.

Hippe. *Hippa.*

Quatre antennes inégales, ciliées : les intérieures plus courtes et bifides.

Corps oblong ; queue munie d'appendices latéraux à son origine.

Dix pattes, toutes dépourvues de pinces.

* *Hippa adactyla.* Fabr. Ent. Suppl. 370. Herbst. t. 22, f. 3.

* *Hippa testudinaria.* n. Herbst. Cancr. t. 22, f. 4.

XVe GENRE.

Ranine. *Ranina.*

Quatre antennes courtes : les deux intérieures à dernier article bifide.

Corps oblong, cunéiforme, tronqué antérieurement ; queue petite, ciliée sur les bords.

Dix pattes : les deux antérieures terminées en pinces ; les quatre postérieures terminées en nageoires.

**Ranina serrata.* n. C. *Raninus.* L. Rumph. Mus. t. 7, fig. T, V. Herbst. Cancr. t. 22, f. 1.

XVIe GENRE.

Scyllare. *Scyllarus.*

Deux antennes filiformes, articulées, bifides au sommet.

Deux feuillets en crêtes, dentés, ciliés, articulés inférieurement, tenant lieu d'antennes extérieures.

Corselet grand, large; queue garnie d'écailles natatoires. Dix pattes : les antérieures non-chelifères.

* *Scyllarus antarticus*. Fabr. Ent. Suppl. 399. Seba Mus. 3, t. 20, f. 1. Rumph. Mus. t. 2, fig. C. Herbst. Cancr. t. 30, f. 2. Jonst. Exsang. t. IX, f. 14.

* *Scyllarus orientalis*. Fabr. Rumph. Mus. t. 2, fig. D.

* *Scyllarus æquinoxialis*. Fab. Brown. Jam. t. 41, f. 1. Jonst. Exsang. t. 4, f. 12.

XVIIe GENRE.

ECREVISSE. *Astacus.*

Quatre antennes inégales : les intérieures plus courtes, multiarticulées, divisées en deux presque jusqu'à la base.

Corps oblong, subcylindrique, terminé antérieurement par une pointe courte, saillante entre les yeux. Queue grande, garnie d'écailles natatoires.

Dix pattes, dont les antérieures sont terminées en pinces.

* *Astacus fluviatilis*. Fab. C. *Astacus*. Lin. Pennant, Brit. Zool. 4, t. 15, f. 27. Herbst. t. 23, f. 9. L'écrevisse de rivière.

* *Astacus marinus*. Fab. C. *Gammarus*. L. Pennant, Brit. Zool. 4, t. 10, f. 21. Herbst. t. 25. Le houmar.

XVIIIe GENRE.

Pagure. *Pagurus.*

Quatre antennes inégales : lès intérieures courtes, bifides au sommet ; les extérieures longues et sétacées. Corps oblong ; queue molle (non crustacée), nue, ayant des crochets à son extrémité.

Dix pattes : les deux antérieures munies de pinces.

Obs. L'animal habite dans une coq. univalve dont il s'est emparé.

* *Pagurus bernardus.* C. *Bernardus.* Lin. Pennant, Brit. Zool. 4, t. 17, f. 38. Herbst. t. 22, f. 6. Bernard l'hermite.

XIXe GENRE.

Galathée. *Galathea.*

Quatre antennes inégales : les deux intérieures fort courtes, triarticulées, à dernier article bifide ; les extérieures longues et sétacées.

Corps oblong ; queue grande, garnie d'écailles natatoires.

Dix pattes : les antérieures terminées en pinces.

* *Galathea strigosa.* Fab. C. *Strigosus.* Lin. Pennant, Zool. Brit. 4, t. 14, f. 26. Herbst. t. 26, f. 2.

* *Galathea longipeda.* n. C. *Bamflius.* Pennant, Brit. Zool. 4, t. 13, f. 25. Herbst. t. 27, f. 3.

XXe GENRE.

PALINURE. *Palinurus.*

Quatre antennes inégales : les intérieures plus courtes, mutiques, bifides au sommet ; les extérieures très-longues, sétacées, hispides.
Corps et queue des écrevisses.
Dix pattes toutes onguiculées, dépourvues de pinces et ayant des brosses ou faisceaux de poils à leur extrémité.

* *Palinurus homarus.* Fab. C. *Homarus.* Lin. Rumph. Mus. t. 1, fig. A. Herbst. t. 32.

* *Palinurus ornatus.* Fab. Herbst. t. 31, f. 1.

* *Palinurus gigas.* n. *Astacus penicillatus.* Oliv. n°. 5.

XXIe GENRE.

CRANGON. *Crago.*

Quatre antennes : deux intérieures courtes et bifides ; deux extérieures fort longues, sétacées, munies chacune à leur base d'une écaille oblongue, ciliée.
Corps et queue des écrevisses.
Dix pattes onguiculées : les antérieures terminées en pinces.

* *Crago vulgaris.* Seba Mus. 3, t. 21, f. 8. Pennant, Zool. Brit. 4, t. 15, f. 30. C. *Crangon.* Lin. Herbst. t. 29, f. 4. Vulg. le cardon.

XXIIe GENRE.

Palemon. *Palæmon.*

Quatre antennes : les intérieures plus courtes et trifides ; les extérieures fort longues et sétacées.

Corps subcylindrique, terminé antérieurement par une pointe très-saillante, dentée en scie. Queue des écrevisses. Pattes onguiculées : les antérieures terminées en pinces.

* *Palæmon carcinus.* Fab. Sloan. Jam. 2, t. 245, f. 2. Seba Mus. 3, t. 21, f. 4. Herbst. t. 27, f. 2. C. *Carcinus.* Lin.

* *Palæmon squilla.* Fab. Seba Mus. 3, f. 9, 10. Pennant, Zool. Brit. 4, t. 16, f. 28. C. *Squilla.* Lin. Herbst. t. 27, f. 1. Vulg. la chevrette. Sa chair est délicate.

XXIIIe GENRE.

Squille. *Squilla.*

Quatre antennes presqu'égales : les intérieures un peu plus longues et trifides ; les extérieures plus courtes, accompagnées d'un feuillet oblong.

Corselet court ; queue fort longue, s'élargissant vers son extrémité, garnie d'écailles et de branchies découvertes. Quatorze pattes : les antérieures terminées par une pièce en scie ou en peigne d'un côté.

* *Squilla mantis.* Fab. Seba Mus. 3, t. 20, f. 2, 3. Herbst. t. 33, f. 1. *Cancer mantis.* L. La mante de mer.

* *Squilla maculata*. Fab. Rumph. Mus. t. 3, f. 2, Herbst. t. 33, f. 2.

XXIVᵉ GENRE.

BRANCHIOPODE. *Branchiopoda*.

Quatre antennes simples, sétacées, inégales.
Corps oblong, dépourvu de pattes, mais ayant de chaque côté une ou plusieurs rangées de branchies oblongues, ciliées, natatoires, qui en tiennent lieu. Queue nue, articulée, longue, fourchue à l'extrémité.

* *Branchiopoda stagnalis*. n. *Cancer stagnalis*. Lin. Herbst. p. 121, t. 35, f. 10.

* *Branchiopoda paludosa*. n. *Cancer paludosus*. Herbst. p. 118, t. 35, f. 3, 4, 5. Mull. Zool. Dan. p. 10, t. 48, f. 1-8.

ORDRE SECOND.

CRUSTACÉS SESSILIOCLES.

Ils ont deux yeux distincts ou réunis en un seul, mais constamment fixes et sessiles.

Les crustacés sessiliocles, que d'autres nomment *entomostracés*, sont des crustacés aquatiques qui, par leurs rapports, semblent tenir le milieu entre les crustacés pédiocles et les *arachnides*.

Il y en a de fort grands, comme les polyphèmes; mais la plupart des autres sont fort petits, et souvent même microscopiques.

Ils diffèrent essentiellement des crustacés pédiocles par leurs yeux sessiles, immobiles, et qui dans un grand nombre paroissent composés ou à réseau.

Quoique la détermination de leurs branchies ne soit pas facile, il n'est pas douteux que ces animaux n'en soient munis. Il paroît même que leurs branchies sont toujours extérieures et constituées par des appendices, des feuillets vasculeux, ou des franges situées sous la queue, ou inférieurement et sur les côtés. Sans l'extrême petitesse d'un grand nombre de ces crustacés qui rendent très-difficile la détermination de leurs branchies, j'aurois divisé la classe des crustacés d'après la considération des branchies internes ou externes, et dans ce cas les deux derniers genres du premier ordre eussent appartenu au second ordre. Mais en employant une considération plus facile dans l'usage, je n'en ai pas moins conservé l'ordre des rapports naturels les plus importans.

Les crustacés sessiliocles varient dans le nombre et dans la forme ou la situation des pièces crustacées qui couvrent leur corps, dans celui de leurs pattes, dans celui de leurs antennes, enfin dans celui même de leurs yeux; car souvent leurs yeux sont tellement rapprochés, qu'alors ils sont réunis en un seul œil apparent. Cette dernière considération a engagé *Linnéus* à réunir presque tous les crustacés sessiliocles dans un seul genre, sous le nom de *monoculus*, quoiqu'un grand nombre de ces monocles ayent deux yeux bien distincts.

Une partie des c. sessiliocles a le corps alongé et couvert de pièces crustacées transverses et assez nombreuses, qui leur donnent un aspect en quelque sorte approchant de celui des écrevisses. Mais une autre partie des animaux de cet ordre est fort remarquable, en ce que leur corps, et souvent même leur tête, sont recouverts par un grand bouclier crustacé d'une seule ou de deux pièces.

Les organes de la génération dans les animaux de cet ordre, au nombre de deux ou d'un seul dans chaque individu, sont cachés dans la queue, ou dans la poitrine, ou enfin dans les antennes, comme dans les araignées mâles, ils le sont dans leurs antennules. Parmi les femelles, les unes attachent leurs œufs sous leur queue et les y accumulent sous la forme de grappe serrée, qui semble être nue; d'autres portent leurs œufs hors du corps, sous le ventre ou attachés au derrière et renfermés dans une pellicule qui forme une espèce de sac, dans lequel les petits restent et croissent ensemble.

Les crustacés sessiliocles vivent pour la plupart dans les eaux douces et stagnantes. On en trouve quelques espèces qui n'habitent que dans les eaux limpides et courantes des fontaines et des rivières. D'autres, mais en petit nombre, vivent dans la mer et peuvent supporter la salinité de ses eaux.

Toutes les petites espèces ont le corps diaphane, et les pièces crustacées qui le recouvrent sont presque membraneuses.

Ces animaux sont carnassiers et se nourrissent des animalcules infusoires qu'ils peuvent attraper.

PREMIÈRE SECTION.

Corps couvert de pièces crustacées nombreuses, soit transverses, soit longitudinales.

XXVe GENRE.

CREVETTE. *Gammarus.*

Quatre antennes simples, inégales, sétacées, articulées, disposées sur deux rangs. Deux yeux distincts et sessiles.

Corps alongé, couvert de pièces crustacées transverses. Des appendices bifides sur les côtés de la queue et à son extrémité. Des pattes articulées et onguiculées.

* *Gammarus pulex*. Fab. *Squilla pulex*. Degeer, ins. 7, p. 525, t. 33, f. 1, 2. C. *pulex*. Lin. Geoffr. ins. 2, p. 667, t. 21, f. 6. Herbst. t. 36, f. 4, 5. La crevette des ruisseaux.

XXVIe GENRE.

Aselle. *Asellus*.

Quatre antennes sétacées, simples, inégales, disposées sur le même rang. Deux ou quatre antennules.

Corps oblong, recouvert de plusieurs pièces crustacées transverses, et terminé par une queue large, munie de deux appendices bifides.

Quatorze pattes.

* *Asellus entomon*. Oliv. n°. 7. *Oniscus entomon*. Lin. *Squilla entomon*. Degeer, ins. 7, p. 514, t. 32, f. 1, 2. *Cimothoa*. Fabr.

XXVIIe GENRE.

Chevrolle. *Caprella*.

Quatre antennes inégales. Corps linéaire avec des renflemens irréguliers, articulé, à segmens plus longs que larges. Queue nulle ou très-courte et dépourvue d'écailles ou d'appendices quelconques.

Pattes articulées, disposées par paires irrégulièrement distantes.

* *Caprella scolopendroïdes*. n. *Cancer linearis*. Lin. Bast. op. subsesc. 1, t. 4, f. 2.

Pennant, Zool. Brit. 4, t. 12, f. 32. Herbst. p. 142, t. 36, f. 9, 10.

**Caprella ventricosa.* n. *Squilla ventricosa.* Mull. Zool. Dan. p. 20, t. 56, f. 1-3. C. *Ventricosus*, Herbst. t. 36, f. 11. A, B.

XXVIIIe GENRE.

CYAME. *Cyamus*. Lat.

Quatre antennes inégales : les deux antérieures plus longues, sétacées. Un suçoir simple, rétractile, sortant d'une fente courte située sous la tête. Deux antennules insérées à la base de la bouche. Deux yeux.

Corps ovale, déprimé, à six segmens pédifères. Six paires de pattes : chaque patte terminée par un crochet.

* *Cyamus ceti.* n. *Squilla balænæ.* Degeer, ins. 7, p. 541, t. 42, f. 6, 7. Pall. Spic. Zool. 9, p. 76, t. 4, f. 14. A, B, C. *Oniscus ceti.* Lin. *Pycnogonum ceti.* Fab. Suppl. 570.

XXIXe GENRE.

LIGIE. *Ligia*. Fab.

Deux antennes sétacées, ayant plus de dix articles.

Corps ovale, submarginé, recouvert de pièces crustacées transverses.

Les appendices de la queue courts et bifides.

* *Ligia oceanica.* Fab. Ent. Suppl. 301. Bast. op. subs. t. 13, f. 4. *Oniscus oceanicus.* Lin.

XXXe GENRE.

CLOPORTE. *Oniscus*.

Deux antennes sétacées, coudées, ayant cinq ou six articles. Plusieurs paires de mâchoires.

Corps ovale recouvert de plusieurs pièces crustacées transverses, subimbriquées.

Deux appendices courts et très-simples à l'extrémité du corps. Quatorze pattes.

* *Oniscus asellus*. Lin. Geoff. ins. 2, p. 760, t. 22, f. 2. Degeer, ins. 7, p. 547, t. 35, f. 3. Le cloporte commun.

XXXIe GENRE.

FORBICINE. *Forbicina*. G.

Deux antennes longues et sétacées. Bouche munie de mandibules, de deux mâchoires et de quatre antennules inégales.

Corps alongé, couvert d'écailles. Trois filets sétacés à la queue.

* *Forbicina argentea*. n. F. Plana. Geoff. ins. 2, p. 613, t. 20, f. 3. *Lepisma saccharinum*. Lin. Elle court avec beaucoup de célérité. Son aspect est celui d'un petit poisson alongé, applati, argenté et luisant.

XXXIIe GENRE.

CYCLOPE. *Cyclops*. M.

Deux ou quatre antennes simples, sétifères. Un seul œil apparent.
Corps alongé, atténué vers son extrémité postérieure, et couvert de pièces crustacées transverses. Queue fourchue ou terminée par deux pointes sétacées.

* *Cyclops minutus*. Mull. Entomostr. p. 101, n°. 43, t. 17, f. 1 à 7. Encycl. pl. 263, f. 2. Il ressemble à la forbicine argentée au premier aspect. Le mâle a ses parties sexuelles dans les antennes.

DEUXIÈME SECTION.

Corps couvert par un bouclier crustacé d'une seule ou de deux pièces.

XXXIIIe GENRE.

POLIPHÈME. *Polyphemus*.

Antennes O. Deux antennules biarticulées et chélifères. Deux yeux écartés.
Corps couvert par un large bouclier crustacé, divisé en deux pièces inégales par une suture transverse, et terminé par une queue subulée.
Cinq paires de pattes.

* *Polyphemus gigas*. n. Rumph. Mus. t. 12, fig. A, B. Seba Mus. 3, t. 17, f. 1. *Monoculus*

polyphemus. Lin. *Limulus polyphemus*. Fab. Vulg. le crabe des moluques.

* *Polyphemus occidentalis*. n.

XXXIVe GENRE.

LIMULE. *Limulus*.

Deux antennes simples. Deux yeux distincts.
Corps couvert par un bouclier crustacé d'une seule ou de deux pièces.

* *Limulus cancriformis*. n. *Monoculus apus*. Lin. *Binoculus*... Geoffr. ins. 2, p. 660. t. 21, f. 4. Naturf. 19, p. 60. t. 3, f. 1-12.

* *Limulus pennigerus*. n. *Binoculus*... Geoff. ins. 2, p. 660, t. 21, f. 3. *Conf. cum monoculo piscino*. Fab.

* *Limulus productus*. n. *Calygus*... Mull. Entomostr. 132, t. 21, f. 3, 4.

XXXVe GENRE.

DAPHNIE. *Daphnia*.

Deux antennes rameuses, sétifères. Un seul œil apparent.
Corps ovale, convexe, couvert par un bouclier crustacé, formé de deux pièces réunies longitudinalement.

* *Daphnia pulex*. n. *Monoculus pulex*. Lin. Fab. &c. *Daphnia*... Mull. Entomostr. p. 82, t. 12, f. 4-7. Encycl. t. 265, f. 1-4.

XXXVIe GENRE.

Amymone. *Amymona.* Mull.

Deux antennes simples, sétifères. Un seul œil apparent. Corps ovale, convexe, couvert par un bouclier crustacé d'une seule pièce.

* *Amymona satyra.* Mull. Entomostr. 42, t. 2, f. 1-4. Naturf. 10, p. 104, t. 2, f. 10, 11. Encycl. t. 266, f. 37-39.

XXXVIIe GENRE.

Céphalocle. *Cephaloculus.*

Antennes O. Deux antennules longues, fourchues. Un grand œil globuleux, saillant antérieurement, et imitant une tête.

* *Cephaloculus stagnorum.* n. *Monoculus oculus.* Lin. *Polyphemus.* Mull. Entomostr. p. 119, n°. 1, t. 20, f. 1-5. On le rencontre en grandes troupes dans les eaux. Il nage sur le dos. On soupçonne que cet animal singulier n'est qu'une larve.

TABLEAU DES ARACHNIDES.

ARACHNIDES PALPISTES.

* *Bouche munie de mandibules et de mâchoires.*

1. Scorpion.
2. Araignée.
3. Phryne.
4. Galéode.
5. Faucheur.
6. Pince.
7. Elaïs.
8. Trombidion.

* *Bouche munie d'une trompe ou d'un suçoir.*

9. Hydracne.
10. Bdelle.
11. Mitte.
12. Pycnogonon.
13. Nymphon.

ARACHNIDES ANTENNISTES.

* *Vingt pattes ou davantage.*

14. Scolopendre.
15. Scutigère.
16. Iule.

* *Six pattes.*

17. Pou.
18. Ricin.
19. Podure.

CLASSE TROISIÈME.

[la 7° du règne animal.]

LES ARACHNIDES.

Des stigmates et des trachées pour la respiration. Des pattes articulées et des yeux à la tête dès les premiers développemens. Point de métamorphose.

Ils engendrent plusieurs fois dans le cours de leur vie.

LES *arachnides* ont des rapports assez nombreux avec les crustacés ; aussi tous les naturalistes les en ont-ils toujours rapprochés avec raison. Dans la plupart l'aspect est également hideux, et la tête est immobile et confondue avec le corselet. Néanmoins leurs stigmates très-apparens, et qui indiquent que ces animaux respirent par des trachées, leur peau molle, rarement crustacée, la saillie et la forme de l'abdomen dans le plus grand nombre, sont des différences si remarquables, qu'il ne paroît nullement convenable de confondre dans la même classe les crustacés et les arachnides.

Tous les crustacés respirent par des branchies, et sont en conséquence dépourvus de stigmates. Leur peau est par-tout recouverte de pièces crustacées, et leur abdomen est tellement confondu avec le thorax, que le plus souvent il est nul. Dans les arachnides non-seulement les stigmates indiquent qu'il n'y a point de branchies pour la respiration ni de véritable cœur; mais la peau presque toujours molle, et l'abdomen dans le plus grand nombre, nu, saillant et bien distinct du thorax, offrent des caractères qui font reconnoître ces animaux au premier aspect. D'ailleurs presque tous les crustacés ont plusieurs paires de mâchoires, ce qu'on n'observe pas dans les arachnides qui ont en général une paire de mandibules et une seule paire de mâchoires fort petites, et souvent même tout-à-fait nulles. Quelques genres qui font partie de cette classe n'ont même pour constituer leur bouche qu'une trompe ou une espèce de suçoir.

Il paroît donc évident, d'après l'examen des rapports naturels les mieux constatés, que les arachnides doivent former une classe particulière, qu'on ne sauroit écarter ni de celle des crustacés ni de celle des insectes, qui est cependant très-distincte de l'une et de l'autre, et qui par conséquent doit être placée entr'elles. En effet ils diffèrent essentiellement des insectes en ce qu'ils ne subissent jamais de métamorphose, qu'ils naissent sous la forme qu'ils doivent toujours conserver, et qu'ils multiplient plus d'une fois dans la durée de leur vie.

Les arachnides vivent les unes sur la terre, d'autres dans les eaux; enfin d'autres sont parasites de différens animaux dont elles sucent la substance. En général elles sont carnassières et vivent de proie ou du sang qu'elles sucent; aussi ont-elles principalement des mandibules ou un suçoir, et celles qui ont des mâchoires les ont fort petites.

Je divise les arachnides en deux ordres: savoir,

1°. Les arachnides palpistes.

2°. Les arachnides antennistes.

ORDRE PREMIER.

ARACHNIDES PALPISTES.

Elles n'ont point d'antennes, mais seulement des palpes ou antennules.

Leur tête est confondue avec le corselet, et leur corps est muni de huit pattes.

[A] Bouche munie de mandibules et de mâchoires.

Ier GENRE.

Scorpion. *Scorpio.* L.

Deux antennules longues, en forme de bras, à dernier article renflé et en pinces. Des mandibules courtes, droites, en pinces. Des mâchoires arrondies. Huit yeux.

Queue alongée, articulée, armée d'un aiguillon. Deux lames en peigne au-dessous du corps.

* *Scorpio europœus.* L. Degeer, ins. 7, p. 344, t. 41, f. 5. Roes. ins. 3, t. 66, f. 1, 2. Schæff. Elém. t. 113.

IIe GENRE.

Araignée. *Aranea.*

Deux antennules filiformes, articulées, arquées, pointues dans les femelles, en massue et portant les organes de la génération dans les mâles.

Deux mandibules arquées, armées à leur extrémité d'un ongle mobile, corné et très-aigu. Deux mâchoires. Six ou huit yeux.
Abdomen séparé du corselet par un étranglement.

* *Aranea diadema.* L. Degeer, ins. 7, p. 218, t. 11, f. 5. Encycl. pl. 257; f. 1-5. L'araignée des jardins ou l'araignée porte-croix. Elle fait une toile perpendiculaire.

* *Aranea domestica.* L. Degeer, ins. 7, p. 264, t. 15, f. 11. Clerck aran. 76, t. 2, f. 9. L'araignée domestique. Elle fait une toile horizontale dans les angles des murs et des fenêtres.

IIIe GENRE.

PHRYNE. *Phrynus.* Oliv.

Deux antennules épineuses, onguiculées à leur sommet. Deux mandibules courtes, droites, terminées en pinces. Deux mâchoires pointues. Deux yeux rapprochées sur le milieu du corselet.
Abdomen distinct du corselet.

* *Phrynus reniformis.* n. *Phalangium reniforme.* L. *Tarantula.* Brown. Jam. 409, t. 11, f. 3. *Cancellus.* Petiv. Pteriog. t. 20, f. 12. Pallas Spicil. Zool. 9, t. 3, f. 3, 4. *Tarentula reniformis.* Fabr. Ent. 2, p. 432.

* *Phrynus caudatus.* n. *Phalangium caudatum.* L. Pallas Spicil. Zool. 9, p. 30, t. 3,

f. 1, 2. Seba Mus. 1, t. 70, f. 7, 8. *Tarantula caudata.* Fab. p. 433, &c.

IVe GENRE.

GALÉODE. *Galeodes.* Oliv.

Deux antennules longues, filiformes, semblables aux pattes. Deux mandibules droites, épaisses, terminées en pinces. Deux yeux. Une paire de mâchoires.
Corps oblong, velu. Abdomen distinct du corselet.

* *Galeodes aranoïdes.* Oliv. *Phalangium aranoïdes.* Fab. Ent. 2, p. 431. Pallas Spicil. Zool. 9, p. 37, t. 3, f. 7-9. Encycl. pl. 262.

* *Galeodes setigera.* Oliv. Dict. n°. 2.

Les pinces de ses mandibules portent chacune une soie fine et fort longue. On la trouve au Cap de Bonne-Espérance.

Ve GENRE.

FAUCHEUR. *Phalangium.* L.

Deux antennules filiformes, simples, terminées par un onglet. Deux mandibules coudées, terminées en pinces. Deux yeux. Abdomen confondu avec le corselet. Huit pattes fort longues.

* *Phalangium opilio.* L. Degeer, ins. 7, p. 166, t. 10, f. 1. Clerck aran. t. 6, f. 10-3. Le faucheur des murailles.

VIe GENRE.

PINCE. *Chelifer*. G.

Deux antennules longues, en forme de bras, terminées chacune par deux ongles en pince. Mandibules courtes, grosses, en pinces. Deux yeux.

Abdomen confondu avec le corselet, mais distingué par des anneaux. Huit pattes.

* *Chelifer cancroïdes*. n. *Phalangium cancroïdes*. Lin. *Chelifer*. Degeer, ins. 7, p. 355, t. 19, f. 14. Geoff. ins. 2, p. 618, n°. 1. Schæff. Elém. t. 38. Encycl. pl. 263, f. 1-7.

VIIe GENRE.

ELAÏS. *Elais*. Latr.

Deux antennules articulées, arquées, terminées en pointe. Mandibules plattes, terminées par un ongle pointu.

Corps globuleux, sans anneaux distincts, formé par la réunion de la tête du corselet et de l'abdomen. Huit pattes ciliées ou natatoires.

* *Elaïs extendens*. n. *Hydrachna extendens*. Mull. Zool. Dan. Prod. 2272. Hydrachn. p. 62, n°. 31, t. 9, f. 4. Oliv. Dict. n°. 31. Elle est lisse, d'un rouge obscur, et se trouve dans les fossés aquatiques.

VIIIe GENRE.

TROMBIDION. *Trombidium*. Latr.

Deux antennules articulées, terminées par une pointe crochue et par une pièce inférieure mobile et ovalaire.

Mandibules plattes, munies chacune d'un ongle courbé. Corps arrondi ou ovale, déprimé, sans anneaux distincts. Huit pattes propres pour courir.

**Trombidium tinctorium*. Fab. Ent. 2, p. 398. *Acarus tinctorius*. Lin. A. Pallas Spicil. Zool. 9, p. 42, t. 3, f. 11.

[B] Bouche munie d'une trompe ou d'un suçoir.

IXe GENRE.

HYDRACNE. *Hydracna*. Latr.

Deux antennules arquées, articulées, terminées par deux pièces inégales et en pince. Un suçoir en bec conique, composé de trois soies, dont l'inférieure reçoit les deux autres.

Corps globuleux, sans distinction d'anneaux. Huit pattes propres pour nager.

* *Hydracna cruenta*. Mull. Zool. Dan. Prod. 2273. Hydrachn. p. 63, n°. 32, t. 9, f. 1. *Acarus*... Degeer, ins. 7, p. 146, t. 9, f. 10-12. *Trombidium globator*. Fab.

* *Hydracna aquatica*. n. *Acarus aquaticus*. Lin. Roes. ins. 3, t. 25. Degeer, ins. 7, p. 149, t. 9, f. 15-20.

Xe GENRE.

BDELLE. *Bdella.* Latr.

Deux antennules filiformes, longues, coudées, terminées chacune par deux soies. Un suçoir nu, en bec avancé, composé de trois lames.

Corps en pointe antérieurement. Huit pattes.

* *Bdella rubra.* n. *Acarus longicornis.* Lin. Chelifer. Geoffr. ins. 2, p. 618, n°. 2, t. 20, f. 5. Encycl. pl. 255, f. 13.

XIe GENRE.

MITTE. *Acarus.* L.

Deux antennules courtes. Un suçoir composé de trois lames renfermées dans une gaîne formée par les antennules. Deux yeux.

Corps orbiculaire, se gonflant par la succion, sans anneaux distincts. Huit pattes.

**Acarus reduvius.* L. Degeer, ins. 7, p. 101, t. 6, f. 1, 2. Frisch. ins. 6, t. 19. Encycl. t. 255, f. 3. La mitte des bœufs.

* *Acarus scabiei.* L. Degeer, ins. 7, p. 94, t. 5, f. 12, 13. Encycl. pl. 255, f. 9. La mitte des ulcères galeux.

XIIe GENRE.

PYCNOGONON. *Picnogonum.*

Deux antennules à la base du suçoir. Un suçoir simple, en tube avancé, conique, tronqué. Quatre yeux rapprochés.

Corps oblong, articulé, à abdomen distinct, terminé en pointe. Huit pattes.

* *Pycnogonum balœnarum.* Fab. Ent. 4, p. 416. *Phalangium balœnarum.* Lin. *Pediculus ceti.* Bast. op. Subs. 2, p. 146, t. 12, f. 5. Pennant Zool. Brit. 4, t. 18, f. 7.

XIIIe GENRE.

NYMPHON. *Nymphum.* Fab.

Quatre antennules à la base du suçoir; les deux supérieures chélifères. Un suçoir simple, en tube avancé, cylindrique, obtus.

Corps filiforme, articulé. Huit pattes très-longues, et deux fausses pattes servant à retenir les œufs.

* *Nymphum grossipes.* Fab. *Phalangium grossipes.* Lin. Stroem. Sundm. 208, t. 1, f. 16.

ORDRE SECOND.

ARACHNIDES ANTENNISTES.

Elles ont deux antennes et la tête distincte. Les unes ont vingt pattes ou davantage; les autres n'en ont constamment que six.

[A] Vingt pattes ou davantage (famille des polypodes).

XIVe GENRE.

SCOLOPENDRE. *Scolopendra*. L.

Antennes sétacées, à articles courts et nombreux. De petits yeux simples, groupés de chaque côté. Lèvre inférieure grande, portant deux crochets très-forts et arqués en pince.

Corps très-long, déprimé, composé d'articulations nombreuses qui portent chacune une paire de pattes.

* *Scolopendra morsistans*. Lin. Petiv. Gaz. t. 13, f. 3. Seba Mus. 1, t. 81, f. 5, 4, et vol. 2, t. 25, f. 5, 4. Degeer, ins. 7, p. 563, t. 43, f. 1. Vulg. la malfaisante.

* *Scolopendra forficata*. L. Schœff. Elem. t. III, f. 1. Degeer, ins. 7, p. 557, t. 35, f. 12. Geoff. ins. 2, t. 22, f. 3.

XVe GENRE.

Scutigère. *Scutigera.* n.

Antennes sétacées, multiarticulées, souvent très-longues. Deux yeux à réseau. Quatre palpes : les deux supérieurs triarticulés, avancés, épineux ; les deux autres attachés à la lèvre inférieure et formant deux crochets arqués en pince.

Corps alongé et écailleux. Deux paires de pattes à chaque anneau.

* *Scutigera coleoptrata.* n. *Scolop. coleoptrata.* Fab. *Julus araneoïdes*, Pallas Spicil. Zool. 9, p. 85, t. 4, f. 16. *Scolopendra...* Geoff. ins. 2, p. 675, n°. 2. Ses stigmates sont dorsaux.

* *Scutigera longicornis.* n. *Scolop. longicornis.* Fab.

XVIe GENRE.

Iule. *Julus.* L.

Antennes courtes, moniliformes. Point de palpes. Deux mandibules courtes, fortes, dentées. Point de mâchoires.

Corps alongé, demi-cylindrique, à peau crustacée, partagé en segmens nombreux et transverses. Deux paires de pattes sous chaque segment du corps.

* *Julus terrestris.* L. Degeer, ins. 7, p. 578, t. 36, f. 9, 10. Frisch. ins. 2, t. 8, f. 3. Geoff. ins. 2, p. 679, n°. 1.

[B] Six pattes (famille des parasites).

XVIIe GENRE.

Pou. *Pediculus.*

Antennes filiformes, de la longueur du corselet. Deux yeux.

Trompe courte, fixe : suçoir rétractile, sortant de dessous la trompe.

Abdomen simple, un peu applati. Six pattes.

* *Pediculus humanus.* L.

XVIIIe GENRE.

Ricin. *Ricinus.*

Antennes plus courtes que la tête. Deux yeux. Un suçoir très-court, accompagné de deux crochets.

Corps applati ; corselet distinct de la tête et de l'abdomen. Six pattes.

* *Ricinus mergi.* Degeer, ins. 7, p. 78, t. 4, f. 13. *Pediculus mergi.* Fab.

Nota. Tous les ricins sont parasites des oiseaux.

XIXe GENRE.

Podure. *Podura.*

Antennes filiformes, plus longues que la tête, à cinq articles dont le dernier est sétacé. Bouche munie de mâchoires et de quatre antennules. Deux yeux.

Queue fourchue, repliée sous le ventre, propre pour sauter. Six pattes.

* *Podura villosa.* L. Geoff. ins. 2, p. 608, nº. 4, t. 20, f. 2. Sulz. hist. ins. t. 29, f. 2.

* *Podura aquatica.* L. Geoff. ins. 2, p. 610, nº. 8. Degeer, ins. 7, p. 25, t. 2, f. 14, 15. Elle est noirâtre. On la trouve en grandes troupes sur les eaux dormantes.

TABLEAU DES INSECTES.

Des mandibules et des mâchoires.

COLÉOPTÈRES.

* *Cinq articles à tous les tarses.*

Lucane.
Passale.
Scarabé.
Copris.
Géotrupe.
Lethrus.
Hexodon.
Hanneton.
Cétoine.
Goliath.
Trox.

Escarbot.
. Sphéridie.
. Dermeste.
. Anthrène.
. Birrhe.
. Ips.
. Nitidule.
. Boucher.
. Nicrophore.
. Clairon.
. Dryops.
. Gyrin.
. Hydrophile.

---

5. Ditique.
6, Carabe.
7. Scarite.
8. Manticore.
9. Cicindèle.
0. Elaphre.
1. Staphylin.
2. Oxypore.
3. Pédère.
4. Ptine.
5. Vrillette.
6. Ptilin.
7. Mélasis.

38. Bupreste.
39. Taupin.
40. Drile.
41. Lymexyle.
42. Téléphore.
43. Malachie.
44. Mélyre.
45. Lampyre.
46. Lycus.
47. Omalyse.

* *Cinq articles aux tarses des quatre premières pattes, et quatre à ceux des deux dernières.*

48. Méloé.
49. Cantharide.
50. Mylabre.
51. Horie.
52. Apale.
53. Cérocome.
54. Lagrie.
55. Notoxe.
56. Cossyphe.
57. Pyrochre.
58. Diapère.
59. Opatre.
60. Ténébrion.
61. Blaps.
62. Pimelie.
63. Sépidie.
64. Hélops.
65. Scaure.
66. Erodie.
67. Mordelle.
68. Ripiphore.
69. Cistèle.

* *Quatre articles à tous les tarses.*

70. Prione.
71. Capricorne.
72. Callidie.
73. Nécydale.
74. Saperde.
75. Stencore.
76. Lepture.
77. Spondylide.
78. Trogossite.
79. Micétophage.
80. Chrysomèle.
81. Galeruque.
82. Criocère.
83. Gribouri.
84. Clytre.
85. Bruche.
86. Attelabe.
87. Brente.
88. Charanson.
89. Brachicère.
90. Bostrich.
91. Erotyle.
92. Casside.

* *Trois articles à tous les tarses.*

93. Coccinelle.

ORTHOPTÈRES.

94. Forficule.
95. Blatte.
96. Grillon.
97. Sauterelle.
98. Achète.
99. Criquet.
100. Truxale.
101. Mante.
102. Phasme.
103. Spectre.

NÉVROPTÈRES.

104. Libellule.
105. Termite.
106. Psoc.
107. Perle.
108. Raphidie.
109. Myrmeleon.
110. Ascalaphe.
111. Panorpe.
112. Hémérobe.
113. Frigane.
114. Ephémère.

Des mandibules et une espèce de trompe.

HYMÉNOPTÈRES.

115. Tentrède.
116. Clavellaire.
117. Urocère.
118. Orysse.

---

119. Ichneumon.
120. Chalcide.
121. Cinips.
122. Leucopsis.
123. Evanie.

---

124. Fourmi.
125. Mutile.
126. Tiphie.
127. Scolie.
128. Sphex.
129. Chryside.
130. Crabron.
131. Guêpe.

---

132. Bembèce.
133. Andrène.
134. Eucère.
135. Abeille.
136. Nomade.

Point de mandibules, mais une trompe ou un suçoir.

LÉPIDOPTÈRES.

137. Sésie.
138. Sphinx.
139. Papillon.
140. Zygène.
141. Bombice.
142. Phalène.
143. Noctuelle.
144. Pyrale.
145. Hépiale.
146. Alucite.
147. Teigne.
148. Ptérophore.

HÉMIPTÈRES.

149. Fulgore.
150. Cigale.
151. Cicadelle.
152. Scutellère.
153. Pentatome.
154. Punaise.
155. Corée.
156. Réduve.
157. Hydromètre.

---

158. Nèpe.
159. Notonecte.
160. Naucore.
161. Corise.
162. Trips.
163. Aleyrode.
164. Psylle.
165. Cochenille.
166. Puceron.

DIPTÈRES.

167. Bibion.
168. Tipule.
169. Cousin.
170. Rhagion.
171. Taon.
172. Asile.
173. Bombyle.
174. Empis.
175. Conops.
176. Myope.
177. Stomoxe.
178. Hippobosque.

---

179. Oestre.
180. Mouche.
181. Syrphe.
182. Anthrace.
183. Stratiome.

APTÈRES.

184. Puce.

CLASSE QUATRIÈME.

[la 8e du règne animal.]

LES INSECTES.

Corps subissant une ou plusieurs métamorphoses, et ayant dans l'état parfait des yeux et des antennes à la tête, des stigmates et des trachées pour la respiration, et six pattes articulées.

Ils ne s'accouplent et n'engendrent qu'une seule fois pendant leur vie.

La classe des *insectes* est une des plus nombreuses, des plus curieuses et des plus intéressantes à connoître du règne animal.

Les animaux qu'elle comprend n'ont point de cœur musculaire pour la circulation de leurs fluides. Ils manquent de cerveau, mais ils ont une moelle longitudinale noueuse et des nerfs, et dans leur état parfait ou adulte, ils ne respirent que par des stigmates et des trachées aériennes.

On peut dire de ces animaux, ainsi que de ceux des classes suivantes, que les organes essentiels à l'entretien de leur vie sont répandus et également situés dans toute l'étendue de leur corps, au lieu d'être isolés soit dans des cavités séparées, soit dans des lieux particuliers, comme cela a lieu dans les animaux des classes précédentes.

Tous les vrais insectes subissent une double ou une triple métamorphose, ou acquièrent en général de nouvelles parties pour arriver à leur état adulte, qu'on nomme leur état parfait. Ils ne multiplient par la génération qu'une fois dans la durée de leur vie ; en sorte que lorsqu'ils ont rempli cette tâche que leur a imposée la nature, ils périssent peu après.

Les insectes naissent dans l'état de *larve*, c'est-à-dire qu'ils ont en sortant de l'œuf une forme différente de celle qu'ils doivent acquérir pour être dans leur état parfait, ou qu'ils sont dépourvus de certains organes qu'ils doivent avoir un jour. En effet la plupart ont en naissant la forme d'un véritable ver. Leur corps est alongé, muni d'une tête cohérente, et se trouve dépourvu de corselet. La plupart de ces larves ont des pattes courtes en nombre variable, mais il y en a qui en manquent entièrement.

Les larves subissent différentes mues, c'est-à-dire changent plusieurs fois de peau à mesure qu'elles se développent. Elles sont très-voraces, et demeurent souvent plus long-temps dans cet état que dans celui d'insecte parfait. Parvenues à leur dernier accroissement, elles subissent une transformation, et passent à l'état de nymphe ou chrysalide.

L'état de nymphe est pour la plupart des insectes un état singulier d'immobilité, de resserrement et souvent d'occultation des parties, qui le feroit prendre aisément pour un état de mort. Ces nymphes ne prennent point de nourriture, et selon les diverses sortes qu'on en distingue, les unes présentent une masse ovale, obtuse d'un côté, un peu pointue de l'autre, recouverte par un tégument coriace qui n'est pas la peau même de l'animal; d'autres présentent une masse ovale, un peu en pointe aux deux bouts, immobile lorsqu'on la touche et qui est une coque formée par le raccourcissement et l'induration de la peau même de l'animal; d'autres enfin présentent une masse dans laquelle, au travers d'une pellicule mince qui l'enveloppe, on distingue dans un état de contraction toutes les parties que doit avoir l'animal dans son état parfait.

Les nymphes après un temps quelconque, dont la durée varie selon les espèces, selon la saison, &c. subissent une transformation qui fait passer l'animal qui l'éprouve à l'état d'insecte parfait.

Quant aux insectes qui, au lieu de subir cette triple métamorphose, ne font qu'acquérir de nouvelles parties pour arriver à l'état parfait, ils ont en naissant la forme principale qu'ils doivent toujours conserver; ils ne prennent jamais d'état forcé d'immobilité, de contraction de parties et d'abstinence; mais ils acquièrent des ailes dont, dans leur jeunesse, ils n'ont que des moignons ou de simples rudimens.

Les insectes parvenus à leur dernier état, qu'on nomme parfait, sont dans cet état fort différens de ce qu'ils étoient lorsqu'ils sont nés. En effet, d'insectes rampans qu'ils étoient pour la plupart, ils sont devenus insectes ailés et volans, et ont alors la faculté de reproduire leur espèce. C'est la plus courte, mais la plus brillante période de leur vie. Ils semblent alors ne respirer que la gaîté et le plaisir: ils s'y livrent sans doute avec tant d'ardeur, qu'épuisés en peu de temps, ils perdent bientôt la vie, et périssent ordinairement avant la naissance même de leur postérité.

On distingue dans l'insecte parfait quatre parties principales, qui sont la *tête*, le *thorax*, l'*abdomen* et les *membres*.

LA TÊTE.

Sur la tête, qui est en général fort petite en proportion du reste du corps, on observe la bouche, les yeux, les antennes, le front et le vertex. En voici les détails.

La bouche, très-variée dans sa conformation dans les insectes, et étant un indice de la manière de vivre et des principales habitudes de ces animaux, présente des caractères dont la considération est importante. On distingue dans la bouche dix parties principales, qui ne se rencontrent pas toutes à-la-fois dans le même insecte, mais qu'il est nécessaire de bien connoître : savoir,

1°. La lèvre supérieure (*labium superius*) : c'est une pièce transversale, membraneuse ou coriace, mobile, placée à la partie antérieure de la tête, au-dessus de la bouche dont elle fait partie. Les lépidoptères, les diptères et divers autres insectes n'ont point de lèvre supérieure.

2°. La lèvre inférieure (*labium inferius*) : c'est une autre pièce transversale, mobile, membraneuse ou coriace, qui termine la bouche inférieurement, et donne naissance aux antennules postérieures. On ne la trouve point dans les hémiptères ni dans les insectes qui n'ont point de lèvre supérieure.

3°. Les mandibules (*mandibulæ*) : ce sont deux pièces ordinairement dures, cornées, aiguës, tranchantes, entières ou dentées, placées de chaque côté de la bouche, immédiatement au-dessous de la lèvre supérieure, lorsqu'elle existe. Leur mouvement est latéral, tandis que celui des lèvres s'exécute de haut en bas et de bas en haut. Les lépidoptères, les hémiptères et les diptères n'ont point de mandibules.

4°. Les mâchoires (*maxillæ*) : ce sont deux pièces ordinairement minces, membraneuses, quelquefois coriaces, situées immédiatement au-dessous des mandibules, entre celles-ci et la lèvre inférieure. Leur mouvement s'exécute latéralement comme celui des mandibules. Si l'on en excepte les hyménoptères dans lesquels les mâchoires sont transformées en une espèce de trompe, tous les insectes qui sont pourvus de mandibules le sont aussi de mâchoires. Ces parties donnent naissance aux antennules antérieures.

5°. Les galètes (*galeæ*) : ce sont deux pièces plates, membraneuses, placées à la partie externe des mâchoires des orthoptères, et qui recouvrent en grande partie la bouche de ces insectes.

6°. Les antennules ou les palpes (*palpi*) :

elles sont au nombre de deux, ou de quatre, ou de six. Ce sont de petits filets mobiles, articulés, qui ressemblent à des barbillons ou à de petites antennes. Elles ont leur attache à la partie extérieure des mâchoires et aux parties latérales de la lèvre inférieure dans les coléoptères, les orthoptères, les névroptères, &c. elles accompagnent la trompe de plusieurs hyménoptères et diptères; mais les hemiptères en sont privés.

7°. La langue (*lingua*), très-improprement appelée de ce nom, est une espèce de suçoir nu, plus ou moins long, filiforme ou sétacé, divisé en deux pièces, roulé en spirale lorsque l'insecte n'en fait pas usage, et placé entre les antennules. Cette partie forme la bouche des lépidoptères. Elle est composée de deux lames étroites, convexes en-dehors, concaves en-dedans, et qui, en se réunissant, forment un cylindre creux, propre à laisser passer le suc mielleux dont ces insectes se nourrissent.

8°. Le bec (*rostrum*) : c'est une espèce de trompe articulée, mobile, recourbée sous la poitrine, et creusée supérieurement en manière de gouttière ou de demi-fourreau, pour recevoir un suçoir composé de trois soies ou filets très-déliés que les insectes qui en sont munis introduisent dans le corps des animaux ou dans le tissu des plantes dont ils se nourrissent. Le bec constitue spécialement la bouche des hémiptères.

9°. La trompe (*proboscis*) : c'est une pièce plus ou moins alongée, non articulée, souvent cylindrique, un peu charnue, rétractile et terminée par deux lèvres, et quelquefois plus grêle, plus roide, et pointue à son extrémité. Elle est creusée en-dessus par une rainure longitudinale, pour recevoir ou contenir le suçoir lorsque l'animal n'en fait pas usage, et qui est formé de plusieurs soies. La trompe est la bouche spéciale des diptères.

10°. Le suçoir (*haustellum*) est formé de deux à cinq filets très-minces, très-déliés, qui portent le nom de soies, et qui, se réunissant ensemble, complètent un cylindre creux, propre à laisser passer les sucs dont se nourrissent les insectes à suçoirs. Dans les hémiptères et la plupart des diptères, le suçoir est accompagné d'une gaîne articulée ou non articulée dans laquelle il se renferme lorsqu'il n'agit point ; mais dans les lépidoptères, le suçoir qui alors prend le nom de langue, n'a point de gaîne particulière et saillante pour se renfermer. Ainsi la trompe et le bec qui contiennent le suçoir manquent quelquefois ; mais dans les insectes qui n'ont ni mandibules ni mâchoires, le suçoir ne manque jamais.

Nota. On a donné improprement le nom de suçoir aux pièces de la bouche dont je viens de parler; car ce mot présente une fausse idée de la manière dont les sucs sont portés à la bouche et dans l'estomac des insectes à suçoir. En effet, ce n'est point par une espèce de succion que les insectes à suçoir ou à trompe retirent les sucs dont ils se nourissent; ils ne peuvent aspirer l'air qui est le principal agent d'une véritable succion, puisque, comme l'on sait, les insectes ne respirent que par les stigmates placés aux parties latérales de leur corps. Mais les filets que renferment soit la trompe, soit le bec des insectes, étant retirés de leur gaîne et introduits ensemble dans la peau d'un animal ou dans le tissu d'une plante, se séparent un peu à leur extrémité, et permettent au liquide extravasé de se présenter à l'ouverture et même d'y entrer. Alors, par une espèce d'ondulation et par des rétrécissemens successifs, le liquide est porté de l'extrémité à la base du suçoir, et de-là dans l'estomac de l'insecte. La trompe ou langue des lépidoptères n'agit que par le même mécanisme.

D'après ce qui vient d'être exposé sur les dix parties qui composent la bouche des insectes, on voit que ces parties ne se trouvent jamais toutes réunies dans la bouche du même animal.

Les yeux des insectes sont au nombre de deux, et placés à la partie antérieure et latérale de la tête. Ils sont sessiles, immobiles, convexes, nus, à réseau ou taillés à facettes, et recouverts d'une pellicule dure, cornée, luisante et transparente.

Outre les deux yeux dont nous venons de parler, on distingue sur la partie supérieure de la tête de beaucoup d'insectes deux ou trois points luisans et convexes, qui semblent être des espèces de petits yeux, et que les naturalistes ont en effet nommés *petits yeux lisses.* Il est néanmoins très-douteux que ce soit de véritables yeux.

Les antennes (*antennæ*), au nombre de deux, sont des espèces de cornes mobiles, articulées, plus ou moins longues, diversement conformées, et qui naissent de la partie antérieure et latérale de la tête. Tous les insectes en sont munis. Ces parties ont quelques rapports avec les tentacules des mollusques, comme les cornes de limaçons; mais les antennes des insectes sont articulées, tandis que les tentacules des mollusques ne le sont nullement.

Le *front* est la partie supérieure et à-la-fois la plus antérieure de la tête, celle qui occupe l'espace qui se trouve entre les yeux et la bouche. Cette partie a reçu dans les coléoptères le nom de chaperon (*clypeus*), et l'on sait que dans ces insectes cette pièce s'avance sur la bouche, et souvent la déborde de tous côtés, formant une espèce de bouclier ou de casque applati.

Le *vertex* ou *stemma* est la partie la plus supérieure de la tête, l'endroit où se trouvent ordinairement les petits yeux lisses. On a donné le nom de ganache, *gula*, à la partie qui se trouve sous la bouche des insectes entre celle-ci et le col.

LE TRONC.

Le tronc ou thorax, comprend le corselet proprement dit, l'avant-poitrine, la poitrine, le sternum et l'écusson. Il est la seule partie qui porte les pieds dans les insectes parfaits.

On a donné plus particulièrement le nom de corselet à la partie supérieure du thorax, celle qui se trouve entre la tête et la base des ailes. Immédiatement sous le corselet se trouve l'avant-poitrine qui donne naissance aux deux premières pattes. Elle est très-distincte de la poitrine, et est fort remarquable dans les coléoptères.

La partie du thorax qui donne naissance aux quatre pattes postérieures et qui se trouve placée entre l'avant-poitrine et le ventre, a reçu le nom de poitrine. Elle est munie sur les côtés de petites ouvertures en forme de boutonnières, nommées stigmates. Ce sont les organes extérieurs de la respiration, et vraisemblablement ceux de l'odorat des insectes.

On désigne sous le nom de *sternum*, la partie du milieu de la poitrine, celle qui se trouve entre les quatre pattes postérieures. Cette pièce est remarquable dans les ditiques, les cétoines, &c.

L'écusson (*scutellum*) est une petite pièce placée à la partie postérieure du corselet, à la base interne des élytres ou des ailes. On le distingue aisément dans la plupart des coléoptères.

L'ABDOMEN.

L'abdomen vient immédiatement après le thorax et termine postérieurement le corps de l'animal. Dans les insectes parfaits il contient la plupart des viscères, et ne porte jamais les pattes. Il est ordinairement caché sous les ailes ou les élytres. Sa partie inférieure a reçu plus particulièrement le nom de ventre. L'abdomen est composé d'anneaux ou de segmens dont le nombre varie, et l'on voit de chaque côté de ces segmens un *stigmate* comme aux parties latérales de la poitrine. L'ouverture située à la partie postérieure de l'abdomen donne issue aux excrémens et sert aussi pour la génération. Elle est souvent accompagnée de filets, de tarrière, ou de quelqu'appendice ou piquant saillant ou caché.

LES MEMBRES.

On divise les membres des insectes en pattes et en ailes.

Les pattes (*pedes*), dans les insectes parfaits sont au nombre de six. Elles sont composées chacune de plusieurs pièces articulées, dont les principales sont la cuisse, la jambe et une espèce de doigt qu'on nomme le tarse.

La cuisse forme la principale pièce de la patte. Elle est renflée dans quelques espèces, et renferme des muscles assez forts pour faire exécuter un saut considérable à la plupart de ces animaux.

La jambe est la pièce qui suit et qui tient à la cuisse. Sa forme est ordinairement cylindrique. Elle est souvent armée de poils roides, de piquans ou de dentelures.

Le tarse est une espèce de doigt, composé de deux à cinq pièces articulées les unes avec les autres, dont la dernière est ordinairement terminée par un double crochet. La considération du nombre des pièces du tarse fournit de bons caractères pour diviser certains ordres de la classe des insectes.

Les ailes (*alæ*) sont attachées à la partie postérieure et un peu latérale du corselet, et sont au nombre de deux ou de quatre. Elles sont membraneuses, sèches, élastiques, et parsemées de veines qui forment quelquefois un joli réseau. Les supérieures sont ou simplement membraneuses, comme les inférieures, ou différentes de celles-ci et plus ou moins coriaces.

Lorsque les ailes supérieures sont différentes des inférieures par leur consistance, qu'elles sont dures, plus ou moins opaques, qu'elles ne servent point au vol, mais qu'elles font l'office de véritables étuis, en recouvrant et renfermant dans l'état de repos les ailes même de l'animal, on leur donne le nom d'élytres, qui signifie étui. Les élytres sont durs et presque toujours opaques dans les coléoptères. Jamais ils ne manquent; mais les ailes manquent quelquefois. Dans les orthoptères et les hémiptères, les élytres sont presque membraneux ou demi-membraneux. Quelquefois même ils sont presque semblables aux véritables ailes.

Dans les insectes qui manquent d'élytres, et qui néanmoins n'ont que deux ailes, on remarque les *balanciers* et quelquefois des *cuillerons* qui les accompagnent.

Les balanciers (*halteres*) sont deux petits filets ou pédicules mobiles, plus ou moins alongés, terminés par un bouton arrondi, et qui semblent tenir la place des ailes qui manquent. Souvent ces balanciers sont nus; mais quelquefois on voit au-dessus deux petites pièces convexes d'un côté, concaves de l'autre, qui ressemblent à des écailles ayant la forme de cuillers, et auxquelles en conséquence on a donné le nom de cuillerons.

Aucun insecte n'est ailé en naissant; ceux qui acquièrent des ailes n'en ont que dans leur état parfait.

Distribution des insectes.

La nécessité d'une bonne méthode en histoire naturelle, et par conséquent dans chacune de ses parties, est trop généralement reconnue pour m'arrêter à en démontrer ici les avantages. Les insectes d'ailleurs sont si nombreux, qu'il seroit impossible de les étudier et de les connoître, si on ne les distribuoit d'abord en grandes masses, et si ensuite on ne formoit des divisions et des sous-divisions qui facilitent la recherche des espèces.

N'ayant trouvé parmi les méthodes qui ont été publiées jusqu'à ce jour pour déterminer les insectes, aucune distribution qui m'ait paru remplir complètement son objet, je m'en suis formé une qui me semble offrir plus de facilité dans l'usage, plus de convenance dans les rapports, et qui a en outre l'avantage de se rapprocher, à bien des égards, des méthodes de Linné, de Geoffroy et d'Olivier, méthodes qui sont sans contredit les meilleures qu'on ait publié sur cette intéressante partie de l'histoire naturelle.

Dans ma distribution des insectes, les caractères empruntés de la considération des parties de la bouche sont principalement employés à déterminer les *ordres*, concurremment avec la considération des ailes. Le citoyen Olivier a eu la même idée et l'a publiée dans ses ouvrages. Mais dans l'emploi de ces deux moyens, il a donné à la considération des ailes une prééminence sur celle des parties de la bouche ; au lieu que dans ma méthode je donne à la considération de la bouche des insectes une prééminence sur celle des ailes, ce qui change le placement des ordres, et conserve beaucoup mieux les rapports naturels dans le placement et la série des genres.

Voici l'exposé de la distribution qu'il m'a paru convenable d'établir, et que je suis dans mes démonstrations au Muséum.

CLEF DE LA MÊTHODE.

		Ordres.
Des mandib. et des mâchoires.	Des mandibules et des mâchoires. Deux ailes pliées transversalement sous des étuis durs et coriaces.	1 Coléoptères.
	Des mandibules et des mâchoires. Deux ailes droites, pliées longitudinalement sous des étuis presque membraneux.	2 Orthoptères.
	Des mandibules et des mâchoires. Quatre ailes nues, membraneuses, réticulées.	3 Névroptères.
Des mandib. et une espèce de trompe.	Quatre ailes nues, membraneuses, veinées, inégales.	4 Hyménoptères.
Mandib. O. une trompe ou un suçoir.	Une langue roulée en spirale, constituant un suçoir nu. Quatre ailes membraneuses, recouvertes d'écailles semblables à une poussière fine.	5 Lépidoptères.
	Une bec aigu, articulé, recourbé sous la poitrine, renfermant un suçoir. Deux ailes croisées, sous des étuis demi-membraneux.	6 Hémiptères.
	Une trompe non articulée, servant de gaîne à un suçoir très-fin. Deux ailes nues, membraneuses, veinées et deux balanciers.	7 Diptères.
	Une trompe articulée renfermant un suçoir. Jamais d'ailes dans aucun des congenères.	8 Aptères.

OBSERVATION.

La considération de la bouche des insectes employée concurremment avec celle des ailes dans la distribution des insectes, et pour en déterminer les ordres, écarte avec raison les hémiptères des orthoptères, avec lesquels on avoit coutume de les confondre ou de les associer. Cette disposition des ordres place d'ailleurs plus convenablement les lépidoptères; car les abeilles qui terminent les hyménoptères, conduisent aux lépidoptères par les *Sesies* d'une manière frappante. Enfin l'emploi de toute autre considération forceroit de placer à côté des *diptères* d'autres ordres que les *hémiptères* et les *aptères* : cependant ce sont les seuls qui aient, comme les diptères, un suçoir reçu dans une gaine qu'on nomme tantôt bec et tantôt trompe; ce qui établit entre ces insectes un rapport de première importance.

ORDRE PREMIER.

INSECTES COLEOPTÈRES.

Caract. Bouche munie de mandibules et de mâchoires. Deux élytres durs, coriaces, joints l'un à l'autre par une commissure droite, et recouvrant pour l'ordinaire deux ailes membraneuses, pliées transversalement lorsqu'elles sont en repos.

Larve vermiforme, ayant six pattes courtes et une tête écailleuse. Nymphe immobile.

Les insectes qui composent cet ordre, et que M. Fabricius nomme *eleuterata*, sont ainsi que les lépidoptères, les plus nombreux et peut-être les plus connus de tous les insectes.

Ces insectes ont une tête mobile, munie de deux antennes composées de dix ou onze articles assez distincts; de deux grands yeux à réseau; d'un chaperon applati, mutique ou épineux, et d'une bouche dont les principales pièces sont, 1°. une lèvre supérieure qui manque quelquefois; 2°. deux mandibules qui se meuvent transversalement; 3°. deux mâchoires situées au-dessus des mandibules et qui se meuvent de même; 4°. une lèvre inférieure; 5°. quatre ou six antennules.

Les petits yeux lisses manquent dans tous les insectes de cet ordre.

Derrière le corselet des coléoptères, qui varie beaucoup dans sa figure, on voit un petit écusson qui manque quelquefois, et deux ailes membraneuses repliées sur elles-mêmes et cachées, lorsque l'animal ne vole pas, sous deux élytres presque toujours durs, coriaces et opaques. Quelques coléoptères n'acquièrent jamais d'ailes, mais leurs élytres, soit libres, soit connés, existent toujours.

L'insecte parfait a six pattes articulées, attachées au thorax : deux à l'avant-poitrine et quatre à la poitrine.

La larve des coléoptères ressemble à un ver mou, muni de six pattes courtes, d'une tête écailleuse et de mâchoires souvent très-fortes.

La nymphe des coléoptères ne prend point de nourriture et ne fait aucun mouvement ; mais toutes les parties extérieures de l'insecte parfait se montrent dans cette nymphe à travers la peau qui la recouvre.

Je divise les genres nombreux de l'ordre des coléoptères en quatre sections, d'après la considération du nombre des articles de leurs tarses.

1re SECTION. — Cinq articles à tous les tarses.
2e SECTION. — Cinq articles aux tarses des deux premières paires de pattes, et quatre à ceux de la dernière.
3e SECTION. — Quatre articles à tous les tarses.
4e SECTION. — Trois articles à tous les tarses.

PREMIÈRE SECTION.

CINQ ARTICLES A TOUS LES TARSES.

[A] Antennes en massue lamellée ou feuilletée.

Ier GENRE.

LUCANE. *Lucanus*. L.

Antennes coudées, le premier article très-long. Massue en peigne d'un côté.
Mandibules alongées, arquées et dentées. Mâchoires membraneuses et velues. Lèvre supérieure nulle.

* *Lucanus cervus*. Lin. Fabr. 1, part. 2, p. 236. Oliv. ins. pl. 1, fig. 1, a, b, c, d. *Platycerus*... Geoffr. ins. 1, p. 61, t. 1, f. 1. Mus. n°. 1, 2. Vulg. le grand cerf-volant.

Obs. Le C. Latreille a distingué sous le nom de *platycerus* les lucanes qui ont des mandibules courtes dans les deux sexes, et la lèvre inférieure dépourvue de pinceaux. Voyez *Lucanus caraboïdes*.

IIe GENRE.

Passale. *Passalus.* F.

Antennes arquées, velues, en massue lamellée. Mandibules courtes. Mâchoires dures, cornées. Point d'écusson entre les élytres.

Corselet presque quarré, séparé des élytres par un étranglement.

* *Passalus interruptus.* Fab. *Lucanus interruptus.* Lin. Oliv. t. 3, f. 5. Brown. Jam. t. 44, f. 7. Degeer, ins. 4, t. 19, f. 13. Mus. n°. 1.

IIIe GENRE.

Scarabé. *Scarabœus.* L.

Antennes courtes, en massue lamellée. Point de lèvre supérieure. Mandibules cornées. Mâchoires terminées par un lobe très-velu.

Chaperon arrondi, avancé au-dessus de la bouche.

Nota. Il faut diviser le genre nombreux des scarabés en distinguant,

1°. Ceux qui sont cornus ou épineux soit sur le chaperon, soit sur le corselet.

2°. Ceux dont le chaperon et le corselet sont mutiques dans les deux sexes.

* *Scarabœus hercules.* L. Fabr. 1, p. 2. Oliv. pl. 1, f. 1, le mâle, et pl. 23, f. 1, la femelle. Margr. Bras. 247, f. 3. Petiv. Gaz. t. 70, f. 1. Mus. cadre 1er, n°. 1, et cadre 2e, n°. 3.

IVe GENRE.

BOUSIER. *Copris.*

Antennes en massue tri-lamellée. Point de lèvre supérieure. Mandibules membraneuses. Lèvre inférieure bifide.

Tête large ; corps court ; point d'écusson.

* *Copris antenor.* n. *Scarabœus antenor.* Oliv. ins. 1, p. 97, t. 6, f. 42. Fabr. n°. 162. Mus. n°. 35, 36.

Ve GENRE.

GÉOTRUPE. *Geotrupes.* Latr.

Antennes de onze articles : massue, tri-lamellée. Lèvre supérieure avancée, dépassant le chaperon. Lèvre inférieure à deux divisions alongées.

Chaperon rhomboïdal. Un écusson.

* *Geotrupes dispar.* n. *Scarabœus dispar.* Oliv. ins. 1, p. 58, t. 3, f. 20. Fabr. 1, p. 5. Scarab. Ammon pall. Iter. 3, n°. 50. et Ic. ins. 1, t. A, f. 8, A, B. Mus. n°. 1.

* *Geotrupes stercorarius*: n. *Scarab. stercorarius.* L. Fabr. 1, p. 30. Oliv. ins. 1, p. 64, t. 5, f. 39. Le grand pilulaire. Geoff. ins. 1, p. 75, n°. 9. Mus. n°. 3.

VIe GENRE.

Lethrus. *Lethrus*. F.

Antennes en massue lamellée, composées de onze articles, dont le neuvième tronqué obliquement, renferme les deux autres. Mandibules arquées et prominentes. Mâchoires épineuses.

* *Lethrus cephalotes*. Fab. 1, p. 1. Oliv. ins. 1, n°. 2, pl. 1, f. 1. Mus. n°. 1. Il est aptère.

VIIe GENRE.

Hexodon. *Hexodon*. Oliv.

Antennes en massue lamellée. Mandibules avancées, arquées. Mâchoires cornées à 6 dents. Lèvre inférieure échancrée.

Corselet large, échancré antérieurement pour recevoir la tête.

* *Hexodon reticulatum*. Oliv. ins. 1, n°. 7, t. 1, f. 1, a, b, c, d, e. Fabr. 1, p. 71. Mus. n°. 2.

VIIIe GENRE.

Hanneton. *Melolontha*. F.

Antennes en massue composée de trois à sept feuillets. Une lèvre supérieure qui ne dépasse point le chaperon. Mandibules cornées. Mâchoires fortes, cornées, armées de trois dents.

Corps oblong.

* *Melolontha fullo.* Fab. 1, 2, p. 154. Oliv. ins. 1, n°. 5, p. 9, pl. 3, f. 28, a, b, c. *Scarabœus fullo.* Lin. Mus. n°. 7, 8, 9, 10.

* *Melolontha vulgaris.* Fab. 1, 2, p. 155. Oliv. ins. n°. 5, p. 12, pl. 1, f. 1, a, b, c. *Scarab. Melolontha.* Lin. Mus. cadre 6, n°. 13. Le hanneton commun.

IXe GENRE.

Cétoine. *Cetonia.* F.

Antennes courtes, en massue tri-lamellée. Point de lèvre supérieure. Mandibules petites. Mâchoires membraneuses, chargées d'un pinceau de poils.

Tête inclinée, à chaperon entier ou simplement échancré.

* *Cetonia aurata.* Fabr. 1, p. 2, p. 127. Oliv. ins. 1, n°. 6, p. 12, pl. 1, f. 1. *Scarabœus auratus.* L. L'émeraudine. Geoff. 1, p. 73, n°. 5. Mus. n°. 24.

Xe GENRE.

Goliath. *Goliathus.* n.

Antennes courtes, en massue tri-lamellée. Point de lèvre supérieure. Mandibules membraneuses. Tête droite, à chaperon avancé et fourchu ou bifide.

* *Goliathus africanus.* n. *Cetonia goliathus.* Oliv. ins. 1, n°. 6, p. 7, t. 5, f. 33, et t. 9, f. 33. *Scarab. goliathus.* L.

* *Goliathus cacicus*. n. *Cetonia cacicus*. Oliv. ib. p. 8, t. 4, f. 22. Var. Mus. n°. 140.

* *Goliathus polyphemus*. n. *Cetonia polyphemus*. Oliv. ibid. p. 9, t. 7, f. 61.

* *Goliathus bifrons*. n. *Cetonia bifrons*. Oliv. ins. n°. 6, p. 82, t. 12, f. 117.

* *Goliathus micans*. n. *Cetonia micans*. Oliv. ins. n°. 6, p. 10, pl. 1, f. 2, a, b.

* *Goliathus marginalis*. n. *Cetonia bifida*. Oliv. ins. n°. 6, p. 58, pl. 2, f. 9.

XIe GENRE.

TROX. *Trox*. F.

Antennes en massue lamellée : le premier article très-velu. Lèvre supérieure courte. Mâchoires bifides.

Tête retirée sous le corselet qui déborde ainsi que les élytres.

* *Trox sabulosus*. Fab. 1, p. 86. Oliv. ins. n°. 4, p. 8, pl. 1, f. 1, a, b, c. *Scarab. sabulosus*. Lin.

[B] Antennes terminées en massue perfoliée ou presque solide.

XIIe GENRE.

ESCARBOT. *Hister*. L.

Antennes coudées, terminées en massue solide. Mandibules cornées, avancées. Mâchoires presque membraneuses, velues.

Tête petite, enfoncée dans le corselet. Pattes antérieures dentées.

* *Hister maximus*. Lin. Oliv. ins. n°. 8, p. 5, t. 1, f. 2. Mus. n°. 1.

* *Hister unicolor*. Lin. Fabr. 1, p. 72. Oliv. ins. n°. 8, p. 7, t. 1, f. 1, a, b, c. L'escarbot noir. Geoff.

XIIIe GENRE.

SPHÉRIDIE. *Sphæridium*. F.

Antennes en massue perfoliée. Quatre antennules inégales : les antérieures fort alongées. Mâchoires à deux lobes inégaux.

Corps ovale-arrondi, convexe en dessus.

* *Sphæridium scarabæoïdes*. Fab. ins. 1, p. 77. Oliv. ins. n°. 15, p. 4, t. 1, f. 1, a, b, c, d, e. *Dermestes scarabæoïdes*. Lin.

XIVe GENRE.

DERMESTE. *Dermestes*. L.

Antennes en massue perfoliée. Mâchoires bifides. Mandibules dures et tranchantes.

Corps ovale-oblong. La tête inclinée, à moitié enfoncée dans le corselet.

Nota. Les larves sont un peu velues. Elles dévorent et détruisent les pelleteries et les productions animales conservées.

* *Dermestes lardarius*. Lin. Fab. 1, p. 227.

Oliv. ins. n°. 9, p. 6, pl. 1, f. 1, a, b. Le dermeste du lard. Geoff. 1, p. 101, n°. 5. Mus. n°. 1.

XVe GENRE.

Anthrène. *Anthrenus.* G.

Antennes droites, en massue solide. Quatre antennules inégales, filiformes. Mâchoires simples. (Oliv.)
Corps ovale-arrondi, chargé d'un duvet pulvérulent.

Nota. Les larves sont velues, et très-destructrices des matières animales conservées.

* *Anthrenus verbasci.* Fab. 1, p. 264. Oliv. ins. n°. 14, p. 7, t. 1, f. 2, a, b, c, d. *Byrrhus verbasci.* Lin.

XVIe GENRE.

Birrhe. *Byrrhus.* L.

Antennes en massue oblongue, perfoliée. Quatre antennules un peu en massue. Mâchoires à deux lobes inégaux.
Corps ovale-arrondi : corselet et élytres non bordés.

* *Byrrhus pilula.* Fab. 1, p. 84. Oliv. ins. n°. 13, p. 5, pl. 1, f. 1, a, b. *Dermestes pilula.* Lin. Mus. n°. 1.

XVIIe GENRE.

Ips. *Ips.*

Antennes en massue perfoliée. Quatre antennules courtes. Mâchoires bifides.
Corps alongé, subcylindrique.

* *Ips cellaris.* Oliv. ins. n°. 18, p. 10, pl. 1, f. 3, a, b. Mus. n°. 2.

XVIIIe GENRE.

Nitidule. *Nitidula.*

Antennes en massue solide. Quatre antennules filiformes. Mâchoires cylindriques, entières.
Corselet et élytres bordés.

* *Nitidula obscura.* Fab. 1, p. 255. Oliv. ins. n°. 12, p. 5, pl. 1, f. 3, a, b. Dermeste noir à pattes fauves. Geoff. 1, p. 108, n°. 21. Mus. n°. 4.

XIXe GENRE.

Bouclier. *Silpha.* L.

Antennes en massue oblongue, perfoliée. Mâchoires unidentées, simples.
Corselet clypéiforme, rebordé ainsi que les élytres.

* *Silpha, 4-punctata.* Lin. Fab. 1, p. 253. Oliv. ins. n°. 11, p. 10, t. 1, f. 7, a, b. *Peltis...* Geoff. ins. 1, p. 122, n°. 7, pl. 2, f. 1. Mus. n°. 2.

XXe GENRE.

Nicrophore. *Nicrophorus*. F.

Antennes en massue arrondie, perfoliée. Mâchoires divisées en deux pièces.

Corselet applati, bordé. Corps oblong.

* *Nicrophorus vespillo*. Fab. 1, p. 247. Oliv. ins. n°. 10, p. 5, pl. 1, f. 1, a, b, c, d, e. *Silpha vespillo*. Lin. *Dermestes*... Geoff. ins. 1, p. 98, n°. 1, pl. 1, f. 5. Mus. n°. 3.

XXIe GENRE.

Clairon. *Clerus*. F.

Antennes droites, en massue perfoliée. Quatre antennules : les postérieures plus grandes et sécuriformes. Les yeux en croissant.

Tête inclinée. Corselet rétréci postérieurement.

Obs. Le C. Latreille a découvert qu'au lieu de quatre articles à tous les tarses, les clairons en ont réellement cinq.

* *Clerus alveolarius*. Fab. 1, p. 209. Schœff. ic. t. 45, f. 11. *Clerus*... Geoff. ins. 1, p. 304, t. 5, f. 4. Mus. n°. 2. Sa larve s'introduit dans les ruches et les gâteaux des abeilles et y dévore leurs larves.

XXIIe GENRE.

DRYOPS. *Dryops.* O.

Antennes courtes, en massue fusiforme, ayant le second article prolongé du côté intérieur en un lobe corniforme. Mandibules cornées. Mâchoires bifides.

Corselet convexe, rebordé.

* *Dryops auriculata.* Oliv. ins. n°. 41 (bis), p. 4, t. 1, f. 1, a, b, c, d, e. *Parnus prolifericornis.* Fab. 1, p. 245. Dermeste à oreilles. Geoff. ins. 1, p. 103, n°. 11.

XXIIIe GENRE.

GYRIN. *Gyrinus.*

Antennes en massue fusiforme, très-courtes, ayant à leur base interne un appendice ou un lobe. Quatre antennules. (six latr.) Deux yeux apparens au-dessus et au-dessous de la tête.

Pattes moyennes et postérieures natatoires.

* *Gyrinus natator.* Lin. Fab. 1, p. 202. Oliv. ins. n°. 41, p. 10, pl. 1, f. 1, a, b, c, d, e. Le tourniquet. Geoff. ins. 1, p. 194, t. 3, f. 3. Mus. n°. 2.

XXIVe GENRE.

HYDROPHILE. *Hydrophilus.*

Antennes courtes, en massue perfoliée. Quatre antennules inégales, filiformes : les antérieures plus longues que les antennes.

Corps elliptique, ayant le sternum épineux. Les quatre pattes postérieures natatoires.

* *Hydrophilus piceus.* Fab. 1, p. 182. Oliv. ins. n°. 39, p. 9, pl. 1, f. 2, a, b, c, d. Le grand hydrophile. Geoff. ins. 1, p. 182, t. 3, f. 1. Mus. n°. 1.

[C] Antennes moniliformes ou filiformes.

XXVe GENRE.

Dytique. *Dytiscus.* L.

Antennes filiformes-sétacées, de la longueur du corselet. Six antennules inégales. Mâchoires simples, ciliées intérieurement.

Corps elliptique. Pattes postérieures natatoires.

* *Dytiscus marginalis.* Lin. Fab. 1, p. 187. Oliv. ins. n°. 40, p. 10, t. 1, f. 1, a, b, c, d, e, et f. 6. a. Le dytique noir à bordure. Geoff. 1, p. 186, n°. 2. Mus. n°. 9 et 10.

XXVIe GENRE.

Carabe. *Carabus.* L.

Antennes filiformes. Six antennules inégales. Mandibules grandes, entières.

Corselet et élytres bordés. Un appendice à la base des cuisses postérieures.

* *Carabus auratus.* Lin. Fab. 1, p. 129. Oliv. ins. n°. 35, p. 32, pl. 5, f. 51, et pl. 11, f. 51.

Le bupreste doré... Geoff. ins. 1, p. 142, n°. 2, pl. 2, f. 5. Mus. n°. 9.

XXVIIe GENRE.

SCARITE. *Scarites.*

Antennes submoniliformes : le premier article plus long que les autres. Mandibules prominentes, très-fortes, arquées en pince. Six antennules.

Corselet écarté des élytres. Jambes antérieures larges, plates et fortement dentées.

* *Scarites gigas.* Fab. 1, p. 94, Oliv. ins. n°. 36, p. 6, pl. 1, f. 1, a, b, c. Mus. n°. 3.

XXVIIIe GENRE.

MANTICORE. *Manticora.* F.

Antennes filiformes, à articles cylindriques. Six antennules filiformes. Mandibules très-grandes, dentées, fort saillantes.

Corselet divisé en deux parties : l'antérieure non bordée.

* *Manticora maxillosa.* Fab. 1, p. 123. *Carabus tuberculatus.* Degeer. mém. p. 623, t. 46, f. 14. *Manticora.* Oliv. ins. n°. 37, pl. 1, f. 1. Mus. n°. 1, 2.

XXIXe GENRE.

CICINDÈLE. *Cicindela.* L.

Antennes filiformes. Six antennules inégales. Lèvre inférieure tridentée. Mandibules dentées.

Tête large, courte. Corselet et élytres non bordés.

* *Cicindela campestris*. Lin. Fab. 1, p. 170. Oliv. ins. n°. 33, p. 11, pl. 1, f. 3, a, b, c. *Buprestis*... Geoff. 1, p. 153, n°. 27. Mus. n°. 21.

XXXe GENRE.

Elaphre. *Elaphrus*. F.

Antennes filiformes. Six antennules. Mandibules simples dans leur moitié supérieure. Lèvre inférieure entière, pointue. Corselet non bordé.

* *Elaphrus riparius*. Fab. 1, p. 179. Oliv. ins. n°. 34, p. 4, pl. 1, f. 1, a, b, c, d, e. *Cicindela riparia*. Lin. *Buprestis*, n°. 30. Geoff. Mus. n°. 1.

XXXIe GENRE.

Staphylin. *Staphylinus*.

Antennes moniliformes. Quatre antennules courtes. Lèvre inférieure trifide.

Elytres très-courts, laissant à découvert une grande partie de l'abdomen.

* *Staphylinus hirtus*. Lin. Fab. 1, 2, p. 519. Oliv. ins. n°. 42, pl. 1. f. 6. Le staphylin bourdon. Geoff. 1, p. 363, n°. 7. Mus. n°. 1.

XXXIIe GENRE.

Oxypore. *Oxyporus*. F.

Antennes moniliformes, perfoliées. Quatre antennules inégales : les antérieures filiformes ; les postérieures sécuriformes. Mandibules simples.

Elytres très-courts.

* *Oxyporus rufus.* Fab. 1, 2, p. 531. Oliv. ins. n°. 43, pl. 1, f. 1. *Staphylinus rufus.* Lin. Geoff. 1, p. 370, n°. 22. Mus. n°. 1.

XXXIIIe GENRE.

PEDÈRE. *Paederus.* F.

Antennes moniliformes. Quatre antennules inégales: les antérieures en massue; les postérieures filiformes. Mandibules dentées.

Elytres très-courts. Corps alongé.

* *Paederus riparius.* Fab. 1, 2, p. 536. Oliv. ins. n°. 44, p. 4, pl. 1, f. 2, a, b, c, d. *Staphylinus riparius.* Lin. Geoff. 1, p. 369, n°. 21. Mus. n°. 1.

XXXIVe GENRE.

PTINE. *Ptinus.* L.

Antennes filiformes, un peu longues, à articles presqu'égaux. Quatre antennules inégales. Mandibules unidentées.

Tête petite. Corselet arrondi, relevé en bosse.

* *Ptinus fur.* Lin. Fab. 1, p. 239. Oliv. ins. n°. 17, p. 6, pl. 1, f. 1, a, b, c. *Bruchus.* Geoff. ins. 1, p. 164, n°. 1, t. 2, f. 6. Mus. n°. 2. Il est destructeur des herbiers et des collections d'animaux préparés et conservés.

XXXVe GENRE.

VRILLETTE. *Anobium*. F.

Antennes filiformes, ayant les trois derniers articles plus alongés. Quatre antennules en massue. Mandibules tri-dentées. Corps oblong. Tête enfoncée dans le corselet.

* *Anobium pertinax*. Fab. 1, p. 237. Oliv. ins. n°. 16, p. 6, pl. 1, f. 4, a, b. *Ptinus pertinax*. Lin. Byrrhus. Geoff. 1, p. 111, n°. 1, t. 1, f. 6. Mus. n°. 2.

XXXVIe GENRE.

PTILIN. *Ptilinus*. F.

Antennes pectinées dans les mâles et en scie dans les femelles. Mandibules courtes, cornées, bifides.

Corps oblong. Corselet bombé. Tête inclinée et enfoncée dans le corselet.

* *Ptilinus pectinicormis*. Fab. 1, p. 245. Oliv. ins. n°. 17, p. 4, pl. 1, f. 1. *Ptinus pectinicornis*. Lin. La panache brune. Geoff. 1, p. 65, n°. 1. Mus. n°. 1, 2.

XXXVIIe GENRE.

MÉLASIS. *Melasis*. F.

Antennes pectinées dans les mâles et en scie dans les femelles. Mandibules entières. Antennules en massue. Corps oblong. Corselet court, terminé postérieurement de chaque côté par un angle pointu.

* *Melasis flabellicornis.* Fab. 1, p. 244. Oliv. ins. n°. 30, p. 4, pl. 1, f. 1. *Elater buprestoïdes.* Lin. Mus. n°. 1, 2.

XXXVIIIe GENRE.

BUPRESTE. *Buprestis.* L.

Antennes courtes, filiformes, en scie. Quatre antennules filiformes : le dernier article obtus. Mandibules unidentées.

Tête à moitié enfoncée dans le corselet. Corps alongé.

* *Buprestis gigantea.* Lin. Fab. 1, 2, p. 186. Oliv. ins. n°. 32, p. 8, t. 1, f. 1, a, b. Mus. n°. 32.

XXXIXe GENRE.

TAUPIN. *Elater.* L.

Antennes filiformes, en scie. Quatre antennules sécuriformes. Mandibules simples ou bifides au sommet. Corps alongé. Angles latéraux-postérieurs du corselet très-pointus. Une pointe sternale prolongée et reçue dans une cavité de la poitrine, servant de ressort pour sauter.

**Elater flabellicornis.* Lin. Fab. 1, 2, p. 216. Oliv. ins. n°. 31, p. 8, pl. 3, f. 28. Mus. n°. 1.

XLe GENRE.

DRILE. *Drilus.* Oliv.

Antennes filiformes, pectinées d'un côté. Antennules antérieures avancées et en massue. Mandibules alongées, unidentées.

Corps oblong. Corselet plat, quarré. Elytres mous et flexibles.

* *Drilus flavescens.* Oliv. ins. n°. 23, pl. 1, f. 1. *Ptilinus.* Geoff. ins. 1, pl. 1, f. 2. Mus. n°. 1.

XLIe GENRE.

LYMÉXYLE. *Lymexylon.* F.

Antennes filiformes. Quatre antennules inégales : les antérieures plus longues et en massue. Mandibules courtes, unidentées.

Corps alongé, cylindrique. Elytres flexibles.

* *Lymexylon navale.* Fab. 1, 2, p. 92. Oliv. ins. n°. 25, p. 5, pl. 1, f. 4, a, b. *Cantharis navalis.* L. Schœff. ic. t. 59, f. 1. Mus. n°. 1. Sa larve vit dans le bois de chêne, qu'elle détruit insensiblement.

XLIIe GENRE.

TÉLÉPHORE. *Telephorus.* Deg.

Antennes filiformes, à articles cylindriques. Quatre antennules sécuriformes ou en massue. Mandibules longues, simples.

Corselet plat, légèrement bordé. Corps alongé, déprimé. Elytres flexibles. Côtés du ventre plissés ou à papilles.

* *Telephorus fuscus*. Oliv. ins. n°. 26, p. 6, pl. 1, f. 1. *Cantharis fusca*. Lin. Fab. 1, p. 215. *Cicindela*... Geoff. 1, p. 170, n°. 1, t. 2, f. 8, Mus. n°. 1.

XLIIIe GENRE.

MALACHIE. *Malachius*.

Antennes filiformes, un peu en scie. Quatre antennules filiformes; le dernier article sétacé. Mandibules courtes. Corselet à peine bordé. Corps ovale. Elytres flexibles. Des papilles ou vésicules lobées et rétractiles aux côtés de la poitrine et de l'abdomen.

* *Malachius æneus*. Fab. 1, p. 221. Oliv. ins. n°. 27, p. 4, pl. 2, f. 6, a, b, c, d. *Cantharis ænea*. Lin. La cicindèle bedeau. Geoff. Mus. n°. 1.

XLIVe GENRE.

MÉLYRE. *Melyris*. F.

Antennes filiformes, un peu en scie. Quatre antennules inégales, filiformes. Mandibules simples. Mâchoires bifides. Lèvre inf. avancée subbifide. Corps oblong, un peu déprimé. Point de papilles, ou vésicules rétractiles sur les côtés.

* *Melyris viridis*. Fab. 1, p. 226. Oliv. ins.

n°. 21, p. 4, pl. 1, f. 1, et pl. 2, f. 1, a. Mus. n°. 1.

XLVe GENRE.

Lampyre. *Lampyris.* L.

Antennes filiformes. Quatre antennules un peu en massue. Mâchoires bifides. Mandibules très-petites.

Corselet applati, cachant la tête par un large rebord. Côtés du ventre plissés et à papilles.

* *Lampyris splendidula.* Oliv. ins. n°. 28, p. 11, pl. 1, f. 1, a, b, c, d. Fab. 1, 2, p. 98. Mus. n°. 10, 11. Vulg. le ver luisant. Sa femelle est aptère, et jette pendant la nuit une lumière assez vive.

XLVIe GENRE.

Lycus. *Lycus.* F.

Antennes filiformes. Antennules un peu renflées à leur bout. Partie antérieure de la tête prolongée en trompe. Mâchoires simples.

Corselet débordant, cachant la tête. Elytres transparens et dilatés.

* *Lycus latissimus.* Fab. 1, 2, p. 106. Oliv. ins. n°. 29, p. 5, pl. 1, f. 2. Mus. n°. 1. *Lampyris latissima.* Lin.

XLVIIe GENRE.

Omalyse. *Omalysus.* G.

Antennes filiformes : le deuxième et le troisième article très-courts. Quatre antennules un peu en massue. Mandibules simples. Mâchoires entières, obtuses.
Corps oblong. Corselet plat, prolongé en pointe aux angles postérieurs.

* *Omalysus suturalis.* Oliv. ins. n°. 24, p. 4, pl. 1, f. 1. *Omalisus.* Geoff. ins. 1, p. 180, pl. 2, f. 9, Fab. 1, 2, p. 103. Mus. n°. 1.

SECONDE SECTION.

Cinq articles aux tarses des deux premières paires de pattes, et quatre à la dernière paire.

XLVIIIe GENRE.

Méloè. *Meloe.*

Antennes moniliformes, irrégulières dans les mâles. Quatre antennules inégales. Mâchoires bifides.
Corselet arrondi. Elytres mous, courts, à bord interne arqué. Point d'ailes.

* *Meloe proscarabœus.* Lin. Fab. 1, 2, p. 517. Oliv. ins. n°. 45, p. 5, pl. 1, f. 1. Mus. n°. 5 et 6. Lorsqu'on touche cet animal, il fait

sortir de ses articulations une humeur grasse, huileuse et fétide.

XLIXe GENRE.

CANTHARIDE. *Cantharis.* G.

Antennes filiformes. Antennules postérieures renflées à l'extrémité. Mâchoires bifides.

Corps alongé, élytres mous, demi-cylindriques.

* *Cantharis vesicatoria.* Oliv. ins. n°. 46, pl. 1, f. 1. *Meloe vesicatorius.* Lin. *Lytta vesicatoria, vel ruficollis.* Fab. 1, 2, p. 83. Mus. n°. 2. La cantharide des boutiques. Geoff. 1, p. 341, pl. 6, f. 5.

L^{e} GENRE.

MYLABRE. *Mylabris.* F.

Antennes moniliformes, grossissant graduellement vers leur sommet. Quatre antennules inégales. Mandibules unidentées. Mâchoires bifides.

Tête très-inclinée. Elytres flexibles, grands, dilatés postérieurement, recouvrant tout l'abdomen.

* *Mylabris cichorii.* Fab. 1, 2, p. 88. Oliv. ins. n°. 47, p. 7, pl. 1, f. 1, a, b, c, d, e, et pl. 2, f. 13. *Meloe cichorii.* Lin. Mus. n°. 4. Il est noir avec des bandes jaunes transverses sur ses élytres. On croit que c'est de cette espèce que les anciens se servoient comme vésicatoire.

LIe GENRE.

Horie. *Horia*. Oliv.

Antennes filiformes, à articles subcylindriques. Quatre antennules inégales, obtuses. Mandibules avancées. Mâchoires ayant un lobe interne fort petit.

Corps oblong. Elytres grands, flexibles.

* *Horia maculata*. Fab. 1, 2, p. 90. Oliv. ins. n°. 53, p. 4, pl. 1, f. 1.

LIIe GENRE.

Apale. *Apalus*. F.

Antennes filiformes, plus courtes que le corps. Antennules filiformes, égales. Mâchoires simples. Lèvre inf. bifide.

Corps oblong. Tête inclinée. Elytres flexibles.

* *Apalus bimaculatus*. Fab. 1, 2, p. 50, n°. 1. Oliv. n°. 52, pl. 1, fig. 2. Mus. n°. 1. *Meloe bimaculatus*. Lin.

LIIIe GENRE.

Cérocome. *Cerocoma*. G.

Antennes moniliformes, irrégulières (sur-tout dans les mâles) à dernier article plus gros. Mandibules simples. Mâchoires linéaires, entières. Lèvre inf. membraneuse, bifide.

Corps oblong; élytres couvrant tout l'abdomen.

* *Cerocoma schaefferi*. Fab. 1, 2, p. 81,

Oliv. ins. n°. 48, pl. 1, fig. 1. Geoff. 1, pl. 6, f. 9. Mus. n°. 1. *Meloe schæfferi.* Lin.

LIVe GENRE.

Lagrie. *Lagria.* F.

Antennes filiformes, distantes, posées sous les yeux. Antennules inégales : les antérieures sécuriformes. Mâchoires bifides. Les yeux en croissant.

* *Lagria hirta.* Fab. 1, 2, p. 79. Oliv. ins. n°. 49, pl. 1, f. 2. Mus. n°. 3. *Tenebrio alatus.* Degeer, ins. 5, 446, t. 2, f. 23, 24.

LVe GENRE.

Notoxe. *Notoxus.* F.

Antennes moniliformes. Quatre antennules subsécuriformes. Mandibules simples. Mâchoires unidentées.

Corps oblong.

* *Notoxus monoceros.* Fab. 1, p. 211. Oliv. ins. n°. 51, p. 4, pl. 1, f. 2. Geoff. ins. 1, p. 356, t. 6, f. 8. *Meloe monoceros.* Lin. Mus. n°. 1.

LVIe GENRE.

Cossyphe. *Cossyphus.* F.

Antennes courtes, un peu en massue. Quatre antennules inégales : les antérieures sécuriformes.

Corselet et élytres applatis, bordés. Tête cachée sous le corselet.

* *Cossyphus depressus*. Fab. 1, 2, p. 97. Oliv. ins. n°. 44 *bis*. Mus. n°. 1.

LVIIe GENRE.

PYROCHRE. *Pyrochroa*. G.

Antennes filiformes, en scie ou pectinées. Quatre antennules. Lèvre inf. bifide.
Tête saillante. Corps oblong, applati.

* *Pyrochroa coccinea*. Fab. ins. 1, 2, p. 104. Oliv. ins. n°. 53, pl. 1, f. 1. Geoff. ins. 1, p. 338, t. 6, f. 4. Mus. n°. 1. La cardinale.

LVIIIe GENRE.

DIAPÈRE. *Diaperis*, G.

Antennes submoniliformes, à articles lenticulaires perfoliés. Quatre antennules inégales. Mâchoires bifides.
Corps ovale, convexe.

* *Diaperis boleti*. Fab. 1, 2, p. 516. Oliv. ins. n°. 55, pl. 1, f. 1. *Diaperis*. Geoff. ins. 1, p. 337, n°. 1, pl. 6, f. 3. Mus. n°. 1. *Chrysomela boleti*. Lin.

LIXe GENRE.

OPATRE. *Opatrum*. F.

Antennes moniliformes, grossissant un peu vers leur sommet. Antennules inégales : les antérieures presqu'en massue.
Corps oblong, gibbeux ; corselet bordé, échancré antérieurement. Couleur terne et obscure.

* *Opatrum gibbum*. Fab. 1, p. 89. Oliv. ins. n°. 56, pl. 1, f. 6. Mus. n°. 6.

LXe GENRE.

Ténébrion. *Tenebrio*. L.

Antennes moniliformes. Quatre antennules inégales : les antérieures un peu en massue. Mâchoires bifides.

Corps oblong. Corselet bordé. Couleur obscure, luisante.

* *Tenebrio molitor*. Lin. Fabr. 1, p. 111. Oliv. ins. n°. 57, pl. 1, f. 12, a, b, c. *Tenebrio*. Geoff. ins. 1, p. 349, n°. 6. Mus. n°. 7. Sa larve vit dans la farine.

LXIe GENRE.

Blaps. *Blaps*. F.

Antennes moniliformes vers leur sommet. Antennules en massue : le dernier article des antérieures plus gros, tronqué, subtriangulaire. Mâchoires bifides.

Corps oblong. Elytres embrassant l'abdomen et terminés en pointe.

* *Blaps mortisaga*. Fab. 1, p. 107. Oliv. ins. n°. 60, pl. 1, f. 1. *Tenebrio mortisagus*. Lin.

LXIIe GENRE.

Pimélie. *Pimelia*. F.

Antennes filiformes, moniliformes à leur sommet. Antennules filiformes.

Corselet court, bombé, rebordé. Point d'écusson. Elytres embrassant l'abdomen.

* *Pimelia striata.* Fab. 1, p. 99. Oliv. ins. n°. 59, pl. 1, f. 11. Mus. n°. 1.

LXIIIe GENRE.

SÉPIDIE. *Sepidium.* F.

Antennes moniliformes. Antennules filiformes. Mâchoires obtuses.

Corps oblong. Corselet raboteux, ayant des angles, des crêtes ou des pointes. Point d'écusson. Elytres aptères embrassant l'abdomen.

* *Sepidium tricuspidatum.* Fab. 1, p. 97. Oliv. ins. n°. 61, pl. 1, f. 1. *Pimelia tricuspidata.* Lin.

LXIVe GENRE.

HÉLOPS. *Helops.* F.

Antennes filiformes. Quatre antennules : les antérieures sécuriformes, les postérieures en massue. Lèvre inf. entière.

Corps oblong. Corselet plat, sans rebord.

* *Helops lanipes.* Fab. 1, p. 118. Oliv. ins. n°. 58, pl. 1, f. 1, a, b. *Tenebrio lanipes.* Lin. L'hélops bronzé. Mus. n°. 7.

LXVe GENRE.

SCAURE. *Scaurus.* F.

Antennes moniliformes : le dernier article alongé. Antennules filiformes inégales. Lèvre inf. entière.

Corps oblong. Elytres soudés et aptères.

* *Scaurus striatus*. Fab. 1, p. 93. Oliv. ins. n°. 62, pl. 1, f. 2. Mus. n°. 2 et 3.

LXVIe GENRE.

ERODIE. *Erodius*. F.

Antennes courtes, moniliformes, à dernier article plus gros. Quatre antennules courtes, subfiliformes. Lèvre inf. échancrée.

Corps ovale, bombé. Corselet large échancré antérieurement. Point d'écusson. Elytres connés.

* *Erodius gibbus*. Fab. 1, p. 92. Oliv. ins. n°. 63, pl. 1, f. 3. Mus. n°. 1.

LXVIIe GENRE.

MORDELLE. *Mordella*. G.

Antennes moniliformes, un peu en scie d'un côté. Quatre antennules inégales : les antérieures en massue sécuriforme. Tête très-inclinée sur la poitrine. Ecusson très-petit. Abdomen des femelles terminé en pointe.

* *Mordella fasciata*. Fab. 1, 2, p. 113. Oliv. ins. n°. 64, pl. 1, f. 2. *Mordella*. Geoff. ins. 1, p. 353, n°. 2. Mus. n°. 1.

LXVIIIe GENRE.

RIPIPHORE. *Ripiphorus*.

Antennes flabellées ou fortement pectinées. Antennules filiformes. Lèvre sup. bicuspidée.

Tête inclinée sur la poitrine. Point d'écusson.

* *Ripiphorus subdipterus.* Fab. 1, 2, p. 109. Oliv. ins. n°. 65, pl. 1, f. 1, b, c, d, e.

LXIXe GENRE.

Cistele. *Cistela.*

Antennes filiformes, un peu plus longues que le corselet. Antennules filiformes ; les antérieures un peu plus longues. Mâchoires bifides.

Corps alongé. Corselet un peu rebordé et rétréci antérieurement.

* *Cistela ceramboïdes.* Fab. 1, 2, p. 42. Oliv. ins. n°. 54, pl. 1, f. 4, a, b. Mus. n°. 2. *Mordella.* Geoff. ins. 1, p. 354, n°. 3.

TROISIÈME SECTION.

Quatre articles à tous les tarses.

LXXe GENRE.

Prione. *Prionus.*

Antennes sétacées, longues, posées dans l'échancrure des yeux. Quatre antennules. Point de lèvre supérieure. Mandibules avancées. Yeux réniformes.

Corselet applati, tranchant et denté ou épineux sur les côtés.

* *Prionus cervicornis.* Fab. 1, 2, p. 245. Oliv. ins. n°. 66, pl. 2, f. 8. *Cerambix cervicornis.* Lin. Mus. n°. 2.

LXXIe GENRE.

Capricorne. *Cerambix.* L.

Antennes sétacées, longues, posées dans les yeux. Quatre antennules égales. Les yeux en croissant. Mâchoires bifides.

Corselet arrondi, épineux ou tuberculeux.

* *Cerambix moschatus.* Fab. 1, 2, p. 251. Oliv. ins. n°. 67, pl. 2, f. 7. Lin. Syst. nat. Le capricorne verd à odeur de rose. Geoff. Mus. n°. 8.

LXXIIe GENRE.

Callidie. *Callidium.*

Antennes sétacées, posées dans l'échancrure des yeux. Quatre antennules inégales, à dernier article plus gros et obtus. Les yeux en croissant.

Corselet mutique, court, arrondi ou globuleux.

* *Callidium arcuatum.* Fab. 1, 2, p. 333. Oliv. ins. n°. 70, pl. 2, f. 16. *Leptura arcuata.* Lin. La lepture à croissant. Geoff. 1, p. 212, n°. 10. Mus. n°. 40.

LXXIIIe GENRE.

Nécydale. *Necydalis.*

Antennes filiformes, posées dans l'échancrure des yeux. Antennules subfiliformes.

Corselet mutique, court, arrondi. Abdomen rétréci antérieurement. Ailes droites. Elytres rétrécis postérieurement.

* *Necydalis rufa*. Fab. 1, 2, p. 353. Oliv. ins. n°. 74, pl. 1, f. 6. La lepture à étuis étranglés. Geoff. 1, p. 220, n°. 22.

LXXIVe GENRE.

SAPERDE. *Saperda*.

Antennes sétacées, insérées dans l'échancrure des yeux. Antennules filiformes.
Corselet mutique, alongé, cylindracé.

* *Saperda carcharias*. Fab. 1, 2, p. 307. Oliv. ins. n°. 68, pl. 2, f. 22. *Cerambix carcharias*. Lin. La lepture chagrinée. Geoff. 1, p. 208.

Nota. Le *calopus*, Fab. (Oliv. ins. n°. 72) ne s'éloigne pas de ce genre.

LXXVe GENRE.

STENCORE. *Stencorus*.

Antennes sétacées, insérées devant les yeux. Antennules inégales, à dernier article plus gros et tronqué. Yeux sans échancrure.
Corselet épineux ou tuberculeux.

* *Stencorus inquisitor*. Oliv. ins. n°. 69, pl. 2, f. 12. *Cerambix inquisitor*. Lin. *Rhagium inquisitor*. Fab. 1, 2, p. 304. Le stencore noir velouté de jaune. Geoff. 1, p. 223. Mus. n°. 2.

LXXVIe GENRE.

Lepture. *Leptura.*

Antennes sétacées, insérées devant les yeux. Antennules un peu en massue. Yeux arrondis.

Corselet mutique.

Nota. Les donacies (Fab. 1, 2, p. 115) qui se font distinguer par leur lèvre inf. entière et par des couleurs brillantes, peuvent être rapportées à ce genre.

* *Leptura quadrimaculata.* Fab. 1, 2, p. 345. Oliv. ins. n°. 73, pl. 1, f. 7. Mus. n°. 2.

LXXVIIe GENRE.

Spondylide. *Spondylis.* F.

Antennes moniliformes applaties, insérées dans les yeux. Mandibules fortes. Lèvre inf. bifide.

Corps alongé. Corselet globuleux mutique.

* *Spondylis buprestoïdes.* Fab. 1, 2, p. 358. Oliv. ins. n°. 71, pl. 1, f. 1. *Attelabus buprestoïdes.* Lin. Mus. n°. 1.

LXXVIIIe GENRE.

Trogossite. *Trogossita.* Ol.

Antennes moniliformes, ayant les trois derniers articles plus gros. Mâchoires munies d'une dent à leur base. Corps oblong, déprimé. Corselet comme tronqué et plus large antérieurement, écarté des élytres par un étranglement distinct.

* *Trogossita striata.* Oliv. ins. n°. 19, pl. 1, f. 4. Mus. n°. 1.

LXXIXe GENRE.

MICÉTOPHAGE. *Micetophagus.* Latr.

Antennes moniliformes, grossissant un peu vers leur sommet, à articles superfoliés. Mâchoires à deux lobes.

Corps ovale-oblong; corselet plus large postérieurement.

* *Micetophagus tritoma.* n. *Tritoma.* Geoff. ins. 1, p. 335, t. 6, f. 2. Mus. n°. 1. *Tritoma bi-pustulata?* Fab. 1, 2, p. 505.

LXXXe GENRE.

CHRYSOMÈLE. *Chrysomela.* L.

Antennes moniliformes, grossissant un peu vers leur sommet. Antennules courtes, un peu en massue. Mâchoires bilobées.

Corps ovale, convexe ou gibbeux. Corselet large, submarginé.

* *Chrysomela punctatissima.* Fab. 1, p. 307. Oliv. ins. n°. 91, pl. 1, f. 1, a, b, c. Mus. n°. 1.

LXXXIe GENRE.

GALERUQUE. *Galeruca.*

Antennes exactement filiformes. Antennules un peu inégales, ayant leur dernier article pointu.

Corps oblong. Corselet inégal.

Nota. Ce genre se divise en deux sections.

1°. Les galeruques qui ont les cuisses postérieures simples et qui ne sautent point.

2°. Les galeruques qui ont les cuisses postérieures renflées et qui sautent. On les nomme *altises*.

* *Galeruca oleracea*. Fab. 1, 2, p. 28. *Chrysomela oleracea*. Lin. L'altise bleue. Geoff. ins. 1, p. 245, n°. 1. Mus. n°. 37.

LXXXIIe GENRE.

Criocère. *Crioceris*. G.

Antennes moniliformes, rapprochées à leur base, plus courtes que le corps. Antennules filiformes. Mâchoires bifides.

Corps oblong. Corselet étroit, subcylindrique.

* *Crioceris*, 12-*punctata*. Fab. 1, 2, p. 7. *Crioceris*, Geoff. ins. 1, p. 240, n°. 2, t. 4, f. 5. *Chrysomela*, 12-*punctata*. Lin. Mus. n°. 6.

Nota. Plusieurs des *hispa* de Fabricius (vol. 1, part. 2, p. 70) sont de vérit. criocères. L'*hispa mutica* est un ténébrion selon le C. Latreille.

LXXXIIIe GENRE.

Gribouri. *Cryptocephalus*.

Antennes filiformes, à articles oblongs. Quatre antennules courtes, filiformes. Mâchoires ayant un lobe à leur base interne.

Corps subcylindracé. Corselet convexe. Tête enfoncée et en partie cachée sous le corselet.

* *Cryptocephalus sericeus*. Fab. 1, 2, p. 63. Oliv. ins. n°. 96, pl. 1, f. 5. *Chrysomela sericea*. Lin. Mus. n°. 6.

LXXXIVe GENRE.

CLYTRE. *Clytra*.

Antennes filiformes, en scie d'un côté, insérées devant les yeux. Mandibules avancées, bidentées au sommet.
Corps subcylindrique. Tête un peu enfoncée dans le corselet.

* *Clytra longipes*. Mus. n°. 2. *Cryptocephalus longipes*. Fab. 1, 2, p. 52.

LXXXVe GENRE.

BRUCHE. *Bruchus*. L.

Antennes filiformes, un peu épaissies et quelquefois en scie vers leur sommet. Quatre antennules inégales.
Tête penchée, prolongée en bec très-court. Corps ovale gibbeux. Elytres un peu plus courts que l'abdomen.

* *Bruchus pisi*. Lin. Fab. 1, 2, p. 370. Mus. n°. 3. *Mylabris*. Geoff. ins. 1, p. 267, t. 4, f. 9.

LXXXVIe GENRE.

ATTELABE. *Attelabus*. L.

Antennes moniliformes, droites, courtes en massue perfoliée. Mâchoires bifides.
Corps ovale, rétréci antérieurement. Tête alongée en trompe.

* *Attelabus coryli.* Lin. Fab. 1, 2, p. 384, Mus. n°. 1. *Curculio.* Degeer, ins. 5, p. 257, t. 8, f. 3. La tête écorchée. Geoff. 1, p. 273, n°. 11.

LXXXVIIe GENRE.

Brente. *Brentus.* F.

Antennes filiformes, insérées sur le bec, au-delà de sa partie moyenne.

Tête prolongée en forme de bec droit, très-long, cylindrique, grêle, portant la bouche à son extrémité.

Corps alongé.

* *Brentus anchorago.* Fab. 1, 2, p. 492. Oliv. ins. n°. 84, pl. 1, f. 2, a, b. Mus. n°. 1, 2. *Curculio anchorago*, Lin.

LXXXVIIIe GENRE.

Charanson. *Curculio.* L.

Antennes coudées, terminées en massue solide, et insérées sur la trompe.

Tête prolongée en une trompe dure, presque cornée, terminée par la bouche. Corps oblong.

* *Curculio palmarum.* Lin. Fab. 1, 2, p. 395. Oliv. ins. n°. 83, pl. 2, f. 16, a, b. Mus. n°. 3 et 4. Sa larve vit dans les palmiers; les Indiens la mangent.

LXXXIXe GENRE.

BRACHICÈRE. *Brachicerus*. F.

Antennes courtes, droites, en massue tronquée. Antennules très-courtes.

Tête inclinée, prolongée en une trompe épaisse. Corps renflé. Point d'écusson.

* *Brachicerus apterus*. Fab. 1, 2, p. 379. Oliv. ins. n°. 82, pl. 1, f. 3. Mus. n°. 1, 2. *Curculio apterus*. Lin.

XCe GENRE.

BOSTRICH. *Bostrichus*.

Antennes en massue. Mandibules simples. Mâchoires bifides ou unidentées.

Corps oblong. Corselet convexe, sous lequel la tête est plus ou moins cachée.

* *Bostrichus capucinus*. Mus. n°. 6. *Apate capucinus*. Fab. 1, 2, p. 362. *Dermestes capucinus*. Lin. *Bostrichus*. Geoff. ins. 1, p. 302, t. 5, f. 1.

XCIe GENRE.

EROTYLE. *Erotylus*. F.

Antennes en massue oblongue, perfoliée. Quatre antennules courtes, inégales, à dernier article élargi et en croissant. Mâchoires bifides.

Corps gibbeux. Tête enfoncée dans le corselet. Elytres marginés, embrassant l'abdomen.

* *Erotylus giganteus*. Fab. 1, 2, p. 35. Oliv. ins. n°. 89, pl. 1, f. 6. Mus. n°. 3. *Chrysomela gigantea*. Lin.

XCIIe GENRE.

Casside. *Cassida*. L.

Antennes moniliformes, grossissant un peu vers leur sommet, rapprochées à leur insertion.

Corps arrondi ou ovale, plat en-dessous. Corselet et élytres bordés, beaucoup plus larges que le corps; bord antérieur du corselet débordant et cachant la tête.

* *Cassida grossa*. Lin. Fab. 1, p. 304. Oliv. ins. n°. 97, pl. 1, f. 1. Mus. n°. 1.

QUATRIÈME SECTION.

Trois articles à tous les tarses.

XCIIIe GENRE.

Coccinelle. *Coccinella*. L.

Antennes courtes, en massue solide. Quatre antennules: les deux antérieures plus grandes et en massue sécuriforme. Corps hémisphérique, plat en-dessous. Corselet et élytres bordés.

* *Coccinella 7-punctata*. Lin. Fab. 1, p. 274. Oliv. ins. n°. 98, pl. 1, f. 1. Geoff. ins. 1, p. 321, t. 6, f. 1. Mus. n°. 10.

ORDRE SECOND.

INSECTES ORTHOPTÈRES.

Caract. Bouche munie de mandibules, de mâchoires, de lèvres et d'une galette recouvrant chaque mâchoire.

Deux élytres mous, presque membraneux, ne s'unissant point par leur bord interne en une suture droite, et recouvrant deux ailes plissées longitudinalement en éventail.

Larves conformées comme l'insecte parfait, mais n'ayant ni élytres ni ailes. La nymphe marche et mange.

Les insectes orthoptères que Degeer avoit déjà distingués, furent considérés par le C. Olivier comme présentant un ordre particulier bien distinct. Il leur assigna le nom d'*orthoptères*, mot composé, qui signifie *ailes droites*, parce qu'en effet presque tous les orthoptères ont les ailes droites plissées longitudinalement en manière d'éventail dans l'état de repos, au lieu de les avoir pliées transversalement comme dans les coléoptères. M. Fabricius ayant fixé son attention sur la petite pièce membraneuse, qu'il nomme *galea* (la galette), et qui se trouve placée à la partie extérieure des mâchoires entre celles-ci et les antennules antérieures, donna depuis aux insectes du même ordre, le nom d'*ulonata*. (Entom. t. 2, p. 1.) Mais il n'y a aucun avantage pour la science à changer la dénomination établie en premier lieu par le C. Olivier.

Linné confondoit les insectes qui constituent l'ordre des orthoptères parmi ses hémiptères, malgré l'extrême différence qui se trouve dans la bouche des insectes de ces deux ordres; et Geoffroi en avoit fait une division des coléoptères, en les distinguant des autres coléoptères par la considération de leurs élytres mous, presque membraneux. Mais il est certain que les insectes dont il s'agit ne sont ni des coléoptères ni des hémiptères, et qu'ils doivent former un ordre particulier.

Ce qui caractérise principalement les orthoptères, c'est moins peut-être la manière dont les ailes sont pliées ou disposées dans l'état de repos, que la pièce particulière à la bouche de ces insectes, qu'on nomme galette, et en outre que l'espèce de métamorphose que ces mêmes insectes subissent. En effet leur larve et leur nymphe ressemblent presqu'entièrement à l'insecte parfait. Elles mangent et se meuvent de la même manière. Les seules différences qu'elles présentent, c'est que la larve n'a point d'ailes, et qu'ensuite la nymphe ne se distingue que par des moignons ou des rudimens d'ailes qui lui viennent sur le corselet.

Cette sorte de métamorphose qui rapproche les *orthoptères* des insectes *hémiptères*, mais aussi qui leur est commune avec plusieurs *névroptères*, n'empêche pas que les véritables rapports qu'ont entr'eux tous ces insectes ne soient principalement recherchés dans la conformation de la bouche. Or, aux galettes près, la bouche des orthoptères est fort analogue à celle des coléoptères.

Les insectes de cet ordre ont des antennes sétacées, ou filiformes, ou ensiformes; deux grands yeux à réseau et trois petits yeux lisses; le corselet assez grand, quelquefois très-prolongé; et dans la plupart on n'apperçoit point d'écusson. Leurs pattes sont épineuses, et les postérieures dans un grand nombre de ces insectes sont renflées et leur servent à exécuter des sauts considérables.

XCIVe GENRE.

Forficule. *Forficula*. L.

Antennes filiformes. Quatre antennules inégales. Lèvre inf. fourchue.

Corps alongé; corselet plat; élytres très-courts; abdomen armé de pinces. Trois articles aux tarses.

* *Forficula auricularia*. Lin. Fab. 2, p. 1.

Forficula. Geoff. ins. 1, p. 375, t. 7, f. 3. Vulg. le grand perce-oreille.

XCVe GENRE.

Blatte. *Blatta.*

Antennes sétacées, longues, posées sous les yeux. Lèvre inf. bilobée.

Corps oblong, déprimé. Corselet applati, lisse, bordé, recouvrant la tête. Elytres horizontaux. Cinq articles aux tarses des quatre pattes antérieures, et quatre à ceux des postérieures.

* *Blatta orientalis.* Lin. Fab. 2, p. 9. *Blatta.* Geoff. 1, p. 380, t. 7, f. 5. Elle est originaire d'Asie, et s'est répandue par toute l'Europe. Elle court avec célérité, se cache pendant le jour, et la nuit dévore les provisions et les meubles.

XCVIe GENRE.

Grillon. *Gryllus.*

Antennes longues, sétacées. Lèvre inf. quadrifide. Elytres horizontaux. Abdomen terminé par deux filets sétacés. Trois articles aux tarses.

* *Gryllus grillo-talpa.* Lin. *Acheta grillo-talpa.* Fab. 2, p. 28. *Gryllus.* Geoff. 1, p. 387, t. 8, f. 1. Vulg. la courtilière ou le taupe-grillon.

XCVII^e GENRE.

SAUTERELLE. *Locusta.*

Antennes sétacées, très-longues. Lèvre inf. divisée en deux grands lobes, avec deux petites pointes intermédiaires. Elytres en toit. Abdomen des femelles terminé par une queue ou tarrière ensiforme. Quatre articles aux tarses. Pattes propres à sauter.

* *Locusta viridissima.* Fab. 2, p. 41. *Gryllus viridissimus.* Lin. *Locusta.* Geoff. 1, p. 398, t. 8, f. 5.

XCVIII^e GENRE.

ACHÈTE. *Acheta.*

Antennes filiformes, de moitié plus courtes que le corps. Lèvre supérieure entière : lèvre inf. quadrifide. Corselet prolongé postérieurement en une pointe qui égale ou dépasse l'abdomen. Elytres en toit ou nuls. Trois articles aux tarses. Pattes postérieures, longues et propres à sauter.

* *Acheta bipunctata.* n. *Gryllus bipunctatus.* Lin. *Acrydium bipunctatum.* Fab. 2, p. 26. *Acrydium.* Geoff. p. 394, n°. 5.

XCIX^e GENRE.

CRIQUET. *Acrydium.*

Antennes filiformes, de moitié plus courtes que le corps. Lèvre sup. échancrée ; lèvre inf. bifide. Elytres en toit. Trois articles aux tarses. Pattes postérieures, longues et propres à sauter.

* *Acrydium migratorium.* n. *Gryllus migratorius.* Lin. Fab. 2, p. 53. Frisch. ins. 9, t. 1, f. 8. Encyclop. pl. 126, f. 5; et pl. 127, f. b, c. C'est une des grosses espèces de ce genre. Il paroît que c'est une de celles qui forment ces essains si redoutables par les dévastations qu'ils causent dans leur passage en traversant diverses contrées. Celle-ci est originaire de Tartarie, et émigre vers les contrées orientales de l'Europe et vers l'Afrique.

C^e GENRE.

Truxale. *Truxalis.*

Antennes courtes, comprimées, à articles peu distincts. Tête prolongée supérieurement en un cône dont la pointe porte les yeux et les antennes, et dont la base contient la bouche.

Elytres en toit. Trois articles aux tarses.

* *Truxalis nasuta.* Fab. 2, p. 26. *Gryllus nasutus.* Lin. Roes. ins. 2, *Gryll.* t. 4. Encycl. pl. 135, f. 1.

CI^e GENRE.

Mante. *Mantis.* L.

Antennes sétacées, posées entre les yeux. Lèvre inf. à quatre divisions égales.

Tête inclinée. Corselet alongé et étroit. Elytres horizontaux, convexes, aussi longs que l'abdomen. Pattes antérieures, grandes, dentées ou épineuses, et armées d'un onglet. Cinq articles aux tarses.

* *Mantis oratoria.* Lin. Fab. 2, p. 20. Degeer, ins. 3, p. 410, t. 37, f. 2. Geoff. ins. 1, p. 399, t. 8, f. 4.

CII^e GENRE.

PHASME. *Phasma.*

Antennes filiformes, posées entre les yeux. Lèvre inf. à quatre divisions inégales.

Tête ovale, droite. Corselet court, étranglé au milieu. Abdomen applati. Les cuisses dilatées et comprimées.

* *Phasma siccifolia.* n. *Mantis siccifolia.* Lin. Fab. 2, p. 18. Roes. ins. 2. Gryll. t. 17. Encycl. pl. 133, f. 2.

CIII^e GENRE.

SPECTRE. *Spectrum.*

Antennes sétacées, posées entre les yeux. Lèvre inf. à quatre divisions inégales.

Tête ovale, oblique. Corselet cylindrique. Corps alongé, effilé, cylindrique. Elytres très-courts. Pattes longues et grêles.

* *Spectrum gigas.* n. *Mantis gigas.* Lin. Fab. Ent. 2, p. 14. Bradl. Nat. t. 27, f. 6. Seba Mus. 4, t. 77, f. 1, 2, et t. 78, f. 1-4. Le soldat.

* *Spectrum filiforme.* n. *Mantis filiformis.* Lin. Fab. 2, p. 12. Petiv. Gaz. t. 60, f. 2.

ORDRE TROISIÈME.

INSECTES NÉVROPTÈRES.

Caract. Bouche munie de mandibules, de mâchoires et de lèvres.

Quatre ailes nues, membraneuses, reticulées. Abdomen dépourvu d'aiguillon.

Larve hexapode, différente de l'insecte parfait.

Dans les deux ordres précédens les insectes ont, comme ceux-ci, la bouche munie de mandibules et de mâchoires ; mais ils n'ont que deux véritables ailes, et ces ailes sont cachées sous des élytres plus ou moins coriaces. Ceux au contraire que comprend l'ordre des *névroptères* sont dépourvus d'élytres et ont quatre ailes véritables, nues, membraneuses, transparentes, souvent colorées et chargées de nervures qui forment une espèce de réseau ou de treillis. Ces ailes sont étendues, plus ou moins égales en grandeur, selon les genres et les espèces.

La tête des névroptères est pourvue de deux grands yeux à facettes, et en outre de trois petits yeux lisses disposés en triangle sur le vertex.

Leur abdomen est très-alongé, et composé de plusiēurs anneaux distincts. Il est terminé par deux ou trois soies en forme de queue dans les éphémères, et par des espèces des crochets dans les mâles des libellules et des myrmeleons.

Tous les névroptères n'ont pas les mandibules également fortes et apparentes. Elles sont grandes dans les libellules, qui font la guerre aux autres insectes; mais ces parties sont très-petites et presqu'imperceptibles dans les éphémères qui ne prennent aucune nourriture et qui ne passent à leur dernier état que pour s'accoupler, se reproduire, et périr bientôt après.

Il me paroît que l'ordre des *névroptères* n'a pas été bien connu dans ses rapports avec les autres ordres par les entomologistes.

Geoffroi l'a confondu avec les hyménoptères. Linné qui, je crois, l'a établi le premier, le plaçoit entre les *lépidoptères* et les *hyménoptères*, quoiqu'il soit très-éloigné des premiers par les caractères importans des parties de la bouche, et il ne le distinguoit des *hyménoptères* que parce que les névroptères n'ont point l'extrémité de l'abdomen armée d'un aiguillon. M. Fabricius, dans sa classe intitulée *Synistata*, (vol. 3, p. 63) associe les névroptères avec la forbicine et la podure, c'est-à-dire avec des animaux qui ne se métamorphosent point, et qui conséquemment ne sont pas même des insectes.

Il me semble que la considération importante des parties de la bouche, qu'on doit employer au moins pour déterminer les ordres, indiquoit naturellement la nécessité de ne point écarter les uns des autres les *coléoptères*, les *orthoptères* et les *névroptères*, les insectes de ces trois ordres étant les seuls qui aient des mandibules et des mâchoires. Il me semble encore qu'après les coléoptères viennent indispensablement les orthoptères, et qu'après ceux-ci les névroptères doivent suivre de toute nécessité. D'ailleurs la transition naturelle des orthoptères aux névroptères par les spectres et les libellules est extrêmement frappante; car ces deux genres d'insectes, quoique de deux ordres différens, ont des rapports remarquables par le caractère de la bouche, par la forme alongée de leur abdomen, et ce qui est plus important, par leur nymphe qui, de part et d'autre, marche et mange.

Les larves des névroptères sont munies de six pattes situées dans leur partie antérieure. La plupart vivent dans l'eau, et n'en sortent que sous l'état d'insecte parfait. Les autres

ivent dans les champs : parmi celles-ci les
nes habitent sur les arbres et font la guerre
ux pucerons ; quelques autres, cachées dans
e sable, sont occupées à tendre des piéges aux
ourmis. Toutes sont carnassières et vivent
niquement de proie.

L'ordre des névroptères peut être divisé en rois sections, d'après la considération du nombre d'articles des tarses. Il comprend onze genres dont nous allons faire l'exposition.

PREMIÈRE SECTION.

Deux ou trois articles aux tarses.

CIV^e GENRE.

LIBELLULE. *Libellula.*

Antennes très-courtes, terminées par une soie. Deux antennules courtes, insérées à la base externe des mâchoires. Bouche masquée par les lèvres.

Tête grosse, arrondie ou transversale. Ailes étendues. Abdomen long, terminé dans les mâles par deux petits crochets. Trois articles aux tarses. Larve aquatique.

* *Libellula grandis.* Lin. *Aeshna grandis.* Fab. 2, p. 384. *Libellula.* Degeer, ins. 2, p. 45, t. 20, f. 6. Geoff. 2, p. 227, n°. 12. La julie.

* *Libellula depressa.* Lin. Fab. 2, p. 373. Roes. ins. 2. Aquat. 2, t. 6, f. 4, et t. 7, f. 1. Geoff. 2, p. 226, n°. 9. La silvie.

* *Libellula virgo.* Lin. *Agrion virgo.* Fab. 2, p. 386. *Libellula.* Geoff. 2, p. 221, n°. 1, et p. 222, n°. 2.

Nota. Ces trois espèces font partie de trois genres différens dans l'entomologie de M. *Fabricius*, genres qu'il établit sur quelques particularités qu'offre la lèvre inf. de ces insectes.

CV^e GENRE.

TERMITE. *Termes.* L.

Antennes moniliformes. Lèvre inf. quadrifide. Mâchoires recouvertes d'une espèce de galette ciliée. Quatre antennules.

Corselet applati. Ailes grandes, horizontales, caduques. Trois articles aux tarses.

* *Termes fatale.* L. Fab. 2, p. 87. *Termes destructor.* Degeer, ins. 7, p. 50, n°. 3, t. 37, f. 1, 2, 3.

C'est l'insecte le plus destructeur que l'on connoisse. La promptitude avec laquelle il détruit les meubles, les palissades, les bois des édifices, &c. le rend un véritable fléau des pays chauds, soit des Indes, soit de l'Afrique. Il travaille toujours à couvert. Il y a des espèces qui se construisent des nids en cylindre, qui s'élèvent à plusieurs pieds.

CVI^e GENRE.

PSOC. *Psocus.* Lat.

Antennes sétacées. Deux antennules articulées, maxillaires. Mandibules larges, terminées par une forte dent. Mâchoires de deux pièces : l'intérieure linéaire contenue dans l'extérieure. Lèvre inf. subquadrifide.

Corselet bombé. Ailes grandes, en toit. Deux articles aux tarses.

* *Psocus pedicularius.* Latr. Bullet. de la Soc. Phil. n°. 41. Esp. 1. Coqueb. Illustr. Iconogr. p. 10, t. 2, f. 1. *Psocus abdominalis.* Fab. Suppl. p. 204.

* *Psocus pulsatorius.* Fab. Suppl. p. 204. *Termes pulsatorium.* Lin. *Psoccus pulsatorius.* Coqueb. Illustr. p. 14, t. 2, f. 14. Le pou de bois. Geoff. ins. 2, p. 601, n°. 12. Ce psoc est aptère. Il ressemble à un petit pou, et court avec célérité.

CVII^e GENRE.

PERLE. *Perla.* G.

Antennes longues, sétacées : articles nombreux, très-courts. Quatre antennules filiformes. Lèvre inf. à deux divisions.

Ailes horizontales. Deux filets à la queue dans la plupart. Trois articles aux tarses.

* *Perla fusca.* Geoff. 2, p. 231, t. 13, f. 2.

Phryganea bicaudata. Lin. *Semblis bicaudata.* Fab. 2, p. 73. Sa larve est aquatique.

DEUXIÈME SECTION.

Quatre articles aux tarses.

CVIIIe GENRE.

RAPHIDIE. *Raphidia.* G.

Antennes filiformes, de longueur moyenne. Quatre antennules filiformes.

Corselet cylindrique, alongé en forme de col. Ailes en toit. Abdomen des femelles, terminé par un appendice sétacé.

* *Raphidia ophiopsis.* Lin. Fab. 2, p. 99. *Raphidia.* Geoff. 2, p. 255, n°. 1, t. 13, f. 3.

TROISIÈME SECTION.

Cinq articles aux tarses.

CIXe GENRE.

MYRMELEON. *Myrmeleon.* L.

Antennes courtes, renflées graduellement vers l'extrémité. Six antennules inégales. Les yeux saillans.

Ailes en toit. Abdomen long, cylindrique, terminé par deux crochets dans les mâles.

* *Myrmeleon formicaleo.* Lin. *Myrmeleon formicarium.* Fab. 2, p. 93. *Formica leo.* Geoff.

ins. 2, p. 258, t. 14, f. 1. Encycl. pl. 96, f. 1, et pl. 97, f. 2. Le fourmilion. Cet animal est célèbre par l'industrie de sa larve et par les moyens qu'elle emploie pour attraper les fourmis et autres petits insectes dont elle suce la substance pour se nourrir. Dans l'état parfait, il ressemble à une libellule.

CXe GENRE.

Ascalaphe. *Ascalaphus.*

Antennes longues, filiformes, terminées en tête ou par un bouton comprimé. Six antennules inégales, filiformes.

Corps velu. Abdomen terminé dans les mâles par deux crochets.

* *Ascalaphus barbarus.* Fab. 2, p. 95. *Myrmeleon barbarus.* Lin. *Libelluloïdes.* Schœff. ic. t. 50, f. 1-3. Ascalaphe. Encycl. pl. 97, f. 1.

CXIe GENRE.

Panorpe. *Panorpa.* L.

Antennes longues, filiformes. Quatre antennules filiformes.

Partie antérieure de la tête, se prolongeant en un bec corné, au bout duquel est la bouche. Mandibules petites; mâchoires à deux divisions laciniées.

Ailes horizontales. Abdomen terminé, dans les mâles, par une queue articulée, armée de pinces.

* *Panorpa communis.* Lin. Fab. 2, p. 97.

Panorpa. Geoff. ins. 2, p. 260, t. 14, f. 2. La mouche-scorpion.

Nota. Les panorpes orientales ou d'Asie sont singulièrement remarquables par leurs ailes postérieures étroites et fort longues.

CXIIe GENRE.

Hémérobe. *Hemerobus*. L.

Antennes sétacées, un peu longues. Quatre antennules inégales. Bouche un peu prominente. Mâchoires bifides. Les yeux saillans.

Ailes grandes, en toit. Abdomen simple.

* *Hemerobus perla*. Lin. Fab. 2, p. 82. *Hemerobus*. Geoff. ins. 2, p. 253, n°. 1, t. 13, f. 6. *Leo aphidis*. Reaumur, ins. 3, t. 33, f. 2, 5, 6. Le lion des pucerons.

Ses yeux sont dorés et fort brillans. Ses ailes finement réticulées, ressemblent à de la gaze verte.

CXIIIe GENRE.

Frigane. *Phryganea*. L.

Antennes longues, sétacées. Quatre antennules inégales : les antérieures fort longues. Mandibules peu sensibles. Mâcheires soudées avec la lèvre inf.

Ailes grandes, en toit. Abdomen simple. Larves aquatiques, vivant dans des fourreaux.

* *Phryganea striata*. Lin. Fab. Ent. 2, p. 75.

Phryganea. Geoff. ins. 2, p. 246, n°. 1, t. 13, f. 5.

CXIVe GENRE.

ÉPHÉMÈRE. *Ephemera*. L.

Antennes courtes, sétacées. Quatre antennules très-courtes. Bouche sans mandibules.

Abdomen terminé par deux ou trois filets sétacés. Ailes écartées : les inférieures très-petites.

Larves aquatiques, respirant par des branchies en forme de houppes, placées sur les côtés de l'abdomen.

Nota. L'insecte ne parvient à l'état parfait que pour s'accoupler, pondre et mourir.

* *Ephemera vulgata*. Lin. Fab. 2, p. 68. Degeer, ins. 2, p. 7, t. 16, f. 1. Geoff. 2, p. 238, n°. 1.

ORDRE QUATRIEME.

INSECTES HYMÉNOPTERES.

Caract. Bouche munie de mandibules et d'une espèce de trompe formée par le prolongement des mâchoires et de la lèvre inférieure. Quatre antennules. Trois petits yeux lisses. Quatre ailes nues, membraneuses, veinées irrégulièrement. Anus de la plupart des femelles armé d'un aiguillon. Cinq articles aux tarses.

Larve vermiforme, sans pattes ou avec des pattes nombreuses. Nymphe immobile.

Il n'y a point encore de véritable trompe dans les insectes de cet ordre, mais seulement un prolongement plus ou moins considérable dans la lèvre inférieure et dans les deux mâchoires. En sorte que ces parties se réunissant dans leur action, font réellement les fonctions d'une trompe ou d'un suçoir. On sent donc que les *hyménoptères* ne doivent pas être écartés des *névroptères*, qu'ils doivent les suivre immédiatement, et même qu'ils forment une transition naturelle des insectes munis de mandibules et de mâchoires à ceux qui n'ont plus qu'un suçoir soit à nu, soit accompagné d'une gaine pour le recevoir.

Les insectes hyménoptères ont de si grands

rapports avec les insectes névroptères, que Geoffroi les réunissoit et en formoit une classe sous le nom d'insectes *tétraptères à ailes nues*. Mais Linné et plusieurs autres entomologistes les ont, avec raison, distingués, et en ont formé deux ordres : savoir, les névroptères mentionnés ci-dessus, et les hyménoptères dont je vais faire l'exposition.

Les hyménoptères que M. Fabricius nomme *piezata*, ont quatre ailes nues, membraneuses, et d'inégale grandeur ; les inférieures étant constamment plus courtes et plus petites que les deux supérieures. Les unes et les autres sont chargées de nervures longitudinales peu nombreuses, et qui se joignent obliquement sans former de véritable réticulation, comme dans celles des névroptères.

Dans la plupart des hyménoptères, l'anus des femelles est armé d'un aiguillon que l'insecte tient en général caché dans l'extrémité de l'abdomen, et dont il se sert au besoin. Les mâles en sont toujours dépourvus.

La bouche de ces insectes est armée de deux mandibules, et au lieu de mâchoires, ces insectes ont une espèce de trompe formée par l'union des mâchoires avec la lèvre inférieure qui est plus ou moins prolongée. Les entomologistes lui donnent le nom de langue.

Par le moyen de cette fausse trompe, les hyménoptères sucent le suc mielleux des fleurs et des fruits. Elle est assez longue dans les uns ; mais dans les autres elle est courte et presqu'imperceptible.

Les hyménoptères sont en général du nombre des insectes qui présentent les particularités les plus remarquables par leurs mœurs, leurs habitudes naturelles, et quelquefois par des faits singuliers d'organisation.

Il y en a qui vivent en société avec une police admirable, et qui font des ouvrages étonnans par leur composition et par leur régularité. Parmi eux l'on trouve, outre les mâles et les femelles, des individus qui ne jouissent d'aucun sexe, et qui semblent seulement destinés au travail et à avoir soin des petits.

On rencontre souvent des insectes de cet ordre qui n'ont point d'ailes, et même qui n'en acquièrent jamais, comme dans les fourmis, les mutiles, &c. Mais cette exception ne porte que sur les individus qui n'ont point de sexe et qu'on nomme mulets. Ils n'en subissent pas moins une véritable métamorphose. Cela néanmoins n'est pas général ; car les individus sans sexe parmi les abeilles n'en sont pas moins ailés. Le C. Latreille pense que les individus sans sexe de l'ordre des hyménoptères ne sont que des femelles sans ovaires; c'est-à-dire dont l'ovaire est avorté.

Je divise les hyménoptères en deux sections, d'après la considération de l'abdomen sessile ou pédiculé. La deuxième section étant plus nombreuse en genres, est partagée en trois sous-divisions.

PREMIÈRE SECTION.

ABDOMEN SESSILE.

Il est appliqué au corselet pour toute sa largeur.

CXV^e GENRE.

TENTRÈDE. *Tentredo.* L.

Antennes filiformes. Quatre antennules : les antérieures plus longues. Lèvre inférieure terminée par trois lanières.

Corps oblong, subcylindrique. Abdomen sessile. Une tarrière en scie, cachée entre deux valves, à l'extrémité de l'abdomen de la femelle.

Larve à plus de seize pattes.

* *Tentredo rosæ.* Lin. Fab. Ent. 2, p. 109. Reaum. ins. 5, t. 14, f. 10-12. Geoff. ins. 2, p. 272, n°. 4. La mouche à scie du rosier.

CXVI^e GENRE.

Clavellaire. *Clavellaria*. Ol.

Antennes un peu courtes, en massue à leur sommet. Quatre antennules filiformes.

Corps gros, alongé. Abdomen sessile. Tarrière des tentrèdes. Vol lourd.

* *Clavellaria lutea*. n. *Tentredo lutea*. Lin. Fab. 2, p. 105. Rees. ins. 2. Vesp. t. 13. Sa larve est verte, avec une raie noire sur le dos.

CXVII^e GENRE.

Urocère. *Sirex*. L.

Antennes filiformes. Quatre antennules inégales : les postérieures plus longues, velues, terminées en bouton. Corps cylindrique. Abdomen sessile, terminé par une pointe prominente, qui recouvre une tarrière composée d'un aiguillon sétacé, renfermé entre deux valves.

Larves hexapodes.

* *Sirex gigas*. Lin. Fab. 2, p. 124. *Uroceros*. Geoff. ins. 2, p. 265, t. 14, f. 3.

CXVIII^e GENRE.

Orysse. *Oryssus*. Latr.

Antennes filiformes de dix à onze articles. Quatre antennules inégales : les antérieures plus longues, de cinq articles ; les postérieures de trois. Langue ou lèvre inf. entière, arrondie.

Abdomen sessile, cylindrique. Tarrière de la femelle longue, roulée sur elle-même, et cachée dans une coulisse.

* *Oryssus coronatus*. Fab. Ent. Suppl. p. 218. Coqueb. illustr. iconogr. p. 22, t. 5, f. 7. *Sphex abietina*. Scop. Ent. Carn. p. 296, n°. 788.

DEUXIÈME SECTION.

ABDOMEN PÉDICULÉ.

Il tient au corselet par un filet, ou par un point, ou par un étranglement.

[A] Bouche courte. Une tarrière en dehors dans les femelles.

CXIX^e GENRE.

ICHNEUMON. *Ichneumon*. L.

Antennes sétacées, longues, vibratiles, à plus de vingt articles. Quatre antennules inégales: les antérieures plus longues, de cinq articles; les postérieures de trois. Langue élargie et échancrée.

Abdomen attaché au corselet par un pédicule grêle plus ou moins long. Celui de la femelle terminé par une tarrière saillante, caudiforme, composée de trois filets.

Larve apode, vivant dans le corps des autres insectes.

* *Ichneumon persuasorius*. Lin. Fab. 2, p. 145. Degeer, ins. 1, t. 36, f. 8. Schœff. ic. t. 80, f. 2.

CXX^e GENRE.

CHALCIDE. *Chalcis.* F.

Antennes courtes, brisées : la deuxième pièce en fuseau. Quatre antennules.

Abdomen presque globuleux, terminé en pointe. Tarrière des femelles située sous l'abdomen dans une fente. Cuisses postérieures épaisses et propres à sauter.

* *Chalcis sispes.* Fab. Ent. 2, p. 194. *Sphex sispes.* Lin. *Vespa.* Geoff. ins. p. 380, n°. 16.

* *Chalcis quercina.* n. *Cynips.* Geoff. ins. 2, p. 298, n°. 5, t. 15, f. 1. Sa larve produit la petite galle ronde et lisse des feuilles de chêne.

CXXI^e GENRE.

CINIPS. *Cynips.* L.

Antennes filiformes, de douze à quinze articles. Quatre antennules courtes, inégales.

Corselet gibbeux. Ventre renflé, comprimé sur les côtés, tranchant en-dessous. Une tarrière roulée en dedans et cachée entre deux lames sous le ventre des femelles.

Larve ayant plus de seize pattes, et vivant la plupart dans une *galle* ou protubérance végétale inorganique.

* *Cynis quercus folii.* Lin. Fab. Ent. 2, p. 101. *Diplolepis.* Geoff. ins. 2, p. 309, n°. 1, t. 15, f. 2. La piqûre de la femelle produit ces galles rondes et lisses qu'on voit souvent sur le dos des feuilles du chêne, et dans lesquelles vivent les larves.

CXXII^e GENRE.

LEUCOPSIS. *Leucopsis.* F.

Antennes courtes, brisées, grossissant vers le bout, et presqu'en massue. Langue échancrée.

Abdomen comprimé, tenant au corselet par un pédicule court. Tarrière de la femelle, recourbée sur le dos ou la partie supérieure de l'abdomen. Cuisses postérieures renflées.

* *Leucopsis dorsigera.* Fab. Ent. 2, p. 246. *Sphex dorsigera.* Sulz. Hist. ins. t. 27, f. 11. Sa larve vit dans l'int. des cellules des guêpes.

* *Leucopsis gigas.* Fab. 2, p. 245. Coqueb. *Illustr. Iconogr.* p. 23, t. 6, f. 1.

CXXIII^e GENRE.

EVANIE. *Evania.* F.

Antennes filiformes, rapprochées à leur base. Quatre antennules.

Abdomen très-petit, comprimé, attaché au corselet par un pédicule arqué qui s'insère sur son dos. Tarrière très-courte. Pattes postérieures fort longues.

* *Evania appendigaster.* Fab. Ent. 2, p. 193. *Sphex appendigaster.* Lin. Reaum. ins. 6, t. 31, f. 13.

* *Evania minuta.* Fab. Ent. 2, p. 194. Coqueb. *Illustr. Iconogr.* p. 20, t. 4, f. 9.

[B] Bouche courte. Point de tarriere dans les femelles, mais un aiguillon piquant caché dans l'abdomen.

CXXIV^e GENRE.

FOURMI. *Formica.* L.

Antennes filiformes, brisées : le premier article très-long. Antennules inégales; les antérieures fort longues. Mandibules fortes. Langue courte, concave, tronquée. Abdomen attaché au corselet par un pédicule qui porte une petite écaille ou un nœud vertical. Trois sortes d'individus pour chaque espèce : des mâles, des femelles et des neutres. Ces derniers n'ont jamais d'ailes. Larves apodes.

* *Formica rufa.* Lin. Fab. Ent. 2, p. 351. *Formica ferruginea.* Degeer, ins. 2, 2, p. 505, t. 41, f. 1, 2. La fourmi brune à corselet fauve. Geoff. 2, p. 428, n°. 4. Espèce commune dans les jardins, et sur-tout dans les bois, où elle fait sa fourmilière en monticule.

CXXV^e GENRE.

MUTILLE. *Mutilla.*

Antennes filiformes, subsétacées, vibratiles. Quatre antennules filiformes. Mandibules dentées. Corps oblong, velu. Abdomen renfermant un aiguillon. Femelles aptères.

* *Mutilla europæa.* Lin. Fab. Ent. 2, p. 368. Sulz. Hist. ins. t. 27, f. 23, 24.

CXXVI^e GENRE.

Tiphie. *Tiphia.* F.

Antennes filiformes, très-rapprochées, insérées près de la bouche. Langue courte, voûtée, divisée en trois lobes.

Corselet gibbeux, joint à l'abdomen par un pédicule court. Aiguillon dans l'abdomen des femelles.

* *Tiphia villosa.* Fab. Ent. 2, p. 227.

CXXVII^e GENRE.

Scolie. *Scolia.* F.

Antennes filiformes, un peu épaissies dans leur partie supérieure, longues dans les mâles, courtes dans les femelles. Mâchoires et lèvre inf. prominentes : celle-ci chargée de trois filets.

Abdomen oblong, attaché par un pédicule court. Un aiguillon très-piquant dans celui des femelles.

* *Scolia hæmorrhoïdalis.* Fab. Ent. 2, p. 230.

CXXVIII^e GENRE.

Sphex. *Sphex.* L.

Antennes filiformes, courbées ou se roulant en spirale. Langue à trois divisions.

Abdomen pédiculé ; celui des femelles renfermant un aiguillon caché et piquant. Ailes planes.

* *Sphex sabulosa.* Lin. Fab. Ent. 2, p. 198. Frisch. ins. 2, t. 1, f. 6, 7. *Ichneumon.* Geoff. ins. 2, p. 349, n°. 63.

Il creuse un trou dans les terres sablonneuses, y dépose un œuf avec des provisions d'araignées, et ensuite en bouche l'ouverture.

CXXIX[e] GENRE.

Chryside. *Chrysis.* L.

Antennes filiformes, brisées, vibratiles : le premier article alongé. Quatre antennules inégales : les antérieures de cinq articles ; les postérieures de trois. Langue échancrée.

Corps brillant, orné de couleurs métalliques éclatantes. Abdomen concave en dessous, à pédicule très-court. Anus des femelles, muni d'un aiguillon inerme.

* *Chrysis ignita.* Lin. Fab. Ent. 2, p. 241. Frisch. ins. 9, t. 10, f. 1. *Vespa.* Geoff. ins. 2, p. 382, n°. 20.

Elle a la tête et le corselet bleus ; l'abdomen rouge changeant en couleur d'or, terminé par quatre dentelures. Elle fait son nid dans les trous des murs.

CXXX[e] GENRE.

Crabron. *Crabro.*

Antennes filiformes, courtes, brisées : le premier article plus long. Antennules filiformes : les ant. de six articles ; les post. de quatre. Mandibules à pointe bifide. Langue entière ou sinuée. Lèvre sup. argentée ou dorée.

Corps oblong, varié de noir et de jaune. Corselet convexe, gibbeux. Abdomen presque sessile. Un aiguillon foible dans l'anus des femelles.

* *Crabro cribrarius*. Fab. Ent. 2, p. 297. *Sphex cribraria*. Lin. Degeer, ins. 2, 2, p. 139, t. 28, f. 1-3.

Il fait son nid dans des trous des vieux bois, dépose ses œufs avec des provisions pour les larves, et les comble ensuite avec de la sciure. Le mâle a les pattes antérieures dilatées en palettes.

CXXXI^e GENRE.

GUÊPE. *Vespa*. L.

Antennes brisées, renflées vers leur extrémité. Quatre antennules filiformes : les ant. de six articles, les post. de quatre. Langue élargie et échancrée à son sommet ; avec une petite soie de chaque côté. Les yeux réniformes. Corps glabre ou presque glabre. Les ailes supérieures plissées. Abdomen pédiculé ; celui des femelles et des neutres contenant un aiguillon très-piquant.

Trois sortes d'individus pour chaque espèce : des mâles, des femelles et des neutres. Ils sont tous ailés.

Larves apodes.

* *Vespa crabro*. Lin. Fab. Ent. 2, p. 255. Frisch. ins. 9, t. 11, f. 1. Geoff. ins. 2, p. 368, n°. 1. La guêpe frelon.

Elle fait son nid dans les troncs d'arbres creux et dans les charpentes des greniers.

[C] Bouche prolongée en manière de trompe.

CXXXII^e GENRE.

BEMBÈCE. *Bembex.*

Antennes filiformes, brisées à leur base. Quatre antennules. Lèvre sup. prolongée en bec. Trompe alongée, fléchie, et divisée en cinq pièces, dont les deux latérales sont les mâchoires, et les trois intermédiaires sont la langue. Les yeux ovales.

Abdomen alongé, attaché au corselet par un pédicule court. Celui des femelles cachant un fort aiguillon.

* *Bembex signata.* Fab. Ent. 2, p. 247.
Vespa signata. Lin. Sulz. Hist. ins. t. 27, f. 9.

* *Bembex carolina.* Fab. Ent. 2, p. 249.
Coqueb. *Illustr. Iconogr.* p. 24, t. 6, f. 2.

CXXXIII^e GENRE.

ANDRÈNE. *Andrena.* F.

Antennes filiformes. Quatre antennules inégales. Mâchoires et langue fort alongées, formant une trompe divisée en trois pièces.

Corps velu. Corselet arrondi. Un aiguillon foible caché dans l'abdomen des femelles.

* *Andrena succincta.* Fab. Ent. 2, p. 314.
Apis succincta. Lin. Schœff. ic. t. 32, f. 5.
Apis. Geoff. ins. 2, p. 411, n°. 7. L'andrene mineuse.

CXXXIVe GENRE.

Eucère. *Eucera.* F.

Antennes longues, filiformes. Langue de cinq pièces, formant avec les deux mâchoires une trompe divisée en sept parties.

Corps velu. Abdomen presque sessile : celui des femelles contenant un aiguillon.

* *Eucera longicornis.* Fab. Ent. 2, p. 343. *Apis longicornis.* Lin. *Apis.* Geoff. ins. 2, p. 413, n°. 10.

CXXXVe GENRE.

Abeille. *Apis.* L.

Antennes filiformes, brisées. Quatre antennules très-courtes : les ant. à peine visibles. Deux mandibules. Deux mâchoires, jointes à la lèvre inf. qui est trifide, formant une trompe alongée quinquefide, qui se courbe ou se fléchit en dessous dans l inaction.

Corps velu. Abdomen presque sessile : celui des femelles et des neutres renfermant un aiguillon rétractile.

Trois sortes d'individus pour chaque espèce : des mâles, des femelles et des neutres.

Larves apodes.

* *Apis mellifica.* Lin. Fab. Ent. 2, p. 327. Swammerd. Bibliot. Nat. t. 17, f. 1-4. Reaum. ins. 5, t. 21, 22, 23. *Apis gregaria.* Geoff. ins. 2, p. 407, n°. 1. Vulg. l'abeille commune ou domestique.

CXXXVI^e GENRE.

NOMADE. *Nomada*, F.

Antennes filiformes, courtes. Quatre antennules un peu longues : les ant. sétacées ; les post. 4-articulées et linguiformes. Trompe comme dans l'abeille.

Corps glabre, oblong. Tête large. Corselet ovale, convexe. Abdomen presque sessile : celui des femelles renfermant un aiguillon.

* *Nomada variegata*. Fab. Ent. 2, p. 347. *Apis variegata*. Lin.

ORDRE CINQUIEME.

INSECTES LÉPIDOPTÈRES.

Caract. Bouche munie d'un suçoir de deux pièces, nu, imitant une trompe tubuleuse, et roulé en spirale dans l'inaction. Deux ou quatre antennules.

Quatre ailes membraneuses, recouvertes d'écailles colorées, peu adhérentes, semblables à une poussière fine.

Larve vermiforme, munie de huit à seize pattes. Nymphe immobile.

Cet ordre comprend une série extrêmement nombreuse d'insectes bien caractérisés par leur bouche et leurs ailes ; fort intéressans par les particularités de leurs métamorphoses ; connus en général sous le nom de *papillons* ;

et très-diversifiés par leur forme, leur grandeur, et sur-tout par la beauté, l'éclat et l'admirable variété des couleurs dont la nature les a ornés.

Dans l'état parfait, ces insectes ont quatre ailes étendues, mais couvertes plus ou moins complètement de très-petites écailles ovales ou alongées, découpées en leur bord et un peu imbriquées; c'est-à-dire disposées en recouvrement les unes à la suite des autres comme les tuiles d'un toit. Ces écailles sont implantées par une espèce de pédicule, et se détachent avec facilité au moindre frottement.

La bouche de ces insectes n'a ni mandibules ni mâchoires; mais elle est munie d'un suçoir nu, qui ressemble à une trompe, auquel on a donné le nom de langue (*lingua spiralis*) et que l'animal resserre en le roulant en spirale lorsqu'il n'en fait pas usage. Ce suçoir, qui varie dans sa longueur selon les genres, est placé entre deux antennules. Il est composé de deux pièces ou lames linéaires convexes en dehors, concaves en dedans, et qui par leur réunion forment un tube ou cylindre creux, propre pour laisser passer le suc mielleux des fleurs dont les insectes de cet ordre se nourrissent.

Leur tête est pourvue de deux antennes

filiformes, ou sétacées, ou pectinées, ou prismatiques, ou enfin terminées en massue. Les yeux sont grands et à réseau. Les trois petits yeux lisses sont difficiles à appercevoir, à cause des poils dont la tête et le corps de ces animaux sont pourvus. Comme dans tous les autres insectes parfaits les pattes sont au nombre de six, elles ont le tarse divisé en cinq pièces, dont la dernière est terminée par deux onglets très-petits.

La larve des lépidoptères est connue sous le nom de *Chenille*. Elle est vermiforme, molle, charnue, tantôt glabre, tantôt hérissée de poils ou de piquans, et a constamment six pattes écailleuses, avec des pattes membraneuses dont le nombre varie de deux à dix. Sa bouche est armée de fortes mandibules et de mâchoires qui portent les antennules. C'est avec ces organes que les chenilles rongent les feuilles, les fleurs, les fruits des végétaux, les étoffes de laine, les pelleteries, &c. A la partie inférieure de la bouche on découvre un petit trou auquel on a donné le nom de *filière*; trou par lequel la larve fait sortir la liqueur filante qui, en se desséchant à l'air, forme la soie dont se sert la larve pour se suspendre, ou pour construire sa coque lorsqu'elle veut se métamorphoser.

Les chenilles, ainsi que la plupart des larves des autres insectes, changent plusieurs fois de peau avant de se métamorphoser Ces sortes de mues leur font éprouver alors une espèce de maladie qui quelquefois les fait périr. A l'approche de ce moment critique, elles cessent de manger, perdent leur activité ordinaire, paroissent languissantes, se fixent, et finissent par exécuter cette opération laborieuse.

La plupart des chenilles n'ont que trois ou quatre de ces mues à subir pendant la durée de leurs développemens; il y en a néanmoins qui changent de peau jusqu'à huit et même neuf fois.

Lorsque les chenilles ont pris tout leur accroissement et que le temps de leur métamorphose approche, elles quittent souvent les plantes sur lesquelles elles ont vécu, choisissent des lieux commodes pour y subir leur transformation, s'y fixent, et cessent de prendre de la nourriture. Elles se vident entièrement, et rejettent même jusqu'à la membrane qui double leur estomac et leur canal intestinal. Alors celles qui savent se filer des coques, se mettent à y travailler, et s'y renferment comme pour se mettre à l'abri des impressions de l'air. A mesure qu'elles exécutent cette étonnante opération, on les voit dans cette enveloppe se courber, se raccourcir, se déformer, se dégager enfin du fourreau de chenille, et se trouver dans l'état particulier d'un corps ovale-conique, immobile, à peau dure ou coriace. Elles prennent alors le nom de *chrysalide* ou de *nymphe*, à cause de leur forme singulière.

On peut dire que la chrysalide n'est autre chose qu'un papillon imparfait et emmaillotté, lequel préexistoit déjà dans la chenille. Cette chrysalide semble être aussi une espèce d'œuf, dans lequel le papillon achève de se développer et de perfectionner ses parties. Il y reste jusqu'à ce qu'il soit entièrement formé et qu'une douce chaleur l'invite à en sortir. En effet, averti par l'instinct qu'il a acquis assez de force pour rompre ses fers, il fait un puissant effort qui lui ouvre une seconde fois les portes de la vie, et qui lui fait voir la lumière avec des yeux dont il avoit été jusqu'alors privé.

Au moment même où le jeune papillon quitte sa chrysalide, c'est-à-dire la dernière des enveloppes qui le recouvroient, tous ses organes deviennent plus sensibles, et prennent bientôt l'extension qui leur convient. Ses ailes qui d'abord ne paroissent presque pas, sont alors plissées, chiffonnées ou repliées sur elles-mêmes et encore couvertes de l'humidité du berceau ; mais dès qu'elles sont à l'air libre, les liqueurs et les fluides subtils qui doivent circuler dans leurs canaux, s'élançant avec rapidité, les forcent bientôt à s'étendre ; à moins que quelque cause accidentelle ne s'y oppose, et n'expose ces parties à être surprises par la sécheresse, à manquer leur développement, et à rester imparfaites et incapables de servir.

C'est ainsi que tous les papillons sortent de leur état de nymphe ou de chrysalide, et qu'ils subissent la métamorphose la plus étonnante qu'on connoisse parmi les êtres vivans. Ces animaux ne faisant dans leurs mutations diverses que retirer leurs nouveaux organes des anciens qui les recouvroient, il semble que chacun d'eux soit en quelque sorte un être multiple ou un composé de plusieurs corps différens, renfermés les uns dans les autres, qui se développent et paroissent au jour successivement.

Parvenu à l'état d'insecte parfait, le lépidoptère ne conserve plus rien de son premier état. Figure, organe, manière de vivre, industrie, mouvement, tout est changé ; en sorte que l'animal qui commença par être chenille, par ramper comme un ver, par brouter la plus grossière nourriture, se trouve après sa métamorphose transformé en un animal nouveau dans sa forme et dans toutes ses parties, orné des plus belles couleurs, ailé, très-agile, et qui, en quelque sorte ne tenant plus à la terre, voltige presque sans cesse, ne se nourrit que du miel des fleurs, et semble ne connoître que le plaisir.

Division des lépidoptères.

L'ordre des lépidoptères n'a été divisé qu'en trois genres par Linnéus : savoir, en *papillon*, *sphinx* et *phalène*. Les entomologistes jusqu'à présent ont conservé le premier de ces genres, celui du papillon ; et comme il est très-nombreux en espèces, ils se sont contentés de le sous-diviser en plusieurs sections. Quant aux genres *sphinx* et *phalène* de Linnéus, ils les ont partagés en un plus grand nombre de genres particuliers. Nous les avons imités à cet égard, sans adopter néanmoins la totalité des genres qu'ils ont établis.

Voici les genres des lépidoptères, rangés dans l'ordre particulier que j'établis parmi eux.

CXXXVII^e GENRE.

Sésie. *Sesia.* F.

Antennes cylindriques, un peu renflées vers le bout, terminées en pointe courte. Deux antennules aiguës, comprimées. Trompe longue, filiforme.

Anus obtus et barbu. Ailes horizontales, vitrées. Vol rapide et diurne. Une corne caudale sur la larve.

* *Sesia fuciformis.* Fab. Ent. 3, p. 381. *Sphinx fuciformis.* Lin. Schæff. ic. t. 16, f. 1. Geoff. ins. 2, p. 82, n°. 5. Petiv. Gaz. t. 36, f. 10. Ernest, n°. VIII, pl. 89, n°. 117.

Nota. Les sésies ont la plupart l'aspect d'abeilles, de bourdons, de guêpes, &c. ce qui les a fait nommer *papillons bourdons, sphinx mouches*, &c.

CXXXVIII^e GENRE.

Sphinx. *Sphinx.* L.

Antennes subfiliformes, prismatiques, un peu épaissies dans leur partie supérieure, terminées en pointe crochue. Deux antennules courtes, comprimées, obtuses.

Ailes horizontales, écailleuses. Abdomen pointu. Une corne caudale sur la larve. Chrysalide dans une coque mince ou dans la terre.

* *Sphinx convolvuli.* Lin. Fab. Ent. 3, p. 374. Geoff. ins. 2, p. 86, n°. 9. Ernest, n°. VIII, p. 13, pl. 86, 87.

Nota. Ce sphinx appartient à la section de ceux qui ont la trompe très-longue, dont le vol est rapide et a lieu au déclin du jour, qui ne se posent point pour se nourrir, et qui ont les ailes entières.

* *Sphinx ocellata.* Lin. Fab. Ent. 3, p. 355. Geoff. ins. 2, p. 79, n°. 1. Ernest, n°. x, p. 114, pl. 119. Le sphinx demi-paon.

Nota. Celui-ci appartient à la section de ceux qui ont la trompe courte, volent peu, se posent pour se nourrir, et dont les ailes sont anguleuses.

CXXXIX[e] GENRE.

PAPILLON. *Papilio.* L.

Antennes filiformes, terminées en massue ou par un renflement. Deux antennules courtes, comprimées, velues. Ailes relevées verticalement et conniventes dans le repos. Vol diurne. Larve à seize pattes et sans corne. Chrysalide nue ou sans coque.

Obs. De tous les genres de lépidoptères, celui-ci paroît le plus nombreux en espèces; et ces espèces sont ellesmêmes, parmi les insectes, celles qui offrent le plus d'intérêt par leur beauté, leur vivacité, l'élégance de leur forme et l'admirable variété de leurs couleurs. Les espèces exotiques, et sur-tout celles des climats chauds des deux Indes, se font particulièrement remarquer par leur grandeur et les couleurs les plus éclatantes.

Pour en faciliter l'étude, on a divisé les papillons en plusieurs tribus. Voici leurs principaux caractères d'après le C. *Latreille*.

[A] Les nymphes. (*Nymphales.*)

Quatre pattes seulement, propres pour marcher. Les deux antérieures étant très-courtes et appliquées contre la poitrine. Abdomen caché dans une gouttière formée par un pli du bord int. des ailes inf. et ne dépassant point les ailes.

* *Papilio atalanta.* Lin. Fab. Ent. 3, p. 118. Geoff. ins. 2, p. 40, n°. 6. Le vulcain.

[B] Les heliconiens. (*Heliconii.*)

Quatre pattes, propres pour marcher. Les deux antérieures un peu plus courtes, mais ordinairement libres.

Ailes alongées, étroites. Côté int. des supérieures concave; les inf. plus petites, ne formant presque pas de pli pour recevoir l'abdomen qui est menu et fort long.

§. Ailes couvertes d'écailles.

§. Ailes vitrées.

* *Papilio psidii.* Lin. Fab. Ent. 3, p. 169. Cram. pap. 22, t. 257, fig. F.

[C] Les guerriers. (*Equites.*)

Six pattes propres pour marcher.
Ailes alongées : les inf. s'avançant postérieurement, échancrées et plissées au côté interne.

§. Ailes inf. sans queue.

* *Papilio priamus.* Lin. Fab. Ent. 3, p. 11. Cram. pap. 2, t. 23, fig. A, B.

§. Ailes inf. à queue.

* *Papilio machao.* Lin. Fab. Ent. 3, p. 30. Geoff. ins. 2, p. 54, n°. 23.

[D] Les danaïdes (*Danai.*)

Six pattes servant à marcher.
Ailes inf. arrondies, formant un canal pour recevoir l'abdomen qui est plus court qu'elles.

* *Papilio brassicæ.* Lin. Fab. Ent. 3, p. 186. Geoff. ins. 2, p. 68, n°. 40.

* *Papilio argus.* Lin. Fab. Ent. 3, p. 296. Geoff. ins. 2, p. 61, n°. 30. Ernst. n°. 4, p. 168, pl. 38, n°. 80.

[E] Les hespéries. (*Hesperiæ.*)

Six pattes servant à marcher. Antennes en massue oblongue, arquée ou crochue.
Ailes inf. plissées, et formant une échancrure au côté interne. Corps court, gros ; tête large; abdomen conique. Larve nue, souvent roulée dans une feuille.

* *Papilio malvæ.* Lin. Fab. Ent. 3, p. 350. Geoff. ins. 2, p. 67, n°. 38. Ernst. n°. 4, p. 195, pl. 46, n°. 97.

CXL^e CENRE.

ZYGÈNE. *Zygæna.* Fab.

Antennes courbées en cornes de belier, quelquefois pectinées, renflées vers le bout et terminées en pointe. Deux antennules comprimées, velues.

Ailes en toit. Vol lourd, court et diurne. Larve dépourvue de corne. Chrysalide dans une coque.

* *Zygæna filipendulæ.* Fab. Ent. 3, p. 386. *Sphinx filipendulæ.* Lin. Sphinx. Geoff. ins. 2, p. 88, n°. 13. Ernst. n°. 9, p. 52, pl. 97, n°. 157, et pl. 98.

CXLI^e GENRE.

BOMBICE. *Bombix.* F.

Antennes filiformes, pectinées ou en scie. Deux antennules courtes, comprimées, velues. Trompe très-courte, quelquefois presque nulle.

Corps gros, couvert de poils serrés. Larve à seize pattes. Chrysalide dans une coque.

§. Ailes étendues horizontalement.

* *Bombix pavonia.* Fab. Ent. 3, p. 416. *Phalæna pavonia.* Lin. Geoff. ins. 2, p. 100, n°. 1. Le paon de nuit.

§. Ailes en toit et recouvrantes.

* *Bombix dispar*. Fab. 3, p. 437. *Phalæna dispar*. Lin. Geoff. ins. 2, p. 112, n°. 14. Le zig-zag.

§. Ailes en toit et débordantes.

* *Bombix mori*. Fab. 3, p. 431. *Phalæna mori*. Lin. Geoff. ins. 2, p. 116, n°. 18. Le ver à soie.

CXLIIe GENRE.

Phalène. *Phalæna*.

Antennes subsétacées, souvent pectinées, sur-tout dans les mâles. Deux antennules saillantes, presque nues. Trompe alongée, membraneuse.

Corps oblong. Ailes horizontales. Chrysalide dans une coque. La plupart des larves n'ont que dix pattes.

* *Phalæna syringaria*. Lin. Fab. 3, 2, p. 136. Geoff. ins. 2, p. 125, n°. 32. L'arpenteuse du lilas.

CXLIIIe GENRE.

Noctuelle. *Noctua*. F.

Antennes sétacées, simples dans les deux sexes. Deux antennules cylindriques à leur extrémité. Trompe longue, presque cornée.

Chrysalide dans une coque. Les ailes horizontales ou en toit. Le corselet quelquefois lisse, et souvent huppé ou en crête.

* *Noctua sponsa*. Fab. 3, 2, p. 53. *Phalæna*

sponsa. Lin. Geoff. ins. 2, p. 150, n°. 82. La lichnée rouge.

CXLIVe GENRE.

PYRALE. *Pyralis.*

Antennes sétacées, très-simples. Deux antennules dilatées dans leur milieu. Trompe alongée, membraneuse.

Ailes un peu courtes, larges, coupées quarrément à leur extrémité et disposées en deltoïde.

Larves à seize pattes. La plupart tordent les feuilles des plantes, les lient avec de la soie, se mettent à couvert dans leur cavité, et en rongent la surface int.

* *Pyralis viridana.* Fab. 3, 2, p. 244. *Phalæna viridana.* Lin. Geoff. ins. 2, p. 171, n°. 123.

CXLVe GENRE.

HÉPIALE. *Hepialus.* F.

Antennes moniliformes, très-courtes, à peine de la longueur du corselet. Deux antennules comprimées, velues. Trompe très-courte.

Ailes oblongues en toit. Larve à seize pattes.

* *Hepialus humuli.* Fab. 3, 2, p. 5. *Phalæna humuli.* Lin. Ernst. n°. XVI, p. 74, t. 191.

CXLVIe GENRE.

ALUCITE. *Alucita.* F.

Antennes sétacées, simples, souvent fort longues. Deux antennules alongées, bifides.

Ailes étroites, serrées contre le corps, en dessus et sur les côtés. Larve à seize pattes, s'enveloppant dans des feuilles, ou vivant dans des parties de végétaux.

* *Alucita degeerella*. Fab. 3, 2, p. 341. *Phalæna degeerella*. Lin. *Tinea*. Geoff. ins. 2, p. 193, n°. 29, t. 12, f. 5.

CXLVII[e] GENRE.

TEIGNE. *Tinea*. F.

Antennes sétacées, simples. Quatre antennules inégales : les deux antérieures plus longues, droites, dirigées en avant. Ailes alongées, étroites, roulées presqu'en cylindre autour du corps, frangées postérieurement. Larve se fabriquant un fourreau dans lequel elle vit toujours à couvert.

* *Tinea pellionella*. Fab. 3, 2, p. 304. *Phalæna pellionella*. Lin. Reaum. ins. 3, t. 6, f. 12-16. *Tinea*. Geoff. ins. 2, p. 184, n°. 6.

CLXVIII[e] GENRE.

PTEROPHORE. *Pterophorus*. G.

Antennes sétacées, simples. Quatre antennules filiformes. Chrysalide nue. Corps alongé; ailes écartées, divisées ou rameuses, frangées en plume. Pattes épineuses.

* *Pterophorus pentadactylus*. Fab. 3, 2, p. 348. Geoff. ins. 2, p. 91, n°. 1, pl. XI, f. 6.

ORDRE SIXIÈME.

INSECTES HÉMIPTÈRES.

Caract. Bec aigu, articulé, recourbé sous la poitrine, servant de gaine à un suçoir de trois soies. Point d'antennules.

Deux ailes cachées sous des élytres membraneux ou demi-membraneux, le plus souvent croisés. Larve hexapode, semblable à l'insecte parfait, mais sans ailes. La nymphe marche et mange.

Dans les insectes de l'ordre précédent, la bouche, comme on l'a vu, n'offre ni mandibules ni mâchoires, mais seulement un suçoir nu et de deux pièces, qu'il a plu aux entomologistes de nommer *langue*. Dans les insectes hémiptères le caractère de la bouche est encore plus singulier; car non-seulement la bouche de ces insectes n'a ni mandibules ni mâchoires, mais son suçoir qui est de trois pièces, est accompagné d'un bec articulé, aigu, recourbé sous la poitrine et qui lui sert de gaine. Ce bec singulier est composé de deux à cinq articulations; et les trois pièces du suçoir sont des soies fines, roides et aiguës, qui composent en se réunissant, un tube grêle que l'insecte introduit dans les vaisseaux des animaux ou des plantes pour en extraire les fluides qui peuvent le nourrir.

Au lieu de quatre ailes, les insectes de cet ordre n'en ont réellement que deux qui soient propres au vol. Elles sont cachées sous deux élytres, tantôt partiellement membraneux et très-différens des ailes, et tantôt entièrement membraneux et semblables aux ailes. Il en résulte que les insectes hémiptères qui ont les élytres entièrement membraneux, comme les *cigales*, &c. paroissent munis de quatre ailes; car les deux élytres de ces insectes sont transparens comme des ailes nues et en ont tout-à-fait l'apparence. Au lieu que les *hémiptères* qui ont les élytres partiellement membraneux, c'est-à-dire en partie durs, coriaces et opaques, comme les *punaises*, &c. semblent par-là se rapprocher des *orthoptères*. Aussi Linnéus a-t-il confondu ces deux ordres en un seul, malgré l'extrême différence des caractères de la bouche des insectes qui les composent.

Les entomologistes maintenant sont bien convaincus de la nécessité de conserver comme deux ordres distincts les *hémiptères* et les *orthoptères*. Mais plusieurs d'entr'eux pensent que ces deux ordres doivent être rangés l'un côté de l'autre, à cause de l'analogie de la étamorphose des insectes qu'ils comprenent. Quant à moi, je crois que cela ne doit as être ainsi; car outre qu'il n'y a entre les orthoptères et les hémiptères aucun rapport dans les parties de la bouche, le bec et le suçoir des hémiptères les rapprochent si naturellement des *diptères*, qu'il seroit très-inconvenable, selon moi, de les en écarter.

Je divise les hémiptères en deux sections, d'après la considération du nombre des articles des tarses.

PREMIÈRE SECTION.

Trois articles aux tarses.

CXLIX^e GENRE.

FULGORE. *Fulgora.* L.

Antennes fort courtes, situées sous les yeux, composées de trois articles, et imitant une massue globuleuse, terminée par un poil.

Partie antérieure de la tête très-prominente. Bec alongé composé de cinq articles.

* *Fulgora laternaria.* Lin. Fab. Ent. 4, p. 1. Reaumur, ins. 5, t. 20, f. 6, 7. Merian Surin. t. 49. Fulgore porte-lanterne. La partie antérieure de sa tête est prolongée en une massue vésiculeuse qui répand une lumière vive pendant la nuit.

CL^e GENRE.

Cigale. *Cicada.* L.

Antennes courtes, sétacées, de cinq articles. Trois petits yeux lisses. Bec recourbé sur la poitrine, composé de trois articulations.

Tête rétuse, plus large que longue. Elytres transparens et veinés.

* *Cicada orni.* Lin. *Tettigonia orni.* Fab. Ent. 4, p. 23. Reaum. ins. 5, t. 5, f. 16-19.

CLI^e GENRE.

Cicadelle. *Tettigonia.*

Antennes courtes, subulées, de deux ou trois articles. Deux petits yeux lisses.

Tête presque trigone, transverse. Elytres opaques et colorés. Pattes propres à sauter.

**Tettigonia spumaria. Cicada spumaria.* Lin. *Cercopis spumaria.* Fab. Ent. 4, p. 51. *Cicada.* Geoff. ins. 1, p. 415, n°. 2.

Sa larve vit sur diverses plantes, et rend par l'anus une liqueur écumeuse qui la recouvre et sous laquelle elle reste cachée.

* *Tettigonia cornuta. Cicada cornuta.* Lin. *Membracis cornuta.* Fab. Ent. 4, p. 14. *Cicada.* Geoff. ins. 1, p. 423, n°. 18. Le petit diable.

Son corselet a de chaque côté une corne pointue, et postérieurement une longue pointe.

CLII^e GENRE.

SCUTELLÈRE. *Scutellera.*

Antennes filiformes, de cinq articles. Deux petits yeux lisses.

Tête sessile. Ecusson convexe, très-grand, recouvrant entièrement les élytres. Abdomen oblong ou hémisphérique.

* *Scutellera nobilis.* n. *Cimex nobilis.* Lin. Fab. Ent. 4, p. 80. Sulz. Hist. ins. t. 11, fig. C.

CLIII^e GENRE.

PENTATOME. *Pentatoma.* Ol.

Antennes filiformes, de cinq articles. Deux petits yeux lisses.

Tête sessile. Ecusson applati, triangulaire, à angle postérieur prolongé en pointe, ne couvrant qu'une partie des élytres. Abdomen déprimé.

* *Pentatoma rufipes. Cimex rufipes.* Lin. Fab. Ent. 4, p. 93. Schæff. ic. t. 57, fig. 6, 7.

CLIV^e GENRE.

PUNAISE. *Cimex.* L.

Antennes filiformes, de quatre articles, posées devant les yeux. Deux petits yeux lisses.

Tête sessile. Corps applati, ovale ou oblong.

§. Corps ovale ou arrondi. (*Acanth.* Fab.)

* *Cimex lectularius.* Lin. *Acanthia lectu-*

laria. Fab. Ent. 4, p. 67. Geoff. ins. 1, p. 434, n°. 1. La punaise des lits.

Cet insecte incommode et puant, n'a ni ailes ni élytres par un avortement qui se perpétue, et propage dans un état qui ressemble à celui de larve. Néanmoins sa classe et son genre sont déterminés par la considération de ses congénères.

§. Corps oblong, un peu étroit. (*Ligæi*, Fab.)

* *Cimex equestris*. Lin. *Ligæus equestris*. Fab. Ent. 4, p. 147. *Cimex*. Geoff. ins. 1, p. 442, n°. 14.

CLV^e GENRE.

Corée. *Coreus*. Fab.

Antennes quadriarticulées, insérées au sommet de la tête; à dernier article en massue. Deux petits yeux lisses.

Tête ovale, sessile. Corps oblong, déprimé. Abdomen dilaté dans sa partie moyenne, et débordant les élytres sur les côtés.

* *Coreus marginatus*. Fab. Ent. 4, p. 126. *Cimex marginatus*. Lin. Schœff. ic. t. 41, f. 4, 5. Geoff. ins. 1, p. 446, n°. 20.

CLVI^e GENRE.

Réduve. *Reduvius*. F.

Antennes sétacées, quadriarticulées, plus longues que le corselet, posées entre les yeux. Bec arqué.

Tête avancée, séparée du corselet par un col. Corselet divisé par un sillon transverse.

* *Reduvius personatus*. Fab. Ent. 4, p. 194. *Cimex personatus*. Lin. La punaise mouche. Geoff. ins. 1, p. 436, t. 9, f. 3.

CLVII^e GENRE.

HYDROMÈTRE. *Hydrometra*. Latr.

Antennes subsétacées, quadriarticulées, posées devant les yeux. Petits yeux lisses nuls.

Corps subcylindrique, presque filiforme. Pattes très-longues, sur-tout les postérieures.

Nota. Ces insectes marchent et courent sur la surface de l'eau comme sur un corps solide.

* *Hydrometra lacustris*. n. *Gerris lacustris*. Fab. Ent. 4, p. 187. *Cimex lacustris*. Lin. Geoff. ins. 1, p. 463, n°. 59.

* *Hydrometra stagnorum*. n. *Gerris stagnorum*. Fab. Ent. 4, p. 188. *Cimex stagnorum*. Lin. Geoff. ins. 1, p. 465, n°. 60. L'aiguille.

SECONDE SECTION.

Un ou deux articles aux tarses.

CLVIII^e GENRE.

NÈPE. *Nepa*. L.

Antennes très-courtes, fourchues, cachées sous les yeux. Bec court, aigu, arqué.

Pattes antérieures, dirigées en avant, formant la tenaille,

et ayant le tarse terminé par un onglet. Abdomen terminé par deux filets sétacés.

* *Nepa linearis*. Lin. *Ranatra linearis*. Fab. Ent. 4, p. 64. *Nepa*. Geoff. ins. 1, p. 480, t. 10, f. 1.

* *Nepa cinerea*. Lin. Fab. Ent. 4, p. 63. Geoff. ins. 1, p. 481, n°. 2.

CLIX^e GENRE.

NOTONECTE. *Notonecta*. L.

Antennes très-petites, plus courtes que la tête, insérées sous les yeux. Bec court, de trois articles, incliné sur la poitrine.

Corps ovale-oblong. Tête unie au corselet sans étranglement. Un écusson. Pattes postérieures plus longues et terminées en nageoires.

* *Notonecta glauca*. Lin. Fab. Ent. 4, p. 57. Geoff. ins. 1, p. 476, t. 9, f. 6. La notonecte rousse ou la grande punaise à avirons. Elle nage sur le dos.

CLX^e GENRE.

NAUCORE. *Naucoris*. G.

Antennes très-courtes, insérées sous les yeux. Bec court, conique, pointu, de trois articles, et incliné sur la poitrine.

Corps ovale, déprimé. Un écusson. Deux articles aux tarses : les antérieurs armés d'un onglet très-fort.

* *Naucoris cimicoïdes*. Fab. Ent. 4, p. 66. *Naucoris*. Geoff. ins. 1, p. 474, t. 9, fig. 5. *Nepa cimicoïdes*. Lin.

CLXI[e] GENRE.

Corise. *Corixa*. G.

Antennes très-courtes, sétacées, insérées sous les yeux. Bec court, conique, percé d'un trou à l'extrémité pour la sortie du suçoir.

Corps oblong, déprimé. Ecusson nul. Un seul article aux tarses. Les pattes antérieures en forme de pince; les postérieures terminées en nageoires.

* *Corixa striata*. n. *Notonecta striata*. Lin. *Sigara striata*. Fab. Ent. 4, p. 60. *Corixa*. Geoff. ins. 1, p. 478, t. 9, f. 7.

CLXII[e] GENRE.

Trips. *Thrips*.

Antennes filiformes, de la longueur du corselet, à huit articles. Bec très-court, à peine apparent.

Corps alongé, étroit. Deux articles aux tarses, dont le dernier est vésiculeux. Les élytres et les ailes peu croisés.

* *Thrips ulmi*. Fab. Ent. 4, p. 229. *Thrips corticis*. Degeer, ins. 3, p. 11, n°. 3, t. 1, f. 8-13. Geoff. ins. 1, p. 384, t. 7, f. 6.

CLXIII[e] GENRE.

Aleyrode. *Aleyrodes*. Latr.

Antennes filiformes, à peine plus longues que la tête, à six articles. Bec court, de trois articles peu distincts. Corps court, farineux. Elytres et ailes en toit écrasé et débordant le corps. Deux articles aux tarses.

* *Aleyrodes chelidonii*. Latr. *Phalæna tinea proletella*. Lin. Reaum. ins. 2, p. 302-17, pl. 25, f. 1-17. La phalène culiciforme de l'éclaire. Geoff. ins. 2, p. 172, n°. 126.

CLXIV[e] GENRE.

Psille. *Psylla*. G.

Antennes subsétacées, à articles nombreux : le dernier article terminé par deux poils. Bec court, conique, paroissant naître de la poitrine.

Deux élytres transparens et deux ailes dans chaque sexe. Pattes propres à sauter. Deux articles aux tarses.

* *Psylla ficus*. Geoff. ins. 1, p. 484, t. 10, f. 2. *Chermes ficus*. Lin. Fab. Ent. 4, p. 223.

CLXV[e] GENRE.

Cochenille. *Coccus*.

Antennes filiformes, plus courtes que le corps. Bec pectoral, seulement apparent dans les femelles.

Deux ailes débordant le corps, et sans élytres dans les mâles. Femelles constamment aptères, se fixant sur les plantes, y prenant plus ou moins la forme d'un bouclier ou d'une petite galle, y périssant après la ponte, et s'y desséchant en servant d'abri aux œufs que son corps recouvre.

* *Coccus mexicanus.* n. *Coccus cacti coccinelliferi.* Lin. *Coccus cacti.* Fab. Ent. 4, p. 227. Sloan. Jam. 1, p. 153. Præf. t. 9. Cochenille fine. Thiéry de Menonville, Traité du nopal et de la cochen. p. 383.

La femelle est ovale, déprimée, et couverte simplement par une poudre blanche qui ne la cache point. Elle a les anneaux de l'abdomen très-apparens, ce qui la fait paroître ridée. Cette cochenille ne se trouve qu'au Mexique. C'est un des insectes les plus précieux et les plus utiles, par le grand usage qu'on en fait dans la teinture et par la belle couleur écarlate et le beau pourpre qu'il nous donne.

* *Coccus tomentosus.* n. *Coccus sylvestris.* Thiéry, p. 347. Vulg. la cochenille sylvestre.

Cette espèce est une fois plus petite que la cochenille du Mexique. Son corps est couvert d'un duvet blanc, épais et cotoneux, qui la cache entièrement à la vue. Elle fournit une aussi belle couleur que la coch. du Mexique, mais en moindre quantité. Cet insecte précieux est vivant dans les serres du Muséum d'Hist.

Naturelle, où il se multiplie depuis quatre ans. Il y a été apporté de l'île de France.

CLXVI[e] GENRE.

PUCERON. *Aphis.* L.

Antennes sétacées, plus longues que le corselet. Bec alongé, recourbé, composé de cinq articles.

Deux élytres transparens et deux ailes, disposés en toit. Individus soit mâles soit femelles, tantôt aptères et tantôt ailés. Abdomen terminé par deux tubercules ou par deux pointes.

* *Aphis ulmi.* Lin. Fab. Ent. 4, p. 217. Geoff. ins. 1, p. 494, t. 10, f. 5.

Nota. Les pucerons se tiennent ordinairement en grandes troupes sur diverses plantes, vivant de leur suc, et restant le plus souvent presqu'immobiles sur leur tige ou sur leurs feuilles, après y avoir enfoncé leur bec.

ORDRE SEPTIÈME.

INSECTES DIPTERES.

Caract. Trompe simple, de figure variable, servant de gaine à un suçoir. Deux antennules à la base de la trompe.

Deux ailes découvertes, nues, membraneuses, veinées. Deux balanciers.

Larve apode.

Nous voilà parvenus à un ordre qui comprend des insectes qui n'ont que deux ailes sans élytres, tandis que les insectes qui composent les six ordres précédens ont ou quatre ailes membraneuses, soit écailleuses, soit nues, ou deux ailes recouvertes par des élytres.

Comme la nature ne passe guère brusquement d'un ordre à l'autre, mettant pour ainsi dire en contact des êtres fortement différenciés par leurs caractères, nous ferons remarquer que dans les insectes des derniers genres de l'ordre des hémiptères les élytres ne sont plus distingués des ailes, et que même dans l'un de ces genres (la cochenille) les élytres avortent généralement et ne se montrent plus.

Les deux ailes des *diptères* sont nues, membraneuses, veinées, étendues et posées ordinairement sur un plan horizontal le long de la partie supérieure de l'abdomen.

Sous la base de chaque aile on voit une petite pièce mobile, constituée par un filet que termine un bouton arrondi. Ces deux petites pièces semblent tenir lieu des deux autres ailes qui manquent. On leur a donné le nom de balanciers, et de-là on a pris occasion de nommer *halterata* les insectes qui appartiennent à l'ordre des diptères. Maintenant M. Fabricius les nomme *antliata*.

Au-dessus des deux balanciers que nous venons d'indiquer, on remarque le plus souvent deux petites écailles membraneuses, minces, élargies et en forme de cuiller. On leur a donné le nom de *cuilleron* à cause de leur forme. La plupart de ces cuillerons ressemblent chacun au commencement d'une aile qui auroit été tronquée près du corselet.

La bouche des diptères est une trompe simple, non articulée, et dont la figure varie dans les différens genres. Elle est en général coudée, bilabiée à son extrémité, et forme une espèce de gaine, creusée en gouttière à sa partie supérieure pour recevoir les filets très-déliés qui constituent le suçoir. Quelquefois la trompe dont il s'agit est dure et très-peu contractile; mais plus souvent c'est un corps membraneux, flexible, creux en dedans, avec une fente longitudinale dans sa partie supérieure, et ouvert par le bout qui offre deux lèvres renflées. Cette trompe membraneuse peut se gonfler, se dilater, s'alonger, se raccourcir et s'appliquer aux différens corps.

Les filets très-déliés qui composent le suçoir sont situés dans la cannelure plus ou moins profonde de la trompe. L'insecte les plonge dans la chair des animaux pour en sucer le sang, ou bien il s'en sert pour sucer le miel des fleurs et les matières liquides sucrées.

La tête des diptères est unie au corselet par un col court et délié. Elle tourne sur le corselet comme si elle étoit soutenue par un pivot. Cette tête est munie de deux antennes ordinairement très-courtes, et composées d'un petit nombre d'articles. Elle offre deux grands yeux à réseau, et en outre deux ou trois petits yeux lisses.

Les larves des diptères n'ont point de pattes, et en cela se rapprochent naturellement des vers : aussi ces larves sont-elles forcées de ramper.

Je divise les diptères en deux sections, d'après la considération de la longueur et de la saillie de la trompe.

PREMIÈRE SECTION.

Trompe toujours saillante.

CLXVII^e GENRE.

BIBION. *Bibio*. G.

Antennes moniliformes, perfoliées, à peine de la longueur des antennules. Trompe courte, avancée. Deux antennules longues, de quatre ou cinq articles, arquées.

Corselet bombé. Ailes horizontales.

* *Bibio hortulanus*. F. *Tipula hortulana*. Lin. Fab. Ent. 4, p. 248. *Bibio*. Geoff. ins. 2, p. 571, n°. 5, t. 19, f. 5. Le bibion des jardins ou de S. Marc. Le mâle est tout noir. La femelle a le corselet rouge et l'abdomen d'un rouge jaunâtre.

CLXVIII^e GENRE.

TIPULE. *Tipula*. L.

Antennes filiformes, souvent pectinées ou plumeuses, beaucoup plus longues que la tête. Trompe courte, ayant un suçoir qui paroît d'une seule soie. Deux antennules filiformes, un peu longues, à cinq articles.

Tête petite; corselet très-convexe; abdomen alongé, effilé; pattes fort longues.

§. Ailes écartées.

* *Tipula pectinicornis*. Lin. Fab. Ent. 4,

p. 233. Degeer, ins. 6, p. 400, n°. 24, t. 25, f. 3. Grande espèce, variée de noir, de jaune et de roux, à pattes très-longues.

§. Ailes couchées ou rabattues et croisées.

* *Tipula plumosa.* Lin. Fab. Ent. 4, p. 242. *Tipula.* Geoff. ins. 2, p. 560, n°. 16.

CLXIXe GENRE.

Cousin. *Culex.* L.

Antennes filiformes, velues ou pectinées dans les femelles, plumeuses dans les mâles, plus longues que la tête. Trompe longue, cylindrique, sétacée, dirigée en avant. Suçoir de cinq filets. Petits yeux lisses O.

Deux antennules courtes dans les femelles, plus longues, velues et posées sur la trompe dans les mâles.

Tête petite, corselet gibbeux; ailes rabattues, croisées; pattes très-longues.

Larve aquatique.

* *Culex pipiens.* Lin. Fab. Ent. 4, p. 400. Reaum. ins. 4, t. 43, et t. 44. *Culex.* Geoff. ins. 2, p. 579, t. 19, f. 4. Le cousin commun.

CLXXe GENRE.

Rhagion. *Rhagio.* F.

Antennes courtes, composées de trois grains, dont le dernier plus gros, est terminé par un poil. Trompe saillante, ayant un suçoir de quatre pièces. Deux antennules velues.

Corps glabre. Abdomen grêle, conique. Ailes écartées. Pattes fort longues.

* *Rhagio scolopaceus*. Fab. Ent. 4, p. 271. *Musca scolopacea*. Lin. Reaum. ins. 4, t. 10, f. 5, 6.

* *Rhagio vermileo*. Fab. Ent. 4, p. 272. *Musca vermileo*. Lin. Reaum. Act. Paris. 1763, p. 402, t. 17. Sa larve vit dans le sable où elle tend des embûches aux autres insectes, à-peu-près comme le *myrmeleon formicaleo*.

CLXXI[e] GENRE.

Taon. *Tabanus*. L.

Antennes courtes, subulées, de trois pièces, dont la dernière plus grande, est articulée. Trompe membraneuse, saillante, à embouchure élargie, bilabiée. Suçoir de cinq pièces. Deux antennules appuyées sur la trompe. Les yeux à réseau très-grands, colorés. Ailes horizontales.

* *Tabanus bovinus*. Lin. Fab. Ent. 4, p. 363. Geoff. ins. 2, p. 459, n°. 1. Reaum. ins. 4, t. 17, f. 8.

CLXXII[e] GENRE.

Asile. *Asilus*. L.

Antennes courtes, de trois pièces, dont la dernière est fusiforme-subulée. Trompe conique, de la longueur de la tête, dirigée en avant. Suçoir de quatre pièces. Corps alongé, plus ou moins velu antérieurement.

Nota. Les asiles sucent le sang des animaux.

* *Asilus crabroniformis.* Lin. Fab. Ent. 4, p. 377. Geoff. ins. 2, p. 468, n°. 3, t. 17, f. 3.

CLXXIII^e GENRE.

BOMBYLE. *Bombylius.* L.

Antennes courtes, filiformes, de trois pièces, dont la dernière est pointue. Trompe fort longue, dirigée en avant, cylindrique, bilabiée à l'extrémité. Suçoir de quatre pièces inégales.

Corps court, large, velu. Ailes très-ouvertes.

Nota. Les bombyles sucent le miel des fleurs sans se poser.

* *Bombylius major.* Lin. Fab. Ent. 4, p. 407. *Asilus.* Geoff. ins. 2, p. 466, n°. 1. Schæff. ic. t. 79, f. 5. Le bichon.

CLXXIV^e GENRE.

EMPIS. *Empis.* L.

Antennes courtes, de trois pièces, dont la dernière est alongée, subarticulée, pointue. Trompe fort longue, grêle, bifide à l'extrémité, non coudée, et dirigée en bas, c'est-à-dire perpendiculaire à l'axe du corps. Suçoir de trois pièces.

Ailes couchées. Pattes un peu longues.

Nota. Les empis vivent de proie et sucent d'autres insectes.

* *Empis pennipes.* Lin. Fab. Ent. 4, p. 404. *Asilus pennipes.* Scop. Sulz. ins. t. 21, f. 137.

CLXXV^e GENRE.

Conops. *Conops.* L.

Antennes plus longues que la tête, en massue-acuminée, de trois articles. Trompe alongée, déliée, coudée vers sa base et dirigée en avant. Suçoir de deux pièces inégales.

Tête grosse; corps glabre; corselet bombé. Abdomen alongé.

Nota. Les conops se nourrissent du suc mielleux des fleurs. Oliv.

* *Conops macrocephala.* Lin. Fab. Ent. 4, p. 393. *Asilus.* Geoff. ins. 2, p. 471, n°. 12.

CLXXVI^e GENRE.

Myope. *Myopa.* F.

Antennes courtes, 3-articulées : le troisième article muni d'une soie latérale. Trompe alongée, coudée deux fois. Suçoir de deux pièces.

Tête large, subvésiculeuse, comme masquée antérieurement.

* *Myopa ferruginea.* Fab. Ent. 4, p. 397. *Conops ferruginea.* Lin. *Asilus.* Geoff. ins. 2, p. 473, n°. 14.

CLXXVII^e GENRE.

Stomoxe. *Stomoxis.* G.

Antennes courtes, à palette munie d'une soie latérale plumeuse. Trompe coudée à sa base et dirigée en avant. Suçoir de deux pièces.
Forme et aspect de la mouche domestique.

* *Stomoxis calcitrans.* Fab. Ent. 4, p. 394. *Stomoxis.* Geoff. ins. 2, p. 539, t. 18, f. 2. Ce stomoxe, qui ressemble à une mouche, est très-commun en automne. Il pique douloureusement les jambes, sur-tout lorsqu'il doit pleuvoir. Il incommode aussi beaucoup les animaux.

CLXXVIII^e GENRE.

Hippobosque. *Hippobosca.* L.

Antennes très-courtes, composées d'un tubercule et d'un poil terminal. Trompe cylindrique, subbivalve, formée par les deux antennules. Suçoir d'une seule soie.
Corps applati, coriace. Ailes croisées, manquant quelquefois. Pattes étalées, armées de crochets doubles.

Nota. C'est dans le ventre même de la mère que la larve éclot et se change en nymphe.

* *Hippobosca equina.* Lin. Fab. Ent. 4, p. 415. Geoff. ins. 2, p. 547, t. 18, f. 6.

DEUXIÈME SECTION.

Trompe retirée dans l'inaction ou nulle.

CLXXIX^e GENRE.

Oestre. *Oestrus.* L.

Antennes courtes, de deux articles : le premier, globuleux ; le second, sétacé et latéral. Trompe paroissant nulle. Trois tubercules à la place de la bouche.

Forme et aspect de grosses mouches. Leurs larves ressemblent à des vers courts et annelés. Elles vivent dans les intestins ou dans les chairs de divers animaux mammifères.

* *Oestrus ovis.* Lin. Fab. Ent. 4, p. 232. Geoff. ins. 2, p. 456, t. 17, f. 1.

CLXXX^e GENRE.

Mouche. *Musca.* L.

Antennes à palette, composées de trois articles, dont le dernier porte une soie latérale. Trompe membraneuse, à orifice bilabié, rétractile en entier. Suçoir d'une ou deux soies. Deux antennules insérées sur la trompe.

§. Antennes à soie plumeuse.

* *Musca domestica.* Lin. Fab. Ent. 4, p. 315. Geoff. ins. 2, p. 528, n°. 66. La mouche commune. Sa larve vit dans le fumier de cheval.

§. Antennes à soie nue.

* *Musca grossa.* Lin. Fab. Ent. 4, p. 325. Geoff. ins. 2, p. 495, n°. 5. Elle pond dans le fumier de vache.

CLXXXI^e GENRE.

SYRPHE. *Syrphus.* F.

Antennes à palette, composées de trois articles, dont le dernier porte une soie latérale. Trompe rétractile, à suçoir de quatre pièces. Antennules comprimées, adhérentes aux soies latérales du suçoir.

Une saillie presqu'en bec, à la partie antérieure de la tête. Port et aspect des mouches.

§. Antennes à soie plumeuse.

* *Syrphus pellucens.* Fab. Ent. 4, p. 279. *Musca pellucens.* Lin. *Volucella.* Geoff. ins. 2, p. 540, t. 18, f. 3.

§. Antennes à soie nue.

* *Syrphus tenax.* Fab. Ent. 4, p. 388. *Musca tenax.* Lin. Geoff. ins. 2, p. 520, n°. 52. Reaum. ins. 4, t. 20, f. 7. Sa larve a une longue queue, par l'extrémité de laquelle elle respire lorsqu'elle s'enfonce dans des matières fluides.

CLXXXII^e GENRE.

ANTHRACE. *Anthrax*. F.

Antennes plus courtes que la tête, de trois articles, dont le dernier est en pointe roide. Trompe rétractile. Suçoir de quatre pièces.

Tête grosse ; corps velu ; abdomen plat ; ailes divergentes.

* *Antrax morio*. Fab. Ent. 4, p. 257. *Musca morio*. Lin. *Musca*. Geoff. ins. 2, p. 495, n°. 2. Schæff. ic. t. 79, f. 7.

CLXXXIII^e GENRE.

STRATIOME. *Stratyomis*.

Antennes rapprochées à leur base, brisées, composées de trois articles, dont le dernier est oblong et en fuseau. Trompe courte, à suçoir de deux soies. Antennules à deux articles.

Ecusson armé de deux piquans. Abdomen déprimé.

**Stratiomys chamæleon*. Fab. Ent. 4, p. 265. *Musca chamæleon*. Lin. *Stratiomys*. Geoff. ins. 2, p. 479, t. 17, f. 4. La mouche armée.

Sa larve vit dans l'eau. Elle ressemble à un long ver un peu applati, sans pattes, et muni d'une queue terminée par un stigmate entouré d'une frange de poils.

ORDRE HUITIÈME.

INSECTES APTÈRES.

Caract. Trompe articulée, renfermant un suçoir d'une ou plusieurs soies.

Jamais d'ailes ni d'élytres dans les deux sexes.

Larve apode et vermiforme. Nymphe immobile, se métamorphosant dans une coque.

L'ordre des *aptères* que nous présentons ici n'a rien de commun avec les aptères des autres naturalistes, car ils introduisirent parmi leurs aptères des animaux qui ne se métamorphosent jamais, c'est-à-dire qui naissent sous la forme qu'ils doivent toujours conserver, et qui conséquemment ne sont point de véritables insectes. (Voyez notre classe des *crustacés*, p. 145, et celle des *arachnides*, p. 171.)

Les *aptères* dont il s'agit ici sont réellement des insectes, puisqu'ils subissent de véritables métamorphoses, qu'ils naissent dans l'état de larve, qu'ensuite ils se changent en nymphe, et qu'enfin ils parviennent à l'état parfait dans lequel ils ont, comme tous les autres insectes, deux antennes, deux yeux, et six pattes articulées.

Les insectes de cet ordre n'ont jamais d'ailes ni d'élytres dans les deux sexes, et tous leurs congénères sont nécessairement dans le même cas.

On ne connoît encore qu'un seul genre qui appartienne réellement à l'ordre des aptères. Le voici : c'est en même temps le dernier de tous ceux qui composent la classe immense des insectes.

CLXXXIV^e GENRE.

Puce. *Pulex.* L.

Antennes courtes, filiformes, de quatre articles. Trompe alongée, articulée, recourbée vers la poitrine, contenant un suçoir de deux soies, et ayant à sa base deux écailles ovales.

Corps écailleux. Pattes postérieures plus longues et propres à sauter.

Larves alongées, cylindriques, hispides, munies de deux petites épines à la queue.

* *Pulex irritans.* Lin. Fab. Ent. 4, p. 209. Geoff. ins. 2, p. 616, n°. 1, t. 20, f. 4. Degeer, ins. 7, t. 1, f. 3. La puce ordinaire.

* *Pulex penetrans.* Lin. Fab. Ent. 4, p. 209. Casteb. Carol. 3, t. 10, f. 3. Vulg. la chique.

TABLEAU DES VERS.

VERS EXTÉRIEURS.

Avec des organes extérieurs.

1. Néréide.
2. Aphrodite.
3. Amphinome.
4. Arénicole.
5. Térébelle.
6. Amphitrite.
7. Serpule.
8. Spirorbe.
9. Dentale.
10. Furie.
11. Nayade.
12. Lombric.
13. Thalassème.

Sans organes extérieurs.

14. Dragoneau.
15. Sangsue.
16. Planaire.

VERS INTESTINS.

17. Fasciole.
18. Ligule.
19. Linguatule.
20. Tænia.
21. Hydatide.
22. Echinorinque.
23. Tentaculaire.
24. Massète.
25. Géroflée.
26. Strongle.
27. Cucullan.
28. Trichure.
29. Ascaride.
30. Fissule.
31. Crinon.
32. Proboscide.
33. Filaire.

CLASSE CINQUIÈME.

[la 9ᵉ du règne animal.]

LES VERS.

Caract. Corps mou, alongé, à tête cohérente, sans distinction de corselet, articulé ou à rides transverses, n'ayant point de pattes articulées et ne subissant point de métamorphose.

Organis. Une moelle longitudinale, et des nerfs dans la plupart. Respiration par des trachées dans les uns, et par des branchies externes dans les autres.

LES *vers*, proprement dits, sont des animaux sans vertèbres, à corps alongé, mou, éminemment contractile, articulé ou partagé par des rides transverses plus ou moins distinctes, et à tête cohérente, c'est-à-dire unie intimement au corps. Ils n'offrent ni corselet distinct, ni pattes articulées, et ne subissent point de métamorphose.

Ces animaux sont encore plus imparfaits ou plus simplement organisés que les insectes, puisqu'ils n'ont jamais de pattes articulées, ni même de véritables pattes; que la plupart sont sans yeux; que leur tête n'est jamais libre;

que souvent même on ne sauroit la distinguer ; et qu'enfin leur thorax ou corselet est tout-à-fait confondu avec le reste du corps. Ces mêmes animaux n'ont ni cerveau ni cœur, et dans la plupart, le principal de leurs fluides n'est qu'une sanie blanchâtre, rarement colorée en rouge, qu'on ne sauroit regarder comme un véritable sang, mais qui en tient lieu.

Quoique plusieurs vers aient des vaisseaux qui paroissent destinés à transmettre leurs fluides, aucun d'eux néanmoins n'est muni d'un systême complet de circulation ; puisqu'ils manquent tous de l'organe qui en est le moteur essentiel, c'est-à-dire de *cœur*.

La base de leur systême de sensibilité réside dans un cordon médullaire noueux qui, semblable à celui des insectes, règne dans toute la longueur de leur corps ; mais tous n'en sont pas bien distinctement pourvus.

Il n'y a qu'un petit nombre de vers qui aient des yeux ; la plupart en sont totalement privés.

Ceux qui vivent dans l'eau ou dans des matières continuellement humides, ont à l'extérieur des branchies membraneuses ou en panache ou en filamens sétacés, qui sont les organes de leur respiration. Les autres respirent par des trachées, comme les insectes, et ont de même des stigmates placés sur les côtés du corps.

Tous les vers rampent ou s'avançent en contractant successivement toutes les parties de leur corps, cramponant ensuite certaines de ces parties par leurs rides transverses, et alongeant après cela celles qui ne sont pas fixées. Les espèces qui sont munies sur les côtés de cils, de soies ou même d'épines, s'en servent pour s'aider dans le mouvement ondulatoire de leur corps lorsqu'il rampe ou qu'il nage.

Les vers sont ovipares, et ont éminemment la faculté de régénérer leurs parties tronquées. Il y en a même qui, étant coupés en deux, parviennent à réparer et à cicatriser l'extrémité tronquée de chaque portion de leur corps, en sorte qu'il en résulte deux individus qui vivent séparément. Cette dernière faculté, assurément bien étonnante, et dont on ne trouve aucun exemple dans les animaux des classes précédentes, et sur-tout dans les animaux à vertèbres, devient très-éminente dans les animaux qui composent la dernière classe du règne animal, dans ceux en un mot qui sont le plus simplement organisés.

Il y a des vers constamment nus et qui vivent

soit dans le corps de différens animaux, soit dans le sein des eaux ou de la terre. D'autres habitent dans des fourreaux ou des tubes qu'ils se sont construits, soit avec les matières de leur propre transudation, soit en agglutinant avec ces matières différens corps autour d'eux. Ceux qui vivent dans des tubes n'y sont pas attachés comme les mollusques testacés dans leur coquille, car ils en sortent et y rentrent quand il leur plaît.

On a donné à un grand nombre d'animaux de cette classe le nom de *vers intestins*, parce qu'ils naissent et vivent uniquement dans le corps même des animaux en qui on les trouve et que jamais on ne les rencontre ailleurs. L'étude et la connoissance de ces *vers intestins* sont d'un si grand intérêt, sur-tout pour l'homme qui se dévoue à l'art de guérir, qu'il est étonnant qu'on les ait jusqu'à présent autant négligés.

En effet, il est certain et bien reconnu que différentes espèces de vers naissent, vivent et se multiplient par-tout dans le corps des autres animaux; que celui de l'homme n'en est nullement garanti; que ces vers affectent cruellement les animaux en qui ils habitent, en irritant et même dévorant leurs organes intérieurs; qu'ils les affoiblissent et les font promptement dépérir en consumant leur substance et les sucs les plus utiles de leur corps ; qu'enfin ils occasionnent diverses maladies d'autant plus dangereuses, que très-souvent on en méconnoît la cause.

Ces vers parasites se logent par-tout dans l'intérieur des animaux aux dépens desquels ils vivent. Les uns habitent par préférence dans l'estomac et dans les intestins ; les autres sont logés dans les vaisseaux ; d'autres dans le tissu cellulaire et dans le parenchyme des viscères les mieux revêtus. Enfin il en est qui se plaisent dans les cavités nasales et dans la gorge ; d'autres, en un mot, se fixent dans l'épaisseur des tégumens, sous les cornes, sous l'ongle, &c. Il paroît qu'il n'y a aucun animal qui n'en nourrisse une ou plusieurs espèces, et beaucoup en contiennent qui leur sont tout-à-fait propres.

Maintenant que la classe des vers a subi la réforme qui pouvoit circonscrire ses véritables limites, je crois qu'il est nécessaire de diviser cette classe d'après la principale considération des lieux qu'habitent en général les animaux qui la composent. Si cette division n'est pas la plus naturelle, ce qui n'est pas bien décidé, c'est du moins la plus utile ; parce qu'elle isole mieux les *vers intestins*, qu'il est très-important de bien connoître, et qu'elle en rend l'étude plus facile. Mais outre ce motif, je crois que cette division est encore la plus naturelle; car je me crois fondé à dire que les vers intestins sont plus imparfaitement ou plus simplement organisés que les autres vers. D'ailleurs ce qui concerne leur origine est si singulier, si peu connu, que je pense qu'on ne sauroit se dispenser d'en faire un ordre à part. C'est le parti que j'ai pris dans mes leçons au Muséum. En conséquence, je divise les vers en deux ordres, savoir :

Premier ordre. *Les vers externes.*

Ils naissent et vivent habituellement dans la terre ou dans les eaux.

Deuxième ordre. *Les vers intestins.*

Ils naissent et vivent uniquement dans le corps des animaux vivans.

ORDRE PREMIER.

VERS EXTERNES.

Ils naissent et vivent habituellement dans la terre ou dans les eaux.

L'organisation essentielle des *vers externes* est sans doute différente de celle des vers intestins, puisqu'on ne trouve jamais ces derniers hors des lieux qui leur sont destinés par la nature. Si quelques vers externes se rencontrent quelquefois dans le corps ou dans quelque partie du corps des autres animaux, on sait qu'ils n'y sont pas nés, et qu'ils ne s'y sont introduits qu'à la faveur de certaines circonstances.

Ces vers sont réellement plus composés ou moins simplement organisés que les vers intestins, car leur systême nerveux est plus perceptible; c'est parmi eux qu'on trouve encore des vaisseaux pour le transport des fluides; plusieurs ont encore des yeux très-distincts, des mâchoires cornées ou osseuses, et la plupart ont des branchies externes pour la respiration qui sont très-remarquables.

Je partage les vers externes en deux sections de la manière suivante.

PREMIÈRE SECTION.

Corps muni d'organes extérieurs.

[A] Ceux qui ont des branchies externes en houppes, ou en panache, ou en crêtes.

[*] *Vivant vaguement dans les eaux ou dans la terre.*

Ier GENRE.

NÉRÉIDE. *Nereis.*

Corps alongé, articulé, à anneaux nombreux, garni de chaque côté d'une ou deux rangées de houppes de soies, avec des mamelons courts qui les soutiennent, et en outre de branchies latérales en houppes ou en pinnules.

Des mâchoires solides et par paires à la bouche. Deux à huit filets simples à l'extrémité antérieure du corps.

* *Nereis versicolor.* L. Mull. Von Wurm. p. 104, t. 6, f. 1-6. Zool. Dan. Prodr. 2624. Encyclop. pl. 55, fig. 1-6.

IIe GENRE.

APHRODITE. *Aphrodita.*

Corps ovale, un peu applati, subarticulé, ayant de chaque côté des paquets d'épines ou de soies roides, disposées par rangées, entremêlés de poils luisans, et portant sur le dos deux rangées de branchies en crêtes membraneuses, cachées sous un tissu feutré.

Bouche terminale, simple. Deux filets près de la bouche.

* *Aphrodita aculeata.* Lin. Pall. Misc. Zool. p. 77, t. 7, f. 1-13. Bast. *Opusc. Subs.* 2, p. 62, t. 6, f. 12. Encycl. pl. 61, f. 6-14.

IIIe GENRE.

AMPHINOME. *Amphinome.*

Corps alongé, un peu applati, articulé, garni de chaque côté de deux rangées de pinceaux de poils ou de tubercules portant des houppes de soies, et deux rangées de branchies dorsales, nues, en houppes, en écailles ou en pinnules.

Quelques filets simples à l'extrémité antérieure. Bouche sous cette extrémité, sans mandibules ni mâchoires.

* *Amphinome tetraedra.* Brug. Dict. n°. 4. Encycl. pl. 61, f. 1-5. *Aphrodita rostrata.* Pallas Misc. Zool. p. 106, t. 8, f. 14-18.

IVe GENRE.

ARENICOLE. *Arenicola.*

Corps cylindrique, annelé, garni extérieurement, dans une partie de sa longueur, de spinules éparses et distantes, et de branchies membraneuses et pénicillées.
Aucuns filets tentaculaires près de la bouche.

* *Arenicola piscatorum.* n. *Lumbricus marinus.* Lin. Pall. Nov. Act. Petrop. 2, p. 233, t. 1, f. 19. Encycl. pl. 34, f. 16.

[**] *Vivant habituellement dans des tubes.*

Ve GENRE.

TÉRÉBELLE. *Terebella.*

Corps cylindrique, annelé, muni sur les côtés, dans une grande partie de sa longueur, de branchies fasciculées ou ramifiées, et de houppes de cils. L'extrémité antérieure nue, ou garnie de quelques filets simples.
Il est logé dans un tube membraneux, simple, ou agglutinant différens corpuscules.

* *Terebella quinqueseta.* n. *Nereis tubicola.* Mull. Zool. Dan. 1, p. 60, t. 18, f. 1-6. Prodr. 2625. Encycl. pl. 55, f. 7-12.

* *Terebella biseta.* n. *Nereis seticornis.* Lin. *Nereis minima.* Bast. *Opusc. Subs.* 2, p. 134, t. XII, f. 2.

VIe GENRE.

AMPHITRITE. *Amphitrite.*

Corps cylindrique, articulé ou annelé, ayant à son extrémité antérieure des branchies en peigne, ou en panache, ou en pinceau, ou en filets rameux. Il est garni dans sa longueur, de chaque côté, d'une rangée de cils simples ou en faisceau.

Il est logé dans un tube membraneux ou coriace, nu à l'extérieur, ou agglutinant différens corpuscules arenacés.

* *Amphitrite penicillus.* Brug. Dict. n°. 8. Encycl. pl. 59. *Sabella penicillus.* Lin. *Corallina...* Ellis. Corall. p. 107, t. 34. Bast. Op. Subs. 2, t. 9, f. 1. *Amphitr. ventilabrum.* Gmel.

VIIe GENRE.

SERPULE. *Serpula.* L.

Corps cylindrique, atténué postérieurement, ayant à son extrémité antérieure deux faisceaux de filets plumeux, ou deux crêtes palmées, profondément découpées en filamens pennacés, constituant ses branchies. Trompe contractile, atténuée inférieurement, terminée en massue tronquée, sortant entre les branchies.

Il est contenu dans un tuyau solide, calcaire, fixé sur des corps marins, serpentant sur ces corps, ou groupé et diversement entortillé.

Nota. La trompe de cet animal est regardée par le

C. *Cuvier* comme un opercule qui sert à fermer le tube lorsque le ver y est rentré.

* *Serpula contortuplicata.* Lin. Argenv. Conch. t. 4, fig. B, C, D, F.

VIIIe GENRE.

SPIRORBE. *Spirorbis.*

Corps cylindrique, atténué postérieurement, ayant à son extrémité antérieure six filets pennacés, rétractiles, disposés en rayons et constituant les branchies. Trompe contractile, grêle inférieurement, dilatée en plateau orbiculaire à son extrémité, sortant entre les branchies.

Il est contenu dans un tuyau solide, testacé, régulièrement contourné en spirale orbiculaire, discoïde, et adhérent aux corps marins.

* *Spirorbis nautiloïdes.* n. *Serpula spirorbis.* Lin. Mull. Zool. Dan. 3, p. 8, t. 86, f. 1-6. Prodr. 2855. List. Conch. t. 553, f. 5.

IXe GENRE.

DENTALE. *Dentalium.* L.

Corps cylindrique, nu, atténué postérieurement, ayant la queue terminée par un épanouissement en rosette, et la tête entourée par une fraise membraneuse et branchiale.

Il est contenu dans un tuyau solide, testacé, légèrement arqué, et ouvert aux deux bouts.

* *Dantalium elephantinum.* Lin. Argenv.

Conch. t. 3, fig. H. et Zoomorph. t. 1, fig. H. Guettard, mém. vol. 3, pl. 69, f. 7.

[B] Ceux qui sont dépourvus de branchies externes.

Xe GENRE.

FURIE. *Furia.* L.

Corps linéaire, filiforme, égal, garni de chaque côté d'une rangée de cils piquans et réfléchis ou dirigés en arrière.

* *Furia infernalis.* Lin. Amæn. Acad. 3, p. 322. Soland. Nov. Act. Ups. 1, n°. 6.

Lorsque cet animal, qui habite les marais de la Lapponie, est jeté par le vent sur quelque partie nue de l'homme ou sur un animal, il pénètre promptement à travers la peau dans les chairs, cause bientôt des douleurs atroces qui sont suivies d'une mort prompte, si on n'y apporte à temps des secours convenables.

XIe GENRE.

NAYADE. *Nais.* L.

Corps long, linéaire, un peu applati, grêle, transparent et garni latéralement de soies simples, rares, isolées ou fasciculées.

Aucun tentacule près de la bouche.

* *Nais proboscidea.* Mull. Von Würm. p. 14, t. 1, f. 1-4. Hist. Verm. 2, p. 21, n°. 153. Roes. ins. 3, p. 485, t. 78, f. 16, 17, et t. 79, f. 1. Encycl. pl. 53, f. 6-8.

Outre la voie des œufs, ce ver se multiplie encore par la séparation de sa dernière articulation. On prétend qu'on peut le couper en plusieurs morceaux, qui deviennent tous des animaux parfaits.

XIIe GENRE.

LOMBRIC. *Lumbricus.* L.

Corps long, cylindrique, annelé, ayant les articulations garnies de cils courts ou d'épines très-petites, à peine sensibles.

Bouche simple, subterminale, non accompagnée de tentacules.

* *Lumbricus terrestris.* Lin. Rhed. exp. 4, t. 15, f. 1. Murr. *De Lumbr. s. obs.* t. 2, f. 1-5. Vulg. le ver de terre. Il se montre en abondance à la surface de la terre après la pluie. Quelquefois il est phosphorescent.

XIIIe GENRE.

THALASSÈME. *Thalassema.* Cuv.

Corps alongé, subcylindrique, plus gros et obtus postérieurement avec quelques rangées annulaires de spinules, atténué antérieurement, et ayant près du col deux petits crochets piquans.

Bouche terminale, conformée en oreille ou en capuchon infundibuliforme.

* *Thalassema rupium*. n. *Lumbricus thalassema*. Lin. Pall. Spicil. Zool. 10, p. 10, t. 1, f. 7. Encycl. pl. 35, f. 5-7.

DEUXIÈME SECTION.

Corps dépourvu d'organes extérieurs.

XIVe GENRE.

DRAGONEAU. *Gordius*. L.

Corps filliforme, lisse, nu, égal dans presque toute sa longueur, se contournant diversement.

* *Gordius aquaticus*. Lin. *Seta*... Aldrov. ins. 770, t. 765. *Seta palustris*. Planc. Conch. App. c. 22, t. 5, fig. F. Encycl. pl. 29, f. 1.

* *Gordius medinensis*. Lin. *Filaria medinensis*. Gmel. *Vena med*. Sloan. Jam. Hist. 2, p. 190, t. 235, f. 1. Encycl. pl. 29, f. 3.

Ce dragoneau, qui souvent s'introduit dans les chairs des habitans des pays chauds et leur cause beaucoup de douleur, ne doit pas pour cela être rangé dans l'ordre des vers intestins.

XVe GENRE.

Sangsue. *Hirudo.* L.

Corps oblong, mutique, très-contractile, ayant les deux extrémités susceptibles de se dilater en un disque charnu, qui se fixe par une force de succion comme une ventouse.

Bouche triangulaire, située sous l'extrémité antérieure.

* *Hirudo medicinalis.* Lin. Mull. *Hist. verm.* 1, 2, p. 37, n°. 167. Encycl. pl. 51, f. 1.

XVIe GENRE.

Planaire. *Planaria.* L.

Corps oblong, applati, subgélatineux, très-contractile, ordinairement simple, quelquefois muni antérieurement de deux appendices auriculaires ou corniformes.

Bouche terminale. Deux ouvertures sous le ventre.

Nota. Les planaires vivent dans les étangs, les fossés aquatiques et aussi dans la mer. Elles diffèrent la plupart entr'elles par la présence et le nombre de leurs yeux.

* *Planaria rosea.* Mull. *Hist. verm.* 1, 2, p. 58. Zool. Dan. 2, t. 64, f. 1, 2, et Prodr. 2679. Encycl. pl. 80, f. 1, 2.

ORDRE SECOND.

VERS INTESTINS.

Ils naissent et vivent uniquement dans le corps des autres animaux.

Ces vers sont extrêmement nombreux, et l'on remarque qu'il n'est presqu'aucun animal qui n'en nourrisse une ou plusieurs espèces, qui souvent lui sont particulières. Ils ne se sont pas introduits du dehors dans le corps des animaux où ils vivent ; car si cela étoit, on en rencontreroit quelquefois hors du corps des animaux, et cela n'arrive jamais.

On ne doit pas dire pour cela que ces vers sont *innés* dans les animaux mêmes qui en sont munis : cela seroit contraire à la marche connue de la nature. Il est vrai qu'on a trouvé des vers intestins dans des enfans nouvellement nés, et même dans des fœtus ; mais ce fait n'indique autre chose, si ce n'est que les germes de ces vers, ou au moins leurs œufs, existoient déjà dans l'embryon, et qu'ils se sont développés avec lui ou peu de temps après lui.

Mon opinion à cet égard est que les œufs

infiniment petits de ces vers, ayant été déplacés par le mouvement des fluides et chariés par la circulation, ont pu être apportés à l'embryon avec les fluides mêmes qui l'ont formé ou qui ont servi à ses premiers développemens.

Le ver qui a déposé ces œufs, a pu se féconder lui-même ou recevoir d'un autre la fécondation sans accouplement, mais par l'intermède des milieux environnans. Cette sorte de fécondation est connue par des exemples nombreux dans la nature.

Ainsi il est certain que différentes espèces de vers, formant un ordre remarquable, naissent, vivent et se multiplient uniquement dans le corps des autres animaux; et l'on sait que celui de l'homme n'en est nullement excepté. On sait aussi que ces vers affectent plus ou moins les animaux dans lesquels ils vivent, et que souvent ils leur occasionnent diverses maladies qui sont quelquefois très-dangereuses.

Je divise l'ordre des vers intestins en trois sections, de la manière suivante :

PREMIÈRE SECTION.	
Corps applati..........................	FASCIOLE. LIGULE. LINGUATULE. TÆNIA.

DEUXIÈME SECTION.

Corps vésiculeux................	HYDATIDE.

TROISIÈME SECTION.

Corps cylindracé................	ECHINORINQUE. TENTACULAIRE. MASSETTE. GÉROFLEE. STRONGLE. CUCULLAN. TRICHURE. ASCARIDE. FISSULE. CRINON. PROBOSCIDE. FILAIRE.

PREMIÈRE SECTION.

Corps applati.

XVIIe GENRE.

FASCIOLE. *Fasciola*. L.

Corps oblong, applati, ayant deux suçoirs, dont l'un sous l'extrémité antérieure, et l'autre sur le côté ou sous le ventre. Le premier est la bouche, le second sert d'anus et pour les organes de la génération.

* *Fasciola hepatica*. Lin. Bloch eing, p. 5, t. 1, f. 3, 4. Encycl. pl. 79, f. 1-8. La fasciole ou douve du foie.

XVIIIe GENRE.

LIGULE. *Ligula.*

Corps applati, linéaire, très-alongé, inarticulé, et traversé dans toute sa longueur par un sillon apparent de chaque côté. On ne voit ni la bouche ni l'anus.

* *Ligula avium.* Bloch eing, p. 4, t. 1, f. 1, 2. La ligule ou bandelette des oiseaux.

On trouve aussi des ligules dans divers poissons.

XIXe GENRE.

LINGUATULE. *Linguatula.*

Corps alongé, applati, et ayant quatre petites ouvertures à l'extrémité antérieure du corps.

* *Lingatula serrata.* Froelich Naturf. 24, p. 148, t. 4, f. 14, 15. On la trouve dans les poumons du lièvre.

XXe GENRE.

TÆNIA. *Tænia.* L.

Corps applati, très-long, articulé, terminé antérieurement par une tête à quatre suçoirs, couronnée souvent de crochets rétractiles.

Un ou deux pores sur les bords de chaque articulation.

§. A tête armée de crochets.

* *Tænia solium.* Lin. Batsch Bandw. p. 117, n°. 5, f. 1-6, 9-11, 21-25-55. Pall. n. nord.

Beytr. 1, p. 46, n°. 1, t. 2, f. 1-9. Encycl. pl. 42, f. 4. Le tænia cucurbitain. Ver solitaire.

§. A tête inerme.

* *Tænia lata.* Lin. Pall. Elench. Zooph. p. 410. n. Nord. Beytr. 1, p. 64, t. 3, f. 17, 18. Ses articulations sont très-courtes.

Nota. Le genre tænia est extrêmement nombreux en espèces. L'homme et beaucoup d'animaux divers sont sujets à être attaqués par ces vers intestins.

DEUXIÈME SECTION.

Corps totalement ou en partie vésiculeux.

XXIe GENRE.

HYDATIDE. *Hydatis.*

Corps vésiculeux, au moins postérieurement, et terminé antérieurement par une tête munie de trois ou quatre suçoirs, et armée de crochets.

* *Hydatis globosa.* n. *Tænia hydatoidea.* Pall. *El. Zooph.* p. 413, n°. 5. *Misc. Zool.* p. 168, t. 12, f. 12, 13. Bloch eing, p. 24, n°. 2. Encycl. pl. 39, f. 1-5.

* *Hydatis cerebralis.* n. *Tænia cerebralis.* Batsch. Bandw. p. 84, n°. 1, f. 34-36. Bloch

eing, p. 25, n°. 3. L'hydatide cérébrale des moutons.

TROISIÈME SECTION.

Corps cylindracé.

XXIIe GENRE.

ECHINORINQUE. *Echinorynchus.*

Corps alongé, cylindrique, ayant l'extrémité antérieure terminée par une trompe courte, rétractile, hérissée de crochets recourbés.

* *Echinorynchus gigas.* Goeze eing, p. 143, t. 10, f. 1-6. Bloch eing, p. 26, t. 7, f. 1-8. Encycl. pl. 37, f. 2-5. Sa tête est hérissée de plusieurs rangées de crochets.

* *Echinorynchus haeruca.* n. *Pseudo-echinorynchus.* Goeze eing, p. 138, t. 9, f. 12. Encycl. pl. 37, f. 1. Sa tête n'a qu'une seule rangée de crochets.

XXIIIe GENRE.

TENTACULAIRE. *Tentacularia.* Bosc.

Corps oblong, subcylindrique, nu, sans bouche apparente, mais ayant l'extrémité antérieure obtuse et terminée par quatre tentacules rétractiles.

Il est contenu dans un sac.

* *Tentacularia coryphænæ.* n. Bosc. Bullet.

des Sc. n°. 2. Ce ver fut trouvé sur le foie de la dorade.

XXIVe GENRE.

MASSÈTE. *Scolex.*

Corps oblong, en massue antérieurement, très-contractile, à tête grosse, rétractile, munie de quatre suçoirs.

* *Scolex pleuronectis*. Mull. *Zool. Dan.* 2, t. 58, p. 2, p. 53. Encycl. pl. 38, f. 24. a — v.

XXVe GENRE.

GÉROFLÉ. *Caryophyllæus.* G.

Corps cylindrique, court, obtus postérieurement, à extrémité antérieure terminée par une bouche large et frangée.

* *Caryophyllæus piscium.* Goeze eing. p. 180, t. 15, f. 4, 5. Bloch eing. p. 34, t. 6, f. 9-13.

XXVIe GENRE.

STRONGLE. *Strongylus.* M.

Corps alongé, cylindrique, presque transparent, et dont le bout antérieur se termine par une bouche formant une ouverture circulaire et ciliée.

Queue terminée par une épine qui sort entre trois feuillets membraneux dans les mâles, entière et pointue dans les femelles.

* *Strongylus equinus.* Mull. Zool. Dan. 2, t. 42, f. 1-12. Encycl. pl. 36, f. 7-13.

XXVIIe GENRE.

Cucullan. *Cucullanus.*

Corps alongé, cylindrique, pointu en arrière, obtus antérieurement, à bouche terminale, orbiculaire, située sous un capuchon strié.

* *Cucullanus marinus.* Gmel. Mull. Zool. Dan. 1, p. 144, t. 38, f. 1-11. Encycl. pl. 35, f. 10-15.

XXVIIIe GENRE.

Trichure. *Tricocephalus.*

Corps alongé, cylindrique, épaissi et obtus postérieurement, atténué et filiforme antérieurement où il se termine en trompe capillaire.

* *Tricocephalus hominis. Trichuris.* Rœder et Walg. *De morb. mucos.* p. 62, t. 3, f. 4. Bloch cing. p. 32, f. 7-9. Encycl. f. 1-3.

Nota. Ce que l'on regarde ici comme la partie antérieure de ce ver, Bloch le prend pour la queue de cet animal.

XXIXe GENRE.

Ascaride. *Ascaris.*

Corps alongé, cylindrique, atténué aux deux bouts, ayant trois tubercules à son extrémité antérieure. Ils servent comme de lèvres pour fixer l'animal et l'aider à pomper sa nourriture.

* *Ascaris vermicularis.* Goeze eing. p. 102, t. 5, f. 1-3. Ce ver, qui est très-grêle et n'a que cinq ou six lignes de longueur, est commun dans l'intestin rectum des enfans et de divers animaux.

* *Ascaris lumbricalis.* Bloch eing, p. 29, t. 8, f. 1-6. Encycl. pl. 30, f. 1-4.

Cette ascaride est beaucoup plus grande que la précédente, et acquiert six à sept pouces de longueur ou davantage. Elle vit dans les intestins de l'homme et de quelques animaux.

XXXe GENRE.

FISSULE. *Fissula.*

Corps cylindrique, nu, pointu à la queue, et ayant l'extrémité antérieure bifide.

* *Fissula intestinalis.* n. *Gordius intestinalis.* Bloch eing. t. 10, f. 8 et 9.

* *Fissula Cystidicola.* n. *Cystidicola farionis.* Fischer, Journal de Phys. vendém. an 7, et Bibliogr. de la resp. p. 91.

XXXIe GENRE.

CRINON. *Crino.*

Corps alongé, cylindrique, grêle, nu, atténué vers les deux bouts, et ayant sous l'extrémité antérieure un ou deux pores ou fentes transverses.

* *Crino truncatus.* n. Crinon filiforme, blanc, acuminé antérieurement et à queue tronquée. *Voyez* Chabert, Traité des malad. verm. p. 21.

XXXIIe GENRE.

PROBOSCIDE. *Proboscidea.* Cuv.

Corps alongé, cylindrique, grêle, ayant l'extrémité antérieure terminée par un museau aigu. Bouche située au bas du museau et constituée par un pore qui donne issue à une trompe courte.

* *Proboscidea bifida.* n. *Ascaris bifida.* Mull. Zool. Dan. 2, t. 74, f. 3. Encycl. pl. 32, f. 9, 10.

XXXIIIe GENRE.

FILAIRE. *Filaria.*

Corps cylindrique, filiforme, égal, lisse, ayant une bouche terminale plus ou moins perceptible, simple, à lèvre arrondie.

* *Filaria equi.* Mull. Zool. Dan. 3, p. 49, t. 109, f. 12.

TABLEAU DES RADIAIRES.

RADIAIRES ÉCHINODERMES.

[*ÉCHINIDES.*]

1. Oursin.
2. Galerite.
3. Echinoné.
4. Nucléolite.
5. Ananchite.
6. Spatangue.
7. Cassidule.
8. Clypéastre.

[*STELLÉRIDES.*]

9. Astérie.
10. Ophiure.

[*FISTULIDES.*]

11. Holothurie.
12. Siponcle.

RADIAIRES MOLLASSES.

13. Méduse.
14. Rhizostome.
15. Béroé.
16. Lucernaire.
17. Porpite.
18. Velelle.
19. Physalie.
20. Thalide.
21. Physsophore.

CLASSE SIXIÈME.

[la 10e du règne animal.]

LES RADIAIRES.

Caract. Corps libre, dépourvu de tête, d'yeux et de pattes articulées, et ayant une disposition à la forme étoilée ou rayonnante dans ses parties. Bouche inférieure.

Organis. Point de cerveau ni de moelle longitudinale, et rarement apparence de nerfs. Quelques organes intérieurs autres que le canal intestinal.

Nous voici parvenus évidemment à un degré encore plus bas que celui où les vers sont placés. En effet, les *radiaires*, que je nomme ainsi parce que dans la plupart les organes internes de ces animaux sont disposés en manière de rayons, les *radiaires*, dis-je, sont toutes dépourvues de tête, d'yeux et de moelle longitudinale; et que ce n'est dans un petit nombre qu'on observe quelqu'apparence de nerfs, c'est-à-dire quelques indices légers de leur existence. Ils manquent aussi de centre de circulation, et n'ont pas même ce vaisseau longitudinal qu'on trouve dans les insectes, et qui paroît aussi exister dans les vers proprement dits, ou au moins dans plusieurs d'entr'eux.

Cependant, relativement à la complication de l'organisation, les *radiaires* sont encore d'un degré au-dessus des *polypes* qui constituent la dernière classe du règne animal; car leur organisation est réellement moins simple: or, il n'est nullement convenable de les confondre sous aucune considération quelconque; aussi il y a long-temps que je distingue ces deux classes dans mes leçons au Muséum.

En effet, les radiaires offrent encore, outre les organes digestifs (tels qu'une bouche souvent armée de dents, un estomac, et souvent aussi un anus distinct de la bouche), elles offrent, dis-je, des organes particuliers qui paroissent appartenir les uns à la respiration et les autres à la génération de ces animaux. Les premiers sont constitués par des tubes souvent très-ramifiés, pinnés ou dendroïdes, destinés sans doute à recevoir continuellement l'eau, et à en séparer l'air avant de la rejeter. Les seconds sont des ovaires de diverses formes.

Tous les animaux de cette classe sont libres, et vivent dans la mer. Toutes celles de leurs parties externes qui ne sont pas solides, sont très-contractiles. En général ces animaux paroissent doués de peu de sensibilité; mais leurs parties molles sont fort irritables.

Je divise cette classe en deux ordres, savoir :

1°. En *Radiaires échinodermes*.

2°. En *Radiaires molasses*.

ORDRE PREMIER.

RADIAIRES ÉCHINODERMES.

Elles ont le corps couvert d'une peau opaque, crustacée ou coriace, et parsemée dans la plupart, d'épines articulées, et de tentacules ou de suçoirs tubuleux très-rétractiles.

Dans l'intérieur, elles ont un organe respiratoire, des ovaires distincts; et presque toujours leur bouche est armée de cinq dents.

Les *radiaires échinodermes*, que Bruguières distinguoit et nommoit *vers échinodermes*, étoient auparavant confondues par Linné parmi les mollusques. Elles en diffèrent fortement néanmoins, non-seulement par leur organisation intérieure qui est bien moins composée puisqu'elles n'ont point de système de circulation, qu'elles manquent de cerveau, &c. &c.

mais encore par la peau crustacée ou coriace de leur corps, et parce que dans la plupart cette peau est parsemée à l'extérieur d'épines articulées, qui se meuvent au gré de l'animal comme des pieds; et de tentacules ou de petites cornes tubuleuses, très-nombreuses, rétractiles, souvent rangées avec symétrie par lignes régulières, et qui paroissent les organes extérieurs de la respiration de ces animaux.

Les animaux dont il s'agit se distinguent des mollusques testacés et des polypes à rayons coralligènes en ce qu'ils ne sont point enfermés dans un test distingué de leur peau, avec la faculté d'en sortir, au moins en partie, et d'y rentrer complètement. Leur peau, à la vérité, a une consistance plus ou moins ferme, coriace, crustacée et même presque solide ou crêtacée; mais c'est toujours leur peau, et aucune des parties de leur corps ne s'en sépare. On ne peut donc convenablement dire que c'est une vraie coquille. Enfin la bouche des *radiaires échinodermes*, située presque constamment dans la face inférieure de leur corps, c'est-à-dire dans celle qui est tournée vers la terre, est armée de cinq dents disposées en cercle, et communique immédiatement à l'estomac, qui est au centre de l'animal dans le plus grand nombre.

Les *radiaires échinodermes* sont toutes marines, ovipares, et ont la faculté de régénérer les parties de leur corps qui ont été coupées ou rompues.

Je partage ces animaux en trois familles ou sections particulières, de la manière suivante.

1°. Les ÉCHINIDES. Radiaires échinodermes à corps court, et qui ont l'anus distinct de la bouche.

2°. Les STELLERIDES. Radiaires échinodermes à corps court, et dont l'anus est confondu avec la bouche.

3°. Les FISTULIDES. Radiaires échinodermes à corps alongé, cylindracé, fortement contractile.

PREMIÈRE SECTION.

Radiaires échinodermes dont le corps est court, ventru ou déprimé, souvent plus large que long, et qui ont l'anus distinct de la bouche.

Les Échinides.

Ier GENRE.

OURSIN. *Echinus.*

Corps régulier, orbiculaire, ou ovale, à peau crustacée presqu'osseuse, garni d'épines mobiles, articulées sur des tubercules, et de plusieurs rangées de pores qui vont en divergeant de tous côtés depuis l'anus jusqu'à la bouche, formant des ambulacres complets et en rayons.

Bouche inférieure et centrale. Anus vertical.

* *Echinus esculentus.* Lin. Rumph. Mus. 31, t. 13, fig. B, C. Klein Echinod. p. 11, t. 1, fig. A, B, et t. 38, fig. 1. Encycl. pl. 132.

IIe GENRE.

GALERITE. *Galerites.*

Corps conoïde ou ovale, garni de plusieurs rangées de pores qui forment des ambulacres complets, rayonnant du sommet à la base.

Bouche centrale. Anus dans le bord ou contigu au bord.

* *Galerites vulgaris.* n. *Echinus vulgaris.* Lin. Klein Echinod. p. 165, t. 13, fig. C, D. Encycl. pl. 153, fig. 6, 7.

IIIe GENRE.

Echinoné. *Echinoneus.*

Corps ovale ou orbiculaire, un peu déprimé, garni de plusieurs rangées de pores qui forment des ambulacres complets, rayonnant du sommet à la base.
Bouche subcentrale. Anus inférieur, près de la bouche.

* *Echinoneus cyclostomus. Echinus cyclostomus.* Lin. Klein. Echinod. p. 173, t. 37, f. 4, 5. Encycl. pl. 153, f. 19, 20.

IVe GENRE.

Nucléolite. *Nucleolites.*

Corps ovale ou cordiforme, garni de plusieurs rangées de pores qui forment des ambulacres complets, rayonnant du sommet à la base.
Bouche subcentrale. Anus au-dessus du bord.

* *Nucleolites oviformis.* n.

* *Nucleolites clypeatus.* n.

Ve GENRE.

Ananchite. *Ananchites.*

Corps irrégulier, conoïde ou ovale, garni de plusieurs rangées de pores qui forment des ambulacres complets, rayonnant du sommet à la base.

Bouche près du bord, labiée et transverse. Anus latéral, opposé à la bouche.

* *Ananchites ovatus.* n. *Echinus ovatus.* Klein Echinod. p. 178, t. 8, fig. G, et t. 53, f. 3. Encycl. pl. 154, f. 13. Fossile des env. de Paris.

VIᵉ GENRE.

Spatangue. *Spatangus.*

Corps irrégulier, ovale ou cordiforme, garni de très-petites épines, et de plusieurs rangées de pores qui forment en dessus des ambulacres bornés, disposés en étoile irrégulière.

Bouche près du bord, labiée et transverse. Anus latéral, opposé à la bouche.

* *Spatangus vulgaris.* n. Klein Echinod. t. 48, f. 4, 5. Encycl. pl. 158, f. 11, et pl. 159, f. 1.

Nota. On connoît beaucoup d'espèces dans l'état marin, et beaucoup d'autres dans l'état fossile, qui appartiennent à ce genre.

VIIᵉ GENRE.

Cassidule. *Cassidulus.*

Corps irrégulier, elliptique ou subcordiforme, garni de très-petites épines et de plusieurs rangées de pores qui forment en dessus des ambulacres bornés, disposés en étoile.

Bouche subcentrale. Anus au-dessus du bord.

* *Cassidulus cariboearum.* n. *Echinus.* Encyclop. pl. 143, fig. 8, 9, 10. Communiqué par Richard.

* *Cassidulus scutellatus.* n. Cassidulite.

* *Cassidulus belgicus.* n. Cassidulite trouvée dans la montagne de Saint-Pierre à Mastreicht par Faujas.

VIIIe GENRE.

CLYPEASTRE. *Clypeaster.*

Corps irrégulier, elliptique ou orbiculaire, plus ou moins déprimé, garni de très-petites épines, et de plusieurs rangées de pores qui forment en dessus des ambulacres bornés, disposés en étoile et imitant une fleur à cinq pétales.

Bouche inférieure et centrale. Anus inférieur, entre le bord et la bouche.

§. Ceux qui ont l'anus près du bord.

* *Clypeaster rosaceus.* n. *Echinus rosaceus.* Lin. Klein Échinod. t. 17, fig. A, et t. 18, fig. B. Encycl. pl. 144, f. 7, 8.

§. Ceux qui ont l'anus près de la bouche.

* *Clypeaster pentaporus.* n. *Echinus pentaporus.* Klein, t. 21, fig. C, D. Encycl. pl. 149, f. 3, 4.

DEUXIÈME SECTION.

Radiaires échinodermes dont le corps est court, déprimé, et dont l'anus est confondu avec la bouche.

Les stellerides.

IXe GENRE.

Astérie. *Asterias.*

Corps suborbiculaire, déprimé, à peau coriace, et anguleux ou divisé en lobes disposés en étoile, ayant en leur surface inférieure une gouttière longitudinale, garnie sur les côtés dans toute sa longueur d'une ou plusieurs rangées d'épines mobiles, et de tentacules tubuleuses, rétractiles.

Bouche inférieure et centrale.

* *Asterias rubens.* Lin. Linck. Stell. Mar. t. 7, f. 9. Encycl. pl. 112, fig. 3, 4.

Xe GENRE.

Ophiure. *Ophiura.*

Corps suborbiculaire, déprimé, à peau coriace, partagé dans sa circonférence en lobes ou rayons alongés, grêles, cirrheux, simples ou dichotomes, et applatis en leur face inférieure, sans apparence de gouttière.

Bouche inférieure et centrale.

§. Ceux qui ont les rayons simples.

* *Ophiura lacertosa.* n. *Asterias ophiura.* Lin. *Asterias longicauda.* Linck. Stell. p. 47, t. XI, n°. 17. Encycl. pl. 122, f. 4.

§. Ceux qui ont les rayons dichotomes.

* *Ophiura caput medusæ.* n. *Asterias caput medusæ.* Lin. *Astrophyton.* Linck. Stell. t. 18, f. 29, et t. 19, f. 30. Encycl. pl. 129.

TROISIEME SECTION.

Radiaires échinodermes à corps alongé, cylindracé, fortement contractile.

LES FISTULIDES.

XIe GENRE.

HOLOTHURIE. *Holothuria.*

Corps libre, cylindrique, épais, très-contractile, à peau coriace, et ayant à l'une de ses extrémités une bouche entourée de tentacules rameuses ou pinnées, disposées en rayons.

Bouche armée de cinq dents calcaires.

* *Holothuria tubulosa.* Lin. *Holothuria prima species.* Rond. Zooph. c. 17. Aldrov. Zooph. p. 508. Forsk. F. *Ægypt.* t. 39, fig. A. Encycl. pl. 86, f. 12.

XIIe GENRE.

SIPONCLE. *Sipunculus.*

Corps alongé, cylindracé, nu, ayant antérieurement un rétrécissement cylindrique, qui contient une trompe papilleuse que l'animal fait saillir ou rentrer à son gré.
Anus latéral.

* *Sipunculus nudus.* Lin. Syrinx. Boadsch. Mar. p. p. 93, t. 7, fig. 6, 7.

Nota. Je ne place ici ce genre qu'avec doute.

ORDRE SECOND.

RADIAIRES MOLASSES.

Elles ont le corps complètement ou partiellement gélatineux ; la peau molle, transparente, et dépourvue d'épines.
Point de dents à la bouche. Aucune apparence de nerfs.

Depuis long-temps j'insiste dans mes cours, contre l'opinion de quelques naturalistes, pour réunir dans une classe particulière, qui doit être placée entre les vers et les polypes, non-seulement les vers échinodermes de Bruguières, mais encore plusieurs genres d'animaux gélatineux qui ont, en général, une disposition dans leurs parties à la forme orbiculaire ou rayonnante, et dont l'organisation plus simple que celle des vers, est néanmoins plus composée que celle des polypes.

Linné confondoit tous ces animaux avec ceux de son ordre des vers mollusques; mais l'organisation des *animaux sans vertèbres* maintenant mieux connue, ne permet pas de laisser subsister de pareils rapprochemens.

Les *radiaires molasses* dans lesquelles on ne retrouve ni systême de circulation distinct, ni organes particuliers de sensibilité, paroissent néanmoins posséder encore quelques organes qui sont distincts de ceux qui servent à la digestion de ces animaux. Ainsi on ne sauroit les éloigner des échinodermes, ni les confondre avec les polypes.

Voici les genres qui me semblent pouvoir être rapportés à cet ordre.

XIIIe GENRE.

MEDUSE. *Medusa.*

Corps libre, gélatineux, orbiculaire, convexe en dessus, et applati ou concave en dessous, avec des cils, ou des filets, ou des appendices centraux, simples ou rameux.

Bouche inférieure, centrale, et unique.

* *Medusa aurita.* Lin. Mull. Zool. Dan. 2. t. 76, 77, et Prodr. p. 2820. Encycl. p. 94, f. 1, 2, 3.

XIVe GENRE.

Rhizostome. *Rhizostoma*. Cuv.

Corps libre, gélatineux, orbiculaire, convexe en dessus, et applati ou concave en dessous avec des appendices centraux, foliiformes ou dendroïdes, munis de pores nombreux qui sont les bouches ou suçoirs de l'animal.
Point de bouche centrale et unique.

* *Rhizostoma cuvierii*. Bullet. des sciences, n°. 55, p. 69.

XVe GENRE.

Beroé. *Beroe*.

Corps libre, gélatineux, ovale ou globuleux, garni extérieurement de côtes longitudinales ciliées.
Une ouverture ronde à la base, servant de bouche.
Nota. Les beroés nagent au moyen d'un mouvement de rotation qu'ils impriment à leurs corps par leurs cils.

* *Beroe ovatus*. Brug. Dict. et Encycl. pl. 90, f. 1. *Medusa infundibulum*. Mull. Zool. Dan. Prodr. 2816. *Beroe*. Brown. Jam. 384, t. 43, f. 2.

XVIe GENRE.

Lucernaire. *Lucernaria*.

Corps libre, gélatineux, alongé, cylindracé et ridé supérieurement, ayant sa partie inférieure dilatée et partagée en bras rameux, divergens et tentaculifères.
Bouche inférieure et centrale.

**Lucernaria quadricornis*. Mull. Zool. Dan. 1, t. 39, f. 1-6. Encycl. pl. 89, f. 13-16.

XVIIe GENRE.

PORPITE. *Porpita.*

Corps libre, orbiculaire, cartilagineux intérieurement, subgélatineux à l'extérieur, plane et tuberculeux en dessus, convexe en dessous avec une cavité centrale et des stries en rayons.

* *Porpita indica.* n. *Medusa porpita.* Lin. Amœn. Acad. 4, p. 255, t. 3, f. 7-9. Encycl. pl. 90, f. 3-5.

XVIIIe GENRE.

VELELLE. *Velella.*

Corps libre, elliptique, cartilagineux intérieurement, gélatineux à l'extérieur, ayant sur son dos une crête élevée et tranchante, insérée obliquement. Bouche inférieure et centrale.

* *Velella mutica.* n. *Medusa velella.* Gmel. *Phyllidoce.* Brown. Jam. 387, t. 48, f. 1. Elle n'a point de tentacules autour de la bouche.

* *Velella tentaculata.* n. *Holothuria spirans.* Forsk. Ægypt. p. 104, et Ic. t. 26, fig. K.

XIXe GENRE.

PHYSALIE. *Physalia.*

Corps libre, gélatineux, ovale, comprimé sur les côtés, et ayant sur le dos une crête élevée, rayonnée et membraneuse.

Des tentacules nombreuses, filiformes, articulées, placées sous le ventre, et qui paroissent être des suçoirs.

* *Physalia pelagica.* n. *Holothuria physalis.* Lin. *Urtica marina*... Sloan. Jam. 1, p. 7, t. 4, f. 5. *Thalia.* Encycl. pl. 89. *Arethusa.* Brown. Jam. p. 386. Vulg. la galère. Sa crête est d'un verd obscur.

XXe GENRE.

THALIDE. *Thalis.*

Corps libre, gélatineux, ovale ou oblong, comprimé sur les côtés, et dépourvu de crête dorsale ou n'en ayant qu'une très-courte, placée vers une extrémité.

Aucune tentacule sous le ventre.

* *Thalis trilineata.* n. *Holothuria thalia.* Lin. *Thalia.* Brown. Jam. 384, t. 43, f. 5. Encycl. pl. 88, f. 1.

XXIe GENRE.

PHYSSOPHORE. *Physsophora.*

Corps gélatineux, divisé ou lobé inférieurement, et vésiculifère dans sa partie supérieure.

Bouche inférieure et centrale, accompagnée de tentacules.

**Physsophora rosacea.* Forsk. *Faun. Ægypt.* p. 119, n°. 46, et Ic. t. 43, fig. B, b. Encycl. pl. 89, f. 10, 11.

TABLEAU DES POLYPES.

POLYPES A RAYONS.

POLYPES NUS.

1. Actinie.
2. Zoanthe.
3. Hydre.
4. Corine.
5. Pedicellaire.

POLYPES CORALLIGÈNES.

A polypier entièrement pierreux.

6. Cyclolite.
7. Fongie.
8. Caryophyllie.
9. Madrepore.
10. Astrée.
11. Méandrine.
12. Pavone.
13. Agarice.
14. Millepore.
15. Nullipore.
16. Retepore.
17. Eschare.
18. Alvéolite.
19. Orbulite.
20. Sidérolite.
21. Tubipore.

A polypier non entièrement pierreux.

22. Isis.
23. Corail.
24. Gorgone.
25. Antipate.
26. Encrine.
27. Ombellulaire.
28. Pennatule.
29. Véretile.
30. Coralline.
31. Tubulaire.
32. Sertulaire.
33. Cellaire.
34. Flustre.
35. Cellepore.
36. Botrylle.
37. Alcyon.
38. Eponge.
39. Cristatelle.

POLYPES ROTIFÈRES.

40. Vorticelle.
41. Urcéolaire.
42. Brachion.

POLYPES AMORPHES.

43. Trichode.
44. Trichocerque.
45. Cercaire.
46. Colpode.
47. Vibrion.
48. Protée.
49. Volvoce.
50. Monade.

CLASSE SEPTIÈME.

[la 11e du règne animal.]

LES POLYPES.

Caract. Corps mou, le plus souvent gélatineux, dépourvu de tête et d'yeux, et n'ayant ni moelle longitudinale, ni nerfs, ni organes respiratoires apparens, ni systême de circulation, ni organes particuliers pour la génération; mais seulement un canal intestinal aveugle, dont l'entrée sert de bouche et d'anus.

Ils multiplient par bourgeons ou par scission de leur corps. Tous sont aquatiques.

C'EST ici la dernière classe du règne animal, celle qui comprend les animaux les plus imparfaits à tous égards, c'est-à-dire ceux qui ont l'organisation la plus simple, et par conséquent le moins de facultés. On ne retrouve en eux ni cerveau, ni moelle longitudinale, ni nerfs, ni organes particuliers pour la respiration, ni vaisseaux destinés à la circulation des fluides. Tous leurs viscères se réduisent à un simple canal alimentaire, rarement replié sur lui-même, et qui, comme un sac plus ou moins alongé, n'a qu'une seule ouverture

TABL

POLYPES A R.

S.

POLYPES NUS.

1. Actinie.
2. Zoanthe.
3. Hydre.
4. Corine.
5. Pédicellaire.

POLYPES

A polypier entière
pierreux.

6. Cyclolite.
7. Fongie.
8. Caryophyllie.
9. Madrepore.
10. Astrée.
11. Méandrine.
12. Pavone.
13. Agarice.
14. Millepore.
15. Nullipore.
16. Retepore.
17. Eschare.
18. Alvéolite.
19. Orbulite.
20. Sidérolite.
21. Tubipore.

servant à-la-fois de bouche et d'anus. Aucun d'eux ne peut être ovipare, car aucun n'a d'organes particuliers pour la génération. Or, il en faut avoir pour produire des œufs : il faut au moins un ovaire, et les polypes en sont tous dépourvus. Mais plusieurs produisent des bourgeons qu'on a pris pour des œufs, parce qu'ils naissent près de leur ouverture ou sur ses bords, ou peut-être intérieurement, et qu'ils se séparent avant de s'être developpés. Tous les points de leur corps paroissent se nourrir par la succion et l'absorption autour du canal alimentaire des matières qui s'y trouvent digérées. Enfin, tous les points de leur corps ont sans doute en eux-mêmes cette modification de la faculté de sentir, qui constitue l'*irritabilité*.

On peut dire que la classe des polypes est le dernier des échelons qu'on ait pu remarquer dans le règne animal. Aussi c'est parmi les animaux de cette classe que se trouvent en quelque sorte les ébauches de l'animalisation, le terme inconnu de l'échelle animale. Ce sont ces mêmes ébauches que la nature forme et multiplie avec tant de facilité et tant de promptitude dans les circonstances favorables; mais aussi qu'elle détruit si facilement, et même si subitement par la simple mutation des circonstances qui convenoient à leur existence. Quel sujet de méditation pour le naturaliste observateur et philosophe !

Qui croiroit, par exemple, que ce sont les animaux de cette classe qui, en individus, sont les plus nombreux dans la nature, c'est-à-dire sont les plus multipliés ! Qui croiroit que c'est encore dans cette classe que se trouvent les animaux qui ont le plus d'influence pour constituer la croûte extérieure du globe terrestre dans l'état où nous la voyons ! Enfin qui croiroit que tout se réunit pour prouver que ces mêmes animaux sont les plus anciens dans la nature ! Que de monumens, en effet, attestent l'ancienneté de leur existence sur presque tous les points de la surface du globe, et la continuité de leurs travaux depuis les premiers temps !

Je divise la classe des polypes en trois ordres, savoir :

1°. *Les polypes à rayons.* — Ils ont autour de leur bouche des bras disposés en rayons.

2°. *Les polypes rotifères.* — Ils ont des organes ciliés et rotatoires.

3°. *Les polypes amorphes.* — Ils sont irréguliers, sans bras rayonnans et sans organes rotatoires.

ORDRE PREMIER.

POLYPES A RAYONS.

Ils sont réguliers, gemmipares, constamment ou spontanément fixés par leur base, et ont autour de leur bouche une ou plusieurs rangées de bras ou tentacules disposées en rayons.

L'ordre des *polypes à rayons* comprend une quantité prodigieuse d'animaux molasses, contractiles, réguliers dans leur forme, parmi lesquels quelques-uns, quoique fixés par leur base, se déplacent spontanément, tandis que tous les autres sont constamment fixés sur différens corps et dans leur polypier.

Il y en a en effet parmi eux qui sont toujours nus, c'est-à-dire qui vivent sans être enfermés dans aucune enveloppe; mais le plus grand nombre des polypes de cet ordre se trouve constamment fixé par sa base dans des cellules qui résultent d'une sécrétion particulière du corps de ces polypes, et qui par leur amoncèlement constituent les polypiers qu'habitent ces animaux.

C'est donc parmi les *polypes à rayons* que se trouvent ces animaux étonnans, qui, par l'antiquité de leur existence, leur énorme multiplicité dans la nature, et l'augmentation continuelle des polypiers qu'ils produisent, donnent lieu à cette immense quantité de matière calcaire qui forme ces îles, ces bancs et ces montagnes de craie dont tant de parties de la surface du globe sont couvertes.

Tous les polypes de cet ordre ont la bouche terminale et entourée d'une ou de plusieurs rangées de tentacules ou espèces de bras non articulés, et disposés en rayons. Dans la plupart, les mouvemens de ces bras servent à arrêter et même à amener la proie.

Ces animaux, en général, ont le corps gélatineux et transparent. La simplification de leur organisation est si grande, qu'en vain chercheroit-on à voir en eux aucun autre organe particulier que le canal alimentaire, qui est une espèce de sac fort extensible.

Les polypes à rayons multiplient par des bourgeons qui, dans le plus grand nombre, ne se séparent que tardivement ou que par circonstances, et souvent qui ne se séparent jamais : en sorte que le polype, d'abord simple, devient ensuite un animal multiple, en quelque sorte composé, rameux ou lobé, ayant ses rameaux ou ses lobes terminés chacun par une bouche entourée de tentacules en rayons.

Les polypes de cet ordre se divisent naturellement en deux sections remarquables, savoir :

1°. En polypes à rayons *nus*.

Ils sont entièrement nus ou à découvert.

2°. En polypes à rayons *coralligènes*.

Ils sont enfermés et fixés dans les cellules d'un polypier.

PREMIÈRE SECTION.

Polypes à rayons *nus*.

Ils sont entièrement nus ou à découvert, ne forment point de polypier, et quoique fixés par leur base, la plupart peuvent se déplacer spontanément.

Ils se multiplient par des espèces de bourgeons qu'ils poussent de différens points de leur corps, et qui s'en séparent à un certain terme de leur développement.

Ces polypes vivent les uns dans la mer et les autres dans les eaux douces et stagnantes. Ils ont une faculté régénérative si grande, que lorsqu'on retranche une partie quelconque de leur corps, elle repousse bientôt. Si l'on coupe un de ces animaux en deux, dans quelque sens que ce soit, sur-tout en *hydre*, chaque moitié redevient un polype entier.

Ier GENRE.

ACTINIE. *Actinia.* L.

Corps cylindracé, charnu ou coriace, très-contractile, isolé, fixé par sa base et ayant la faculté de se déplacer. Bouche terminale, bordée d'un ou de plusieurs rangs de tentacules en rayons, se fermant et disparoissant par la contraction, et s'épanouissant comme une fleur au gré de l'animal.

* *Actinia rufa.* Lin. Mull. Zool. Dan. 1, p. 75, t. 23, f. 1-5. Prodr. 2797. Encycl. pl. 71, f. 6-10. Anémone de mer, n°. 1.

IIe GENRE.

ZOANTHE. *Zoantha.*

Corps charnus, grêles et cylindriques inférieurement, épaissis en massue dans leur partie supérieure, ayant la bouche et les tentacules des actinies, mais constamment fixés par leur base le long d'un tube rampant et charnu qui leur donne naissance.

Nota. Le tube rampant et prolifère des zoanthes, qui ne permet pas le déplacement spontané de ces animaux, est ce qui caractérise essentiellement ce genre. Ce même genre diffère par conséquent du *zoantha* du C. Cuvier.

* *Zoantha sociata.* n. *Actinia sociata.* Soland. et Ellis. t. 1, f. 1, 2. Encycl. pl. 70, f. 1, 2. *Hydra sociata.* Gmel.

IIe GENRE.

Hydre. *Hydra*. L.

Corps gélatineux, diaphane, cylindrique ou conique, se fixant spontanément, et ayant autour de la bouche un rang de tentacules cirrheuses.
(Vulg. Polypes a bras.)

* *Hydra viridis*. Lin. Trembl. Polyp. 1, p. 22, t. 1, f. 1. Roesel, ins. 3. Polyp. p. 351, t. 88, 89. Encycl. pl. 66.

IVe GENRE.

Corine. *Coryne*.

Corps charnu, en massue, pédonculé, ayant l'extrémité supérieure renflée en vésicule, et terminée par la bouche accompagnée de tentacules éparses.
Des bourgeons oviformes naissent au bas de la vésicule, et s'en séparent avant de se développer.

* *Corine squamata*. n. *Hydra squamata*. Mull. Zool. Dan. t. IV. Encycl. pl. 69, f. 10, 11.

Ve GENRE.

Pédicellaire. *Pedicellaria*.

Corps fixé, pédonculé, à pédoncule grêle et roide, et terminé supérieurement en massue ou en tête, soit nue, soit écailleuse, soit garnie de lobes aristés.

* *Pedicellaria globifera*. Mull. Zool. Dan. 1, p. 52, t. 16, f. 1-5. Encycl. pl. 66, f. 1.

SECONDE SECTION.

Polypes à rayons *coralligènes*, vulg. zoophytes.

Ils sont fixés et enfermés ou contenus dans les cellules d'un *polypier*, dont ils augmentent continuellement l'étendue et la masse par leur multiplication et par une transudation perpétuelle de leur corps.

Les *polypiers* constitués par la réunion ou l'amoncèlement varié des cellules des polypes, sont les uns de substance entièrement ou partiellement pierreuse et calcaire, les autres de matière cornée et même gélatineuse. Ils présentent des masses diversement ramifiées ou dendroïdes; quelquefois simplement crustacées, ou foliacées, ou réticulaires, ou fibreuses. Leurs cellules sont tantôt courtes, tantôt plus ou moins tubuleuses.

Les *polypiers* furent pris pendant long-temps par les Naturalistes pour des plantes marines. Ce ne fut qu'en 1727 que PEYSSONEL découvrit que les coraux constituoient les habitations d'un grand nombre de petits animaux qui les avoient formés. TREMBLEY étendit cette découverte en faisant connoître les polypes d'eau douce, tels que les hydres, &c. lesquels ont à-peu-près la même organisation que les polypes coralligènes, et sont nécessairement de la même classe. Enfin Ellis découvrit les animaux analogues qui habitent les sertulaires, les gorgones, &c. ce qui conduisit bientôt à la connoissance de ceux qui forment les madrépores, les millepores, &c. &c.

La connoissance de ces animalcules et la considération des masses ordinairement rameuses et dendroïdes qui leur servent de réceptacle et d'habitation, firent ensuite donner à ces mêmes masses le nom de *zoophytes*, qui veut dire animaux-plantes, comme si les objets dont il s'agit participoient de la nature de l'animal et de celle de la plante. On a même prétendu, dans des ouvrages très-modernes, que les polypiers rameux croissoient par *intus-susception*, en sorte que le tronc et les branches étoient de véritables végétations, et leurs auteurs ont donné le nom de *fleur-animale* au polype même qui habite chaque cellule de ces polypiers.

Mais cette opinion est une erreur évidente. Il n'y a dans le polypier le plus ramifié rien qui tienne de la nature d'un végétal, si l'on en excepte l'apparence ou la configuration extérieure. Tout y est animal ou production animale. Chaque polype est un être vivant, doué du mouvement volontaire et muni d'un canal intestinal. Or, aucun végétal connu n'offre rien de semblable. Quant au polypier, il se forme insensiblement par suite de l'extrême multiplication des polypes, et par l'amoncèlement, diversement modifié selon les espèces, des cellules que les polypes se construisent. Enfin les cellules sont formées par des additions et des dépôts successifs de matières qui transudent du corps même du polype. Après leur sortie de l'animal, ces matières prennent de la consistance par le rapprochement de leurs parties, et se transforment en substance pierreuse dans les uns, cornée dans les autres, et spongieuse ou simplement gélatineuse dans d'autres encore.

Les pores excrétoires de ces animalcules sont souvent de deux sortes, et filtrent par conséquent deux sortes de sucs différens. Ceux qui sont situés à la partie postérieure de l'animal donnent issue à un suc qui se change en matière cornée, plus ou moins ferme ou solide; tandis que ceux qui occupent les parties latérales antérieures du polype déposent une matière ou crétacée, ou spongieuse, ou gélatineuse, ou glaireuse. Des matières qui transudent de ces derniers résultent, non-seulement les cellules, mais les croûtes ou espèces d'écorces qui recouvrent les ramifications cornées des gorgones, des isis, des éponges, &c. et de celles que déposent les premiers, résulte la substance intérieure du polypier, substance qui est parfaitement inorganique.

Les bourgeons que produisent les polypes coralligènes sont quelquefois oviformes, et se détachent avant de se développer. Ils sont alors diversement déposés sur les bords ou à côté des cellules, selon les espèces. D'autres fois ils ne se séparent que tardivement, ou même ne se séparent jamais. Dans l'un et l'autre cas, la forme principale qu'acquiert chaque polypier dans son accroissement, doit nécessairement résulter du nombre et de la situation des bourgeons successivement déposés ou développés par les polypes. Cette considération suffit pour faire appercevoir la cause de l'étonnante diversité dans la forme des polypiers connus.

Les polypes qui font leur habitation dans ces corps celluleux que je nomme *polypiers*, sont d'une nature assez analogue à celle des *hydres*.

Je partage les *polypes à rayons* et *coralligènes* en deux sous-divisions ou familles, de la manière suivante :

1°. Ceux dont le polypier est solide, entièrement pierreux et calcaire.

2°. Ceux dont le polypier est flexible, et n'est pas entièrement crétacé.

PREMIÈRE SOUS-DIVISION.

Polypier solide, entièrement pierreux et calcaire.

VIe GENRE.

CYCLOLITE. *Cyclolites.*

Polypier libre, orbiculaire ou elliptique, convexe et lamelleux en-dessus, applati en dessous avec des lignes circulaires concentriques.

Il constitue une seule étoile lamelleuse.

* *Cyclolites numismalis.* n. *Madrepora porpita.* Lin. Amœn. Acad. 1, p. 91, t. 4, fig. 5.

* *Cyclolites hemisphærica.* n. Scheuchz. *Herb. Diluvianum.* t. 13, f. 1.

* *Cyclolites elliptica.* n. Porpite elliptique. Guettard, mem. vol. 3, p. 452, t. 21, fig. 17, 18. La cunolite.

* *Cyclolites cristata.*

VIIe GENRE.

FONGIE. *Fungia.*

Polypier pierreux, libre, orbiculaire ou hémisphérique, ou oblong, convexe et lamelleux en dessus avec un sillon ou un enfoncement au centre, concave et raboteux en dessous.

Une seule étoile lamelleuse, subprolifère. Lames dentées ou hérissées latéralement.

* *Fungia agariciformis*. n. *Madrepora fungites*. Lin. Forsk. F. n. *Ægypt*. p. 134, et Ic. t. 42.

* *Fungia scutaria*. n. *Madrepora*. Seba Mus. 3, t. 112, f. 28, 29, 30.

* *Fungia limacina*. n. *Madrep*. Soland. et Ellis, t. 45. Seba Mus. 3, t. 111, f. 3, 4, 5.

* *Fungia talpina*. n. La taupe de mer. Seba Mus. 3, t. 111, f. 6, et t. 112, f. 31.

* *Fungia patellaris*. n. *Madrepora patella*. Lin. Soland. et Ellis, t. 28, f. 1-4.

* *Fungia pileus*. n. *Mitra polonica*. Rumph. Amb. 6, t. 88, f. 3. Le bonnet de Neptune.

VIIIe GENRE.

CARYOPHYLLIE. *Caryophyllia*.

Polypier pierreux, fixé, simple ou fasciculé ou rameux; à tiges ou rameaux turbinés ou cylindracés, striés longitudinalement à l'extérieur, et terminés chacun par une étoile lamelleuse, plus ou moins concave.

§. A tiges simples, isolées ou fasciculées.

* *Caryophyllia cyathus*. n. *Madrepora cyathus*. Lin. Soland. et Ellis, t. 28, f. 7.

§. A tiges rameuses et dendroïdes.

* *Caryophyllia ramea*. n. *Madrepora ramea*. Lin. Soland. et Ellis, t. 38.

IXe GENRE.

Madrepore. *Madrepora.*

Polypier pierreux, fixé, divisé en lobes ou ramifications dendroïdes, ayant la superficie de ses ramifications éminemment poreuse, et garnie par-tout d'étoiles lamelleuses et concaves.

§. A étoiles tubuleuses, toutes saillantes à la superficie des ramifications.

* *Madrepora muricata.* Lin. Soland. et Ellis, t. 57. Gualt. *Test.* t. *Ante* 20.

§. A étoiles non saillantes, mais excavées à la superficie des ramifications.

* *Madrepora porites.* Lin. Soland. et Ellis, t. 47, f. 1. Seba Mus. 3, t. 109, f. 11.

Xe GENRE.

Astrée. *Astrea.*

Polypier pierreux, crustacé, en masse glomérulée ou en expansion lobée subfoliacée, ayant sa surface supérieure parsemée d'étoiles lamelleuses et sessiles.

§. A étoiles séparées.

* *Astrea rotulosa.* n. *Madrepora rotulosa.* Soland. et Ellis Corall. p. 166, t. 55.

§. A étoiles contiguës.

* *Astrea galaxea.* n. *Madrepora galaxea.* Soland. et Ellis Corall. p. 168, t. 49, f. 2.

XIe GENRE.

MEANDRINE. *Meandrina.*

Polypier pierreux, en masse simple, subcrustacée, glomérulée ou en boule, ayant sa superficie creusée par des sillons ou ambulacres sinueux, dont les parois sont garnies de lames inégales, dentées, perpendiculaires aux crêtes des sillons.

* *Meandrina pectinata.* n. *Madrepora meandrites.* Soland. et Ellis Corall. p. 161, t. 48, f. 1.

XIIe GENRE.

PAVONE. *Pavona.*

Polypier pierreux, à expansions applaties, lobées, subfoliacées ou en crêtes, ayant les deux surfaces munies de stries ou de rides irrégulières, lamelleuses, formant entr'elles des sillons garnis de trous lamelleux, en étoiles plus ou moins parfaites.

* *Pavona cristata.* n. *Madrepora*... Soland. et Ellis Corall. t. 63. *An madrepora agaricites.* Lin.

* *Pavona lactuca.* n. *Madrepora lactuca.* Pall. Soland. et Ellis Corall. p. 158, t. 44.

XIIIe GENRE.

AGARICE. *Agaricia.*

Polypier pierreux, à expansions applaties, sublobées, nues à leur surface interne, mais ayant l'extérieure garnie de rides, soit longitudinales, soit transverses, irrégulières, lamelleuses, entre lesquelles sont situés des enfoncemens ou des étoiles imparfaites.

* *Agaricia cucullata.* n. *Madrepora cucullata.* Soland. et Ellis Corall. p. 157, t. 42.

* *Agaricia ampliata.* n. *Madrepora ampliata.* Soland. et Ellis Corall. p. 157, t. 41, f. 1, 2.

* *Agaricia undata.* n. *Madrepora undata.* Soland. et Ellis Corall. p. 157, t. 40.

XIVe GENRE.

MILLEPORE. *Millepora.* L.

Polypier pierreux, à expansions solides, sinueuses ou lobées, ou ramifiées et dendroïdes, ayant leur superficie complètement ou partiellement garnie de pores simples ou de trous fort petits, subcylindriques, dépourvus de lames en étoile.

§. A pores irrégulièrement épars.

* *Millepora alcicornis.* Lin. *Lithodendrum...* Rhump. Herb. Amb. 6, p. 243, t. 86, f. 3. *Corallium album...* Moris. Hist. pl. 3, sect. 15, t. 10, n°s. 24 et 27.

§. A pores régulièrement disposés.

* *Millepora violacea.* Pall. El. Zoop. n°. 159. Soland. et Ellis Corall. p. 140.

XVe GENRE.

NULLIPORE. *Nullipora.*

Polypier pierreux, à expansions solides, lobées subfasciculées ou rameuses.

Aucuns pores apparens.

* *Nullipora nodulosa.* n. *Millepora polymorpha.* Lin. *Corallium pumilum album.* Ellis Corall. t. 27, fig. C. Sloan. Jam. 1, t. 18, f. 2.

* *Nullipora calcarea.* n. *Millepora calcarea.* Soland. et Ellis Corall. t. 23, fig. 13. Seba Mus. 3, t. 108, n°. 8.

* *Nullipora byssoïdes.* n. *Gleba corallina.* Seba Mus. 3, t. 116, f. 7.

* *Nullipora agariciformis.* n. *Millepora agariciformis.* Pall. El. Zooph. p. 263.

XVIe GENRE.

RÉTEPORE. *Retepora.*

Polypier pierreux, à expansions minces, fragiles, poreuses à l'intérieur, réticulées ou rameuses, et n'ayant des pores apparens que sur une de leurs faces.

* *Retepora reticulata.* n. *Millepora reticulata.* Lin. Mars. Hist. Mar. t. 34, f. 155, 156.

* *Retepora cellulosa.* n. *Millepora cellulosa.* Lin. Ellis Corall. t. 25, fig. d, D, F. La manchette de Neptune.

* *Retepora dendroïdes.* n.

XVIIe GENRE.

ESCHARE. *Eschara.*

Polypier presque pierreux, à expansions minces, fragiles, dilatées en membranes ou en lanières rameuses, poreuses intérieurement, et ayant en outre les deux surfaces garnies de pores disposés en quinconces.

* *Eschara foliacea.* n. *Millepora foliacea.* Soland. et Ellis Corall. p. 133. Ellis Corall. t. 30, fig. A, B, C. L'escare bouffant.

* *Eschara tænialis.* n. *Millepora tænialis.* Soland. et Ellis Cor. p. 133. Ellis Corall. t. 30, fig. b.

* *Eschara cervicornis.* n. *Millepora cervicornis.* Soland. et Ellis Cor. p. 134. Mars. Hist. Mar. t. 32, f. 152, 153.

XVIIIe GENRE.

ALVEOLITE. *Alveolites.*

Polypier pierreux, épais, globuleux ou hémisphérique, formé de couches nombreuses, concentriques, qui se recouvrent les unes les autres.

Couches composées chacune d'une réunion de cellules alvéolaires, subtubuleuses, prismatiques, contiguës, formant un réseau à leur superficie.

* *Alveolites escharoïdes.* n. Alvéolite subglobuleuse. Comparez l'astroïte de Guettard, mem. vol. 3, p. 499, t. 45, f. 1.

* *Alveolites suborbicularis.* n. Alvéolite des environs de Dusseldorf.

XIXe GENRE.

ORBITOLITE. *Orbitolites.*

Polypier pierreux, libre, orbiculaire, mince, plane ou concave, et poreux intérieurement.

Pores très-petits, contigus, régulièrement disposés, plus ou moins apparens à l'extérieur.

* *Orbitolites complanata.* n. Hélicite? Guettard, mem. vol. 3, p. 434, t. 13, f. 30-32. Elle est platte; ses pores sont en grande partie masqués à l'extérieur. Cette orbitolite est commune à grignon.

* *Orbitolites concava.* n. Orbitolite dont la surface concave est chargée de rides rayonnantes. Sa surface convexe est parsemée de pores apparens. Se trouve à Grignon et ailleurs.

XXe GENRE.

SIDEROLITE. *Siderolites.*

Polypier libre et en étoile, à disque convexe en dessus et en dessous, chargé de points tuberculeux, bordé de quatre ou cinq rayons courts, inégaux, et n'offrant point de pores bien apparens.

**Siderolites calcitrapoïdes*. n. Knorr. Petrif. 3ᵉ vol. suppl. p. 181, fig. 9-16. De la mont. de Saint-Pierre à Maestricth, communiq. par le C. *Faujas*.

XXIᵉ GENRE.

TUBIPORE. *Tubipora*. L.

Polypier pierreux, composé de tubes cylindriques ou prismatiques subarticulés, perpendiculaires, parallèles et réunis les uns aux autres par des diaphragmes ou cloisons transverses et intermédiaires.

* *Tubipora musica*. Lin. Soland. et Ellis Corall. p. 144, t. 27. *Tubipora purpurea*. Pall. El. Zooph. p. 337. Vulg. l'orgue de mer.

**Tubipora prismatica*. n. Tubiporite à tubes hexagones réguliers.

* *Tubipora favosa*. n. Tubiporite à tubes subpentagones irréguliers.

DEUXIEME SOUS-DIVISION.

Polypier non entièrement pierreux.

XXIIᵉ GENRE.

ISIS. *Isis*.

Polypier branchu, composé d'articulations pierreuses, striées longitudinalement, jointes l'une à l'autre par une substance cornée ou spongieuse, et recouvertes d'une enveloppe corticiforme, molle, charnue, poreuse, parsemée de cellules polypifères.

* *Isis hippuris*. Lin. Solander et Ellis Corall. p. 105, t. 3, f. 1-5.

XXIIIe GENRE.

Corail. *Corallium*.

Polypier dendroïde, non articulé, ayant sa substance intérieure pierreuse, pleine, solide, striée à sa surface et recouverte d'une enveloppe corticiforme, charnue, poreuse et polypifère.

* *Corallium rubrum*. n. *Isis nobilis*. Lin. Pall. El. Zooph. p. 223. *Gorgonia pretiosa*. Soland. et Ellis Corall. p. 90, t. 13, f. 3, 4.

XXIVe GENRE.

Gorgone. *Gorgonia*.

Polypier dendroïde, ayant une tige branchue ou flabelliforme, épatée et fixée à sa base, d'une substance cornée pleine et flexible, striée à sa surface, et recouverte ainsi que ses rameaux d'une enveloppe corticiforme, charnue, friable dans l'état sec, et parsemée de cellules polypifères.

* *Gorgonia ceratophyta*. Lin. Pall. El. Zooph. p. 185. Soland. et Ellis Corall. p. 81, t. 12, f. 2, 3.

XXVe GENRE.

ANTIPATE. *Antipathes.* L.

Polypier dendroïde, ayant une tige simple ou rameuse, épatée et fixée à sa base, d'une substance cornée et noirâtre, ordinairement hérissée de petites épines, et recouverte d'une croûte gélatineuse, polypifère, et caduque ou qui disparoît sur le polypier desséché.

* *Antipathes myriophylla.* Lin. Soland. et Ellis Corall. p. 102, t. 19, f. 11, 12. *Myriophyllum...* Petiv. Gaz. t. 35, f. 12.

XXVIe GENRE.

ENCRINE. *Encrinus.*

Polypier libre, à tige osseuse ou pierreuse, ramifiée en ombelle à son sommet, articulée ainsi que ses rameaux, recouverte d'une membrane, et ayant ses rameaux garnis d'une ou plusieurs rangées de tubes polypifères.

* *Encrinus caput medusœ.* n. *Isis asteria.* Lin. *Encrinus.* Ellis Encr. 1764, 4, t. 13, f. 14. *Palma marina.* Guettard, act. Paris, 1755. Act. Angl. 52, t. 14.

C'est la seule espèce connue qui ne soit pas fossile : elle est au Muséum d'Hist. Nat. de Paris.

* *Encrinus liliiformis.* n. *Lilium lapideum.* Ellis Corall. t. 37, fig. K. Knorr. Petrif. t. XI, a. Encrinite.

Nota. Les articulations séparées qu'on trouve et qui appartiennent à des tiges d'encrinite, sont connues dans les cabinets d'Hist. Nat. sous les noms de *pierres étoilées*, de *trochites* et d'*entroques*.

XXVIIe GENRE.

OMBELLULAIRE. *Umbellularia.*

Polypier libre, ayant une tige osseuse, non articulée, recouverte d'une membrane charnue, et soutenant à son sommet une ombelle simple, formée par des polypes à huit tentacules ciliées.

* *Umbellularia groenlandica.* n. *Pennatula encrinus.* Lin. Polype de mer en bouquet. Ellis Corall. t. 37, fig. a, b, c, &c.

XXVIIIe GENRE.

PENNATULE. *Pennatula.* L.

Polypier libre, ayant une tige non articulée, cartilagineuse, recouverte d'une membrane charnue, simple ou nue inférieurement, et ailée dans sa partie supérieure. Ailerons applatis, en crêtes, et subimbriqués, ayant leur bord supérieur denté et polypifère.

* *Pennatula phosphorea.* Lin. *Penna marina.* Planc. Conch. t. 8, fig. D, E. Boadsch, t. 8, f. 5. Elle répand dans la mer pendant la nuit une lumière phosphorique qui a beaucoup d'éclat.

XXIXe GENRE.

VÉRETILLE. *Veretillum.* Cuv.

Polypier libre, ayant une tige cylindracée, simple, sans ailerons ni crêtes, recouverte d'une membrane charnue et sensible, et parsemée de polypes à huit tentacules ciliées.

* *Veretillum phalloïdes.* n. *Pennatula phalloïdes.* Pall. El. Zooph. p. 373, et Misc. Zool. p. 179, t. 13, f. 5-9.

* *Veretillum cynomorium.* n. *Pennatula cynomorium.* Pall. El. Zooph. p. 373, et Misc. Zool. t. 13, f. 1-4. Ellis, Act. Angl. vol. 53, p. 434, t. 31, f. 3-5.

XXXe GENRE.

CORALLINE. *Corallina.* L.

Polypier phytoïde, à tige rameuse, articulée ainsi que ses rameaux, à articulations cornées, recouvertes d'une substance calcaire, dont la superficie n'offre point de cellules perceptibles.

* *Corallina officinalis.* Lin. Ellis Corall. t. 24, n°. 2, fig. a, A, A 1, A 2, B 1, B 2. La coralline des boutiques.

XXXIe GENRE.

Tubulaire. *Tubularia.* L.

Polypier fixé, à tige grêle, cornée, tubulée, simple ou branchue, terminée ainsi que chacun de ses rameaux par un polype à deux rangs de tentacules.

Les tentacules intérieures sont relevées en plumet; les extérieures sont ouvertes et en rayons.

* *Tubularia indivisa.* Lin. *Corallina tubularia...* Ellis Corall. p. 31, t. 16, fig. C.

XXXIIe GENRE.

Sertulaire. *Sertularia.* L.

Polypier phytoïde, à tige très-grêle, simple ou rameuse, tubulée, entièrement cornée, et munie dans sa longueur ainsi que le long de ses ramifications, de cellules disjointes, saillantes comme des dents, caliciformes et polypifères.

Des bourgeons oviformes, contenus dans des vésicules plus grandes que les cellules, paroissent dans certains temps et servent à la multiplication de ces polypes.

* *Sertularia tamarisca.* L. Pall. El. Zooph. p. 129. Ellis Cor. p. 4, n°. 1, t. 1, fig. a, A.

XXXIIIe GENRE.

Cellaire. *Cellaria.*

Polypier phytoïde, à tiges grêles, articulées, rameuses, cornées et lapidescentes, ayant leur superficie garnie de cellules sériales et polypifères.

§. Articulations couvertes de cellules dans tous les sens.

* *Cellaria salicornia.* n. *Cellaria farciminoïdes.* Soland. et Ellis Cor. p. 26. *Tubularia fistulosa.* Lin. Ellis Corall. p. 46, t. 23.

§. Articulations garnies de cellules sur une seule face.

* *Cellaria cirrata.* Soland. et Ellis Corall. p. 29, t. 4, fig. d, D.

XXXIVe GENRE.

FLUSTRE. *Flustra.* L.

Polypier crustacé ou foliacé, simplement corné ou presque membraneux, consistant en cellules tubulées, courtes, irrégulières en leur bord, polypifères, placées les unes à côté des autres, et disposées par séries, soit sur un seul plan, soit sur deux plans opposés.

* *Flustra foliacea.* Lin. Pall. El. Zooph. p. 52. (*Eschara.*) Ellis Corall. p. 70, t. 29, fig. a, A, B, C, E. Soland. et Ellis Corall. p. 12, t. 2, f. 8.

XXXVe GENRE.

CELLEPORE. *Cellepora.*

Polypier submembraneux, lapidescent, à expansions crustacées ou subfoliacées, très-fragiles, ayant leur surface extérieure munie de pores *urcéolés*, presque turbinés, saillans, et ringens ou labiés à leur orifice.

* *Cellepora pumicosa.* Gmel. *Eschara...* Ellis Corall. p. 75, t. 30, fig. d, D. *Millepora pumicosa.* Pall. El. Zooph. p. 254.

* *Cellepora spongites.* Gmel. Gualt. Test. Post t. 70. Soland. et Ellis Corall. t. 41, f. 3.

XXXVIe GENRE.

BOTRYLLE. *Botryllus.* P.

Polypier formant une croûte gélatineuse parsemée de polypes, et qui s'attache sur les rochers ou autour des plantes marines.

Polypes globuliformes, ayant autour de la bouche des tentacules perforées aux deux extrémités.

* *Botryllus stellatus.* Gaertn. Brug. Dict. p. 187. *Botryllus.* Pall. Spicil. Zool. 10, t. 4, f. 1-5. *Alcyonium schlosseri.* Lin. Pall. El. Zooph. p. 355.

XXXVIIe GENRE.

ALCYON. *Alcyonium.* L.

Polypier polymorphe, formant une masse épaisse, poreuse ou celluleuse, soit étalée en croûte, soit glomerulée, soit enfin lobée ou ramifiée.

Il consiste en une substance intérieure fibreuse, roide, presque cornée, encroûtée et recouverte d'une chair plus ou moins épaisse, qui devient ferme, coriacée et comme terreuse dans son dessèchement, et qui est percée de trous ou de cellules polypifères.

* *Alcyonium palmatum.* Pall. El. Zooph.

p. 349. Brug. Dict. p. 21, n°. 3. *Alcyonium exos.* Lin. *Fungus*, &c. Barrell. Ic. 1293, 1294. *Penna ramosa.* Boadsch. p. 114, t. 9, f. 6, 7. La main de mer ou la main de ladre.

XXXVIIIe GENRE.

EPONGE. *Spongia.* L.

Polypier polymorphe, formant une masse flexible, très-poreuse, soit turbinée ou tubuleuse, soit lobée ou ramifiée, et percée de trous et d'ouvertures irrégulières qui absorbent l'eau.

Il consiste en fibres cornées ou coriaces, flexibles, entrelacées ou en réseau, agglutinées ensemble, et enduites ou encroûtées dans l'état frais d'une matière gélatineuse, sensible ou irritable et très-fugace.

* *Spongia officinalis.* Lin. Soland. et Ellis Corall. p. 183. Ellis Act. Angl. 55, p. 288, t. 10, fig. D, E.

XXXIXe GENRE.

CRISTATELLE. *Cristatella.*

Polypier fluviatile, spongiforme, en masse glomérulée ou lobée, contenant des polypes épars.

Polypes ayant chacun des tentacules en plumet ou en peigne, portées sur un pédicule commun, simple ou fourchu.

* *Cristatella stagnorum.* n. *Polypus...* Roes. ins. 3. *De polyp.* p. 557, t. 91.

Nota. Le *spongia fluviatilis*, Lin. est le

polypier ou le débris permanent de la cristatelle, selon l'observation de *Lichtenstein*, dont le professeur *Vahl* m'a fait part.

ORDRE SECOND.

POLYPES ROTIFÈRES.

Ils sont vagabonds ou fixés spontanément, et ont à la bouche un ou plusieurs organes ciliés et rotatoires.

Les *polypes rotifères* font en quelque sorte le passage entre les *polypes à rayons*, qui forment l'ordre précédent, et les *polypes amorphes* ou microscopiques, qui constituent le dernier ordre de cette classe, et terminent le règne animal. Mais ils sont fortement distingués des uns et des autres par les organes ciliés et rotatoires dont leur bouche est munie, et auxquels l'animal communique un mouvement de rotation très-rapide qui excite un tourbillonnement dans l'eau, et attire la proie ou les molécules dont ces polypes se nourrissent.

Plusieurs, ou peut-être tous, multiplient par une scission de leur corps.

Ici les merveilles se multiplient à mesure que nos observations s'étendent.

On a observé que des polypes de cet ordre, desséchés promptement, et par conséquent alors sans mouvement quelconque et sans vie active, étant conservés dans cet état pendant même des années entières, mais à l'abri de toute détérioration, peuvent ensuite, si on les remet dans l'eau, reprendre le mouvement et la vie. Le rotifère de Spallanzani (*urceolaria rediviva*) a servi le premier à faire connoître cette faculté.

Combien ce fait singulier agrandit nos idées, et quel jour il répand sur ce que l'on nomme *la vie* dans tous les êtres qui en sont doués !

J'ai fait voir dans mes MÉMOIRES DE PHYSIQUE ET D'HIST. NAT. (pag. 250, n°. 317) que l'essence de la vie réside dans *un ordre de choses qui permet l'exercice des mouvemens organiques*, et non uniquement dans l'exercice même de pareils mouvemens, ni dans aucun principe particulier quelconque.

La vie, ou tout mouvement organique qui la constitue (qui en résulte) peut être suspendue pendant un temps, dont la durée est relative à la composition de l'organisation de l'individu, sans que cette suspension ou cette interruption de tout mouvement vital soit la mort de l'individu qui l'éprouve.

Le mouvement vital qu'on peut rendre aux asphixiés, la révivification des polypes rotifères, des mousses et des nostocs desséchés, en est une preuve évidente.

L'altération seule des organes essentiels à la vie ou des fluides qu'ils contiennent, portée jusqu'au point de rendre impossible l'exécution des fonctions vitales, forme *la mort* de l'individu qui l'a subie. En effet, *l'ordre de choses* dont j'ai parlé ci-dessus se trouvant alors détruit avec impossibilité de rétablissement, la vie dès l'instant même n'existe plus, et sa cessation seule constitue la mort.

Quoique les polypes rotifères soient très-nombreux dans la nature, on ne connoît encore parmi eux qu'un petit nombre de genres, qui sont les suivans.

XLe GENRE.

VORTICELLE. *Vorticella.*

Corps subpédonculé, contractile, se fixant spontanément, et ayant l'extrémité supérieure garnie de cils rotatoires.

* *Vorticella convallaria.* Lin. Mull. Hist. Verm. 1, p. 118, n°. 29. *Brachionus.* Pall. El. Zooph. p. 97, n°. 54. *Pseudopolypus.* Roes. ins. 3. Polyp. p. 597, t. 97. Encycl. pl. 24.

XLIe GENRE.

Urcéolaire. *Urceolaria.*

Corps libre, urcéolé, atténué postérieurement, très-contractile, et ayant antérieurement un ou deux organes rotatoires ciliés.

Ces polypes nagent sans cesse, et ne se fixent point.

* *Urceolaria rediviva.* n. *Vorticella rotatoria.* Gmel. *Animalculum rotarium.* Baker Microsc. p. 348-379, t. 11, f. 1-14.

XLIIe GENRE.

Brachion. *Brachionus.*

Corps libre, presqu'ovale, contractile, couvert, au moins en partie, par une écaille transparente plus ou moins ferme, clypéacée ou capsulaire, et muni antérieurement d'un ou deux organes rotatoires ciliés.

* *Brachionus striatus.* Mull. *Anim. inf.* p. 332, t. 47, f. 1-3. Brug. Dict. n°. 1. Encycl. pl. 27, f. 1-3.

ORDRE TROISIÈME.

POLYPES AMORPHES, ou MICROSCOPIQUES.

Ils sont infiniment petits, vagabonds, gélatineux, transparens, contractiles, et se multiplient par une scission naturelle de leur corps.

Enfin nous voici parvenus au dernier ordre des polypes, et sans doute au dernier échelon de tout le règne animal. En effet l'organisation de ces polypes devenant de plus en plus simple, les derniers genres nous offrent en quelque sorte le terme de l'animalité, c'est au moins, à-peu-près, celui où nous pouvons atteindre.

Les *polypes amorphes*, que d'autres ont nommés polypes *microscopiques*, et d'autres polypes *infusoirs*, sont des animaux extrêmement petits, le plus souvent imperceptibles à la vue, ayant le corps mou, contractile, gélatineux, transparent, muni ou dépourvu d'organes extérieurs.

On les a nommés polypes ou animaux infusoirs, parce qu'on a remarqué que ces animalcules, qui naissent et vivent dans quelque liquide, se trouvent généralement dans les eaux croupissantes, dans les infusions de substances végétales ou animales, dans la semence même ou la liqueur spermatique des animaux; et qu'enfin il y en a qui ne paroissent que lorsque les matières en infusion, soit animales, soit végétales, commencent à se corrompre.

Il semble que ce dernier ordre de la dernière classe des animaux ait avec le dernier ordre de la dernière classe des végétaux (les champignons), ce trait frappant d'analogie; savoir, que de même que les polypes amorphes naissent en général dans des liquides ou des matières, soit animales, soit végétales, commençant à se corrompre, de même aussi la plupart des champignons semblent naître des substances animales ou végétales qui commencent à se putréfier.

Néanmoins il est vraisemblable que ce n'est là, de part et d'autre, qu'une circonstance favorable. On a même lieu de croire que pour les êtres vivans les plus simples, la *chaleur*, qui est la mère des générations et en quelque sorte l'ame des êtres vivans, opère concurremment avec l'*humidité*, qui est nécessaire pour effectuer tout développement organique; cette disposition et cet état des parties qui créent la vie, soit végétale, soit animale, dans les petites masses de molécules gélatineuses agglomérées que la nature forme avec tant de facilité dans les circonstances favorables. Voy. le *Discours d'ouverture*, p. 1.

Les polypes amorphes, aussi anciens que la nature, et plus anciens que tous les autres animaux qui existent, s'il est vrai qu'avec le temps et toutes les circonstances nécessaires ils en soient tous provenus et en aient reçu successivement et graduellement l'existence, ces polypes, dis-je, sont cependant une des découvertes de notre siècle, comme *Bruguière* l'observe avec beaucoup de raison.

On a dit, sans l'avoir prouvé, que ces animalcules pouvoient se multiplier par des œufs; mais ce qui est plus fondé, et à-la-fois ce qui est véritablement admirable, c'est que ces animalcules singuliers se multiplient par une scission ou division naturelle de leur corps. Cette scission s'opère en eux, ou sur leur longueur, ou sur leur largeur, selon les espèces.

On voit d'abord paroître une ligne longitudinale ou transversale sur le corps de l'individu que l'on observe. Il se forme quelque temps après une échancrure à l'une des extrémités de cette ligne. L'échancrure grandit insensiblement, et à la fin les deux moitiés du corps se séparent, prennent bientôt après chacune la forme même de l'individu entier dont elles faisoient partie. Ces nouveaux individus vivent quelque temps sous cette forme, et se multiplient ensuite à leur tour en se partageant par une scission naturelle de leur corps.

Je divise les polypes amorphes en deux sections, de la manière suivante :

1°. Ceux qui ont des organes extérieurs saillans, comme des poils, des cornes ou une queue.

2°. Ceux qui sont dépourvus d'organes extérieurs.

PREMIÈRE SECTION.

Polypes amorphes ayant des organes extérieurs saillans.

XLIIIe GENRE.

TRICHODE. *Trichoda.* M.

Corps très-petit, transparent, multiforme, dépourvu de queue, mais garni de cils, de poils ou d'espèces de petites cornes.

Nota. Je réunis sous ce nom générique les trichodes sans

queue de Mull. ses leucophres, ses kerones et ses himantopes.

* *Trichoda grandinella.* Mull. Hist. Verm. 1, p. 77. Brug. Encycl. pl. 12, f. 1-3.

XLIVe GENRE.

TRICHOCERQUE. *Trichocerca.* Cuv.

Corps très-petit, transparent, submultiforme, pourvu d'une queue simple ou fourchue, et de cils ou de poils dans sa partie antérieure.

* *Trichocerca rattus.* n. *Trichoda rattus.* Mull. Zool. Dan. Prodr. App. p. 281. Herm. Naturf. 20, p. 163, n°. 47, t. 3, f. 47. Brug. Encycl. pl. 15, f. 15-17.

XLVe GENRE.

CERCAIRE. *Cercaria.*

Corps très-petit, transparent, submultiforme, dépourvu de poils ou de cils, mais muni d'une queue simple ou fourchue.

* *Cercaria lemna.* Mull. Hist. Verm. 1, p. 67. Encycl. pl. 8, f. 8-12.

SECONDE SECTION.

Polypes amorphes dépourvus d'organes extérieurs.

* *CORPS APPLATI.*

XLVIe GENRE.

COLPODE. *Colpoda.*

Corps très-petit, applati, submembraneux, transparent, de diverse forme.

Nota. Je réunis sous ce nom générique,

1°. Les kolpodes (Encycl. t. 7.) qui ont le corps applati et sinueux.

2°. Les bursaires (Encycl. t. 8.) qui ont le corps membraneux et concave d'un côté.

3°. Les gones (Encycl. t. 7.) qui ont le corps applati et anguleux.

4°. Les paramèces (Encycl. t. 5, 6.) qui ont le corps membraneux et oblong.

5°. Les cyclides (Encycl. t. 5.) qui ont le corps plat, orbiculaire ou ovale.

* *Colpoda cucullus.* Mull. Hist. Verm. p. 58. Encycl. t. 7, f. 8-12.

** CORPS ÉPAIS.

XLVIIe GENRE.

VIBRION. *Vibrio.* M.

Corps très-petit, très-simple, alongé ou cylindracé, plus ou moins transparent.

Nota. Je réunis sous ce genre les vibrions et les enchelides de Muller. (Encycl. pl. 2-5.)

* *Vibrio aceti.* Goeze Naturf. 1, p. 1-9, p. 179, 18, t. 3, f. 12-19. *Vibrio anguillula.* Brug. Encycl. pl. 4, f. 16-26. Anguille du vinaigre.

XLVIIIe GENRE.

PROTÉE. *Proteus.* Br.

Corps très-petit, très-simple, transparent, sinué, sublobé, de forme changeante.

* *Proteus diffluens.* Brug. n°. 1. Encycl. t. 1, f. 1.

XLIXe GENRE.

VOLVOCE. *Volvox.* M.

Corps très-petit, très-simple, transparent, sphérique ou ovoïde, tournant sur lui-même comme sur un axe.

* *Volvox globulus.* Mull. Hist. 1, p. 28. Encycl. pl. 1, f. 3, a, b.

L^e GENRE.

MONADE. *Monas*. M.

Corps extrêmement petit, très-simple, transparent, en forme de point.

* *Monas termo*. Mull. Hist. Verm. 1, p. 25, n°. 1. Encycl. pl. 1, f. 1.

Voilà pour nous le plus petit et le plus simple de tous les animaux, le terme apparent de l'animalité, celui que les Naturalistes sont enfin parvenus à découvrir dans le règne animal, et à classer méthodiquement.

FIN.

ADDITION.

Classe des mollusques, après le genre PLICATULE, p. 132e.

CXXXVIIIe GENRE (*bis*).

GRYPHÉE. *Gryphœa*.

Coq. libre, inéquivalve, ayant la valve inf. concave, terminée par un crochet saillant en-dessus, courbé en spirale involute, et la valve sup. plus petite, operculaire. Charnière sans dent. Une fossette cardinale oblongue et arquée. Une seule impression musculaire dans chaque valve.

* *Gryphœa angulata*. n. Espèce rarissime que l'on possède dans l'état marin, à Paris.

* *Gryphœa suborbiculata*. n. Knorr. Petrif. vol. 2e, part. 1, pl. 62. Encyclop. pl. 189, f. 3, 4. Esp. fossile.

* *Gryphœa cymbula*. n. Knorr. Petrif. vol. 2e, part. 1, pl. 20, f. 7. Esp. fossile.

* *Gryphœa arcuata*. n. Encyclop. pl. 189, f. 1, 2. Knorr. Petrif. vol. 2e, p. 1, pl. 60, f. 1, 2. Bourg. Petrif. no. 92. Esp. foss.

* *Gryphœa africana*. n. Encyclop. pl. 189, f. 5, 6. Esp. foss.

**Gryphæa carinata*. n. Bourg. Petrif. pl. 15, f. 89, 90. Esp. foss.

* *Gryphæa latissima*. n. Bourg. Petrif. pl. 14, n°. 84, 85. Esp. foss.

* *Gryphæa depressa*. n. Fossile siliceux, à orbicules de calcédoine, des env. de Rochefort.

* *Gryphæa angustata*. n. Foss. des env. de la Rochelle, communiqué, ainsi que le précéd. par le C. Fleuriau-Bellevue de la Rochelle.

Nota. Les espèces de ce genre furent jusqu'à présent confondues parmi les huîtres, quoiqu'elles en soient toutes fortement distinguées par le caractère remarquable du crochet de leur valve inférieure. Dans mon tableau général des espèces, je caractériserai toutes celles dont je donne ici simplement le nom.

GENRES INCOMPLÈTEMENT CONNUS.

Classe des mollusques.

§. Coq. univalve, uniloculaire, non spirale, recouvrant simplement l'animal, p. 68.

GENRE.

PLANOSPIRITE. *Planospirites.*

Coq. univalve, suborbiculaire, applatie, ayant en sa face inférieure d'un côté un rebord en cordon, rentrant sur le disque de la coquille, décurrent et courbé en spirale.

* *Planospirites ostracina.* n. Fossile de la montagne de Saint-Pierre à Maestricht, recueilli et déposé au Muséum par le C. Faujas.

GENRE.

OSCANE. *Oscana.* Bosc.

Coq. univalve, ovale, sans spire, concave en dessous, presque coriace, demi-transparente.

OSCANIER : Corps ovale-oblong, applati, denté sur les côtés, ayant la bouche et l'anus inférieurs et deux ou trois tentacules rétractiles à chaque côté de la bouche.

* *Oscana astacaria.* Bosc. Bulletin des Sc. n°. 2, fig. 6, A, B, C.

§. Coq. univalve, submultiloculaire, engainant ou renfermant l'animal, p. 99, après Nummulite, n°. 89.

GENRE.

ROTALITE. *Rotalites.*

Coq. orbiculaire, déprimée, discoïde, multiloculaire, lisse en dessous, à rides rayonnantes en dessus avec des points tuberculeux et inégaux au centre, à bord cariné, et ayant une ouverture marginale, petite et trigone.

* *Rotalites tuberculosa.* n. Fossile de Grignon. Cabinet du C. Defrance. *Voyez* Hélicite rayonnée. Guettard, mem. vol. 3, p. 432, pl. XIII, f. 11, 12, 13-22. Les rayons sont mal exprimés.

§. Coq. univalve, subuniloculaire.

GENRE.

GYROGONITE. *Gyrogonites.*

Coq. sphéroïde, ayant sa superficie cerclée transversalement par des sillons parallèles, carinés sur les bords, qui tournent obliquement en spirale, et vont tous se réunir à chaque pôle du sphéroïde.

**Gyrogonites medicaginula.* n. Fossile blanc, très-petit, à peine de la grosseur d'une tête de petite épingle. On le trouve parsemé dans la masse d'une pierre dure, siliceuse, des env. de Paris.

GENRE.

OVÉOLITE. *Oveolites.*

Coq. oviforme, univalve, uniloculaire, perforée aux deux bouts.

* *Oveolites margaritula.* n. Fossile de Grignon. Il ressemble à un très-petit œuf, et néanmoins on a lieu de croire que c'est une véritable coquille.

OBSERVATION.

Il est possible que quelques genres établis sur des moyens incomplets, soient placés dans une classe différente de celle à laquelle ils appartiennent. En effet, je soupçonne que les *nummulites* ne sont pas des coquilles, mais des polypiers voisins des *alvéolites*; qu'il en est de même des *radiolites*; et que peut-être les *dentales* ne sont pas des vers, mais de véritables mollusques à coquille.

SUR LES FOSSILES.

JE donne le nom de *fossile* aux dépouilles des corps vivans, altérées par leur long séjour dans la terre ou sous les eaux, mais dont la forme et l'organisation sont encore reconnoissables.

Sous ce point de vue, les os des animaux à vertèbres et les dépouilles des mollusques testacés, de quelques crustacés, de beaucoup de radiaires échinodermes, des polypes coralligènes et des parties ligneuses des végétaux, seront appelés *fossiles*, lorsqu'après avoir été long-temps enfouis dans la terre ou ensevelis dans les eaux ils auront éprouvé une altération qui, en dénaturant leur substance, n'aura pas néanmoins détruit leur forme, leur figure, ni les traits particuliers de leur organisation.

D'après cela lorsqu'une coquille, par les suites d'un long séjour dans la terre, aura subi des altérations qui auront en partie dénaturé sa substance, sans détruire sa forme, cette coquille alors sera véritablement *fossile*.

Parmi les différens états d'altération dans lesquels on trouve les coquilles fossiles, le plus ordinaire est celui dont l'altération n'a fait que détruire la partie animale, c'est-à-dire cette partie gélatineuse ou membraneuse qui se trouvoit mélangée avec sa partie crétacée : en sorte qu'après la destruction de cette partie animale, la coquille est presqu'uniquement composée de matière calcaire. Cette coquille alors a perdu son luisant, ses couleurs, et souvent même sa nacre si elle en avoit; car on sait qu'elle ne les devoit qu'à la présence de cette partie animale mélangée avec la partie crétacée lorsqu'elle étoit dans son état frais ou marin. Dans cet état d'altération, la coquille dont je viens de parler est ordinairement toute blanche. Quelquefois néanmoins, long-temps enfoncée dans un limon qui l'a empreinte de particules colorées, cette coquille fossile a une couleur particulière; mais elle ne lui est pas propre.

En France, les coquilles fossiles de Courtagnon près de Reims, de Grignon près Versailles, de la ci-devant Touraine, &c. sont presque toutes encore dans cet état calcaire, avec la privation plus ou moins complète de leur partie animale, c'est-à-dire de leur luisant, leurs couleurs propres et leur nacre.

D'autres fossiles ont éprouvé une altération telle, que non-seulement ils ont perdu leur partie animale, mais qui a transformé leur substance même en matière siliceuse. Je donne à cette seconde sorte de fossiles le nom de *fossiles siliceux*; et l'on sait que l'on trouve dans cet état différentes huîtres (des ostracites), beaucoup de térébratules (des térébratulites), des trigonites, des ammonites, des échinites, des encrinites, &c.

Lorsqu'une coquille fossile calcaire continue d'éprouver des altérations dans la nature de sa substance, et se transforme en fossile siliceux, elle subit un retrait par le rapprochement de toutes celles de ses parties qui subsistent et la composent. Alors la masse pierreuse qui contient cette même coquille, laisse autour d'elle un petit espace vide, qui est néanmoins le plus souvent interrompu par quelques adhérences latérales de la coquille à la pierre.

Les fossiles dont je viens de parler, sont les uns enfouis dans la terre, et les autres gisant çà et là à sa surface. On en trouve dans toutes les parties nues de notre globe, au milieu même des plus vastes continens; et ce qu'il y a de bien remarquable, on en trouve sur les montagnes jusqu'à des hauteurs très-considérables. En beaucoup d'endroits, les fossiles enfouis dans la terre y forment des bancs d'une étendue de plusieurs lieues en longueur (1).

Autrefois on mettoit fort peu d'empressement à recueillir et à étudier les dépouilles des corps vivans qu'on rencontroit dans l'état fossile. On ne considéroit ces objets qu'en eux-mêmes, et dès-lors ils n'intéressoient pas. Une coquille fossile étant nécessairement sans éclat, sans couleurs, sans beauté, et très-souvent fruste, étoit rejetée des collections, comme altérée, morte, selon l'expression des conchyliogistes, et dépourvue d'intérêt. Mais depuis qu'on a fait attention que ces fossiles étoient des *monumens* extrêmement précieux pour l'étude des révolutions qu'ont subi les différens points de la surface du globe, et des changemens que les êtres vivans y ont eux-mêmes successivement éprouvés (dans mes leçons j'ai toujours insisté sur ces considérations), alors la recherche et l'étude des fossiles ont pris une faveur particulière, et sont maintenant pour les Naturalistes des objets du plus haut intérêt.

---

(1) Voyez à ce sujet mon ouvrage intitulé : *De l'influence du mouvement des eaux sur la surface du globe terrestre, et des indices du déplacement continuel du bassin des mers, ainsi que de son transport successif sur les différens points de la surface du globe.*

Les premiers résultats de l'étude des fossiles ont fourni à plusieurs Naturalistes l'idée de la proposition suivante comme très-fondée, savoir :

Que *tous les fossiles appartiennent à des dépouilles d'animaux ou de végétaux dont les analogues vivans n'existent plus dans la nature.*

Ils en ont conclu, pour la couche extérieure du globe qui nous montre de ces fossiles dans toutes ses parties sèches et dans ses différens climats, que ce globe a subi un bouleversement universel, une catastrophe générale, et qu'il en est résulté qu'une multitude d'espèces d'animaux et de végétaux divers se trouvent absolument perdues ou détruites.

Un bouleversement universel, qui nécessairement ne régularise rien, confond et disperse tout, est un moyen fort commode pour ceux des Naturalistes qui veulent tout expliquer, et qui ne prennent point la peine d'observer et d'étudier la marche que suit la nature à l'égard de ses productions et de tout ce qui constitue son domaine. J'ai déjà dit ailleurs ce qu'il falloit penser de ce prétendu bouleversement universel du globe; je reviens aux fossiles.

Il est très-vrai que sur la grande quantité

de coquilles fossiles recueillies dans les diverses contrées de la terre, il n'y a encore qu'un fort petit nombre d'espèces dont les analogues vivans ou marins soient connus. Néanmoins, quoique ce nombre soit fort petit, dès qu'on ne sauroit le contester, il suffit pour que l'on soit forcé de supprimer l'universalité énoncée dans la proposition citée ci-dessus.

Il est bon de remarquer que parmi les coquilles fossiles dont les analogues marins ou vivans ne sont pas connus, il en est beaucoup qui ont une forme très-rapprochée de coquilles des mêmes genres que l'on connoît dans l'état marin. Cependant elles diffèrent plus ou moins, et ne peuvent rigoureusement être regardées comme les mêmes espèces que celles que l'on connoît vivantes, puisqu'elles ne leur ressemblent pas parfaitement : ce sont là, nous dit-on, des espèces perdues.

Je conviens qu'il est possible qu'on ne trouve jamais parmi les coquilles fraîches ou marines des coquilles parfaitement semblables aux coquilles fossiles dont je viens de parler. Je crois en savoir la raison ; je vais l'indiquer succinctement, et j'espère qu'alors on sentira que quoique beaucoup de coquilles fossiles soient différentes de toutes les coquilles marines connues, cela ne prouve nullement que les espèces de ces coquilles soient anéanties, mais seulement que ces espèces ont changé à la suite des temps, et qu'actuellement elles ont des formes différentes de celles qu'avoient les individus dont nous retrouvons les dépouilles fossiles.

Tout homme observateur et instruit sait que rien n'est constamment dans le même état à la surface du globe terrestre. Tout, avec le temps, y subit des mutations diverses plus ou moins promptes, selon la nature des objets et des circonstances. Les lieux élevés perpétuellement se dégradent par les actions alternatives du soleil et des eaux pluviales; tout ce qui s'en détache est entraîné vers les lieux bas; les lits des rivières, des fleuves, des mers même, insensiblement se déplacent (1); en un mot tout, à la surface de la terre, y change de situation, de forme, de nature et d'aspect.

Or si, comme j'essaierai de le faire voir ailleurs, la diversité des circonstances amène, pour les êtres vivans, une diversité d'habitudes, un mode différent d'exister, et par suite, des modifications ou des développemens dans

---

(1) Voyez mon ouvrage sur *l'influence du mouvement des eaux sur la surface du globe terrestre.*

eurs organes et dans la forme de leurs parties, on doit sentir qu'insensiblement tout être vivant quelconque doit varier dans son organisation et dans ses formes. On doit encore sentir que toutes les modifications qu'il éprouvera dans son organisation et dans ses formes, par suite des circonstances qui auront influé sur cet être, se propageront par la génération, et qu'après une longue suite de siècles, non-seulement il aura pu se former de nouvelles espèces, de nouveaux genres et même de nouveaux ordres, mais que chaque espèce aura même varié nécessairement dans son organisation et dans ses formes.

Qu'on ne s'étonne donc plus si, parmi les nombreux fossiles que l'on trouve dans toutes les parties sèches du globe, et qui nous offrent les débris de tant d'animaux qui ont autrefois existé, il s'en trouve si peu dont nous connoissions les analogues vivans. S'il y a, au contraire, quelque chose qui doive nous étonner, c'est de rencontrer parmi ces nombreuses dépouilles fossiles des corps qui ont été vivans, quelques-unes dont les analogues encore existans nous soient connus. Ce fait, que nos collections des fossiles constatent, doit nous faire supposer que les débris fossiles des animaux dont nous connoissons les analogues vivans, sont les *fossiles* les moins anciens. L'espèce à laquelle chacun d'eux appartient n'avoit pas sans doute encore eu le temps de varier dans quelques-unes de ses formes.

On doit donc s'attendre à ne jamais retrouver parmi les espèces vivantes la totalité de celles que l'on rencontre dans l'état fossile, et cependant on n'en peut pas conclure qu'aucune espèce soit réellement perdue ou anéantie. Il est sans doute possible que parmi les plus grands animaux il y ait eu quelqu'espèce détruite par les suites de la multiplication de l'homme dans les lieux qu'elle habitoit. Mais cette conjecture ne peut acquérir de fondement par la seule considération des fossiles : on ne pourra prononcer à cet égard que lorsque toutes les parties habitables du globe seront parfaitement connues.

Page 100, genre Orbulite.

Nautilier, *lisez* Orbulitier.

P. 101, genre Planulite.

Cloisons transverses entières, *ajoutez* ou perforées.

Planorbitier, *lisez* Planulitier.

P. 101, Nummulite.

Camerinier, *lisez* Nummulitier.

P. 263, Abdomen sessile.

Il est appliqué au corselet pour, *lisez* par toute sa largeur.

TABLE

des noms français des genres.

A.

E.

F.

G.

R.

TABLE

des noms latins genres.

A.

T.

V.

Z.

FIN DES TABLES.

A PARIS, DE L'IMPRIMERIE DE CRAPELET.

www.ingramcontent.com/pod-product-compliance
Ingram Content Group UK Ltd.
Pitfield, Milton Keynes, MK11 3LW, UK
UKHW020152250726
13967UKWH00003B/1008

9 782012 931206